曙光集

楊振寧 著　　翁帆 編譯

編前言

振寧和我結婚後一直有出版他的新文集的想法，可是我們總是行程匆匆，沒有做成。最近我們才挑選、整理（有些文章曾作少許字句的更改）、翻譯了部分他在過去二十幾年間所寫的文章，包括一些採訪，成爲今天的《曙光集》。

關於書名，其實我們有過幾個想法。振寧以前的書有《讀書教學四十年》和《讀書教學再十年》，那我們是不是還沿用《讀書教學XXX》呢？有一段日子我們一直斟酌着，直到一個早上，振寧很高興地對我說："我找到好名字了！就叫《曙光集》。"

這個名字給我的第一感覺是很"進步"，不過後來我覺得這個名字還不錯。振寧在好些文章裏，都是以一個勤於思考的人的身份去討論一些文化及社會問題，他的感觸源自於他幾十年來所聞所睹的事物。我曾經說他有些思想或語言過於直率，我記得我笑說："你何苦要寫呢？過後又有些人要罵你了。"他回答："我不怕。我講的是真話！"編這本文集的時候我明白了一些道理：他看着一個民族與社會經歷了許多變化與發展的階段，而像我這一代人很難有一樣深刻的感受，因爲在我們懂事的時候，社會已經開始迅速地發展了。我從而也明白了他寄託在書裏的熱情與希望。《曙光集》也可以説是這二十多年間振寧的心路歷程——他走過的，他思考的，他瞭解的，他關心的，他熱愛的，以及他期望的一切。

《曙光集》仍然採用了 *Selected Papers* 的排序方法。數字表示寫作或發表的年代，數字後的字母沒有特別的意思。特別要提出的是，書裏的文章由不同譯者翻譯，譯名不盡相同，如 80b 中的“韋耳”與 85j 中的“魏爾”指的都是 H. Weyl。爲了不改變原譯文，我們沒有將各譯名做統一處理。還有，書裏出現的人名，除了像“愛因斯坦”這種已達成共識的譯名，其他外國人的名字在有些文章裏仍保留原來的英文形式，不作翻譯。

最後，我們要特別感謝黃美芳小姐在我們整理文集的時候給我們提供了很大的幫助。

翁帆

2007 年 10 月於北京

前　言

1918 年錢玄同寫信請魯迅（1881—1936）爲《新青年》雜誌寫稿，魯迅回答説：

> 假如一間鐵屋子，是絶無窗户而萬難破毀的，裏面有許多熟睡的人們，不久都要悶死了，然而是從昏睡入死滅，並不感到就死的悲哀。現在你大嚷起來，驚醒了較爲清醒的幾個人，使這不幸的少數者來受無可挽救的臨終的苦楚，你倒以爲對得起他們麽？

可是後來魯迅還是寫了，寫了有名的《狂人日記》，署名“魯迅”。

那是五四年代，是提倡“賽先生”和“德先生”的年代。我正是出生於那個年代。

1927 年 6 月 2 日上午王國維（1877—1927）離開清華園內西院 18 號住宅，坐人力車到頤和園，在魚藻軒投水而死。

遺囑説：

五十之年，只欠一死，經此世變，義無再辱。

後來陳寅恪（1890—1969）在《王觀堂先生挽詞》中説：

凡一種文化值衰落之時，爲此文化所化之人必感苦痛，其表現此文化之程量愈宏，則其所受之苦痛亦愈甚；迨既達極深之度，殆非出於自殺無以求一己之心安而義盡也。

1929年10月我隨父母親搬入清華園西院19號居住，那時我七歲。後來聽到王國維自殺的傳聞，記得曾和同班同學熊秉明、鄭士京在18號門前徘徊；曾到頤和園看水邊的石碑："海寧王静安先生殉國處"；也曾誦讀清華園工字廳東南小土坡下的王静安先生紀念碑。

1938年夏清華、北大及南開三校遷到昆明，成立抗戰時期的西南聯大。由於校舍未造好，文法學院暫遷蒙自。陳寅恪到蒙自後作了一首詩：

南湖即景

景物居然似舊京，荷花海子憶昇平。
橋邊鬟影還明滅，樓外歌聲雜醉醒。
南渡自應思往事，北歸端恐待來生。
黄河難塞黄金盡，日暮人間幾萬程。

那時我是聯大一年級學生。

魯迅、王國維和陳寅恪的時代是中華民族史上一個長夜。我和聯大同學們就成長於此似無止盡的長夜中。

幸運地，中華民族終於走完了這個長夜，看見了曙光。我今年八十五歲，看不到天大亮了。翁帆答應替我看到，會驗证馮友蘭在《西南聯大紀念碑碑文》中的一段話：

> 我國家以世界之古國，居東亞之天府，本應紹漢唐之遺烈，作並世之先進。將來建國完成，必於世界歷史，居獨特之地位。蓋並世列強，雖新而不古；希臘、羅馬，有古而無今。惟我國家，亘古亘今，亦新亦舊，斯所謂"周雖舊邦，其命維新"者也。

楊振寧
2007 年 12 月於香港中文大學

目　錄

建造友誼橋樑的責任

原載香港《七十年代》1979 年 4 月號。

鄧副總理，鄧夫人，各位貴賓：

我代表全美華人協會和全美各界華人熱烈歡迎你們光臨這個宴會

為了寫今天這個短短的講詞，我花了很多的時間，稿紙一張一張地都被送到字紙簍裏面去。這使我想起四十多年前的一個類似的經驗。那時候我在北京崇德中學初中唸書。為了參加中山公園裏面的初中生演講競賽，記得我非常緊張，好幾個晚上不能睡覺。我的講題是《中學生的責任》——那是一二・九、一二・一六的時代。

中美建交和鄧副總理的訪問是近代史上的分水嶺性的發展。國際關係從今開始了新紀元。美中兩國的學術、文化和商業旅遊等一切交流都將大大擴展。我們全美華人家庭團聚的機會也將大大增加。

為了慶祝中美建交，為了慶祝鄧副總理和各位貴賓的訪問，我們和美中友好協會合辦了今天的宴會。我們特別要感謝鄧副總理接受了我們的邀請。鄧副總理：你的光臨使得在座的五百位主人每人都感到他自己也在中美建交這個劃時代的歷史事件中盡了少許的力量，也在美中兩大民族間的友誼橋樑的建築工程中放上了幾塊小小的基石！

美中建交是符合兩國人民的利益，符合亞洲人民和世界人民的利益，符合歷史潮流的發展的。所有中國人都同意只有一個中國，而臺灣省是中國的一部分。這是四千年中國歷史所孕育出來的觀念。臺灣和中國大陸有共同的語言，共同的文化。在未來的極度競爭性的世局裏面，臺灣不可能不和大陸有共同的命運。我們呼吁臺灣省的每一個人，為了他們自己和他們子孫的長遠利益，都能掌握住歷史的動態和他們自己對歷史的責任而為統一工作做出貢獻。

中美兩國領導人自 1971 年以來為兩國建交做了許多工作。全世界人民都要感謝他們。他們的報酬將是歷史所必然給予他們的卓見和勇氣的正面評價。

我們在美華人有一百五十多年的歷史。這一百五十多年間曾經經過血泪的、沉痛的經驗，也曾對美國社會的發展做出了巨大的貢獻。橫斷美洲大陸的鐵路幹綫的修建就同時是我們的血泪史和巨大貢獻的例子。今天美華人士繼續我們對美國社會發展的貢獻。我們散居全國各地。這些年來我有機會和各地華人社會作了廣泛的接觸。我知道得很清楚，絕大多數美華人民都是熱烈地支持美中建交的，像《紐約時報》上月所報導的那樣。

我們深自知道因為我們同時扎根於中美兩大民族的文化，我們對增進兩國間的友好和瞭解肩負着特別的責任。在今天這個場合，全美華人協會和全美各界華人重申我們將繼續為建造兩大民族間的友誼橋樑盡我們每一個人的責任。我們知道沒有這座橋樑，世界不可能有真正的和平與安定。

楊振寧
1979 年 1 月 30 日

後記（楊振寧）

1979 年初，鄧小平副總理到美國訪問，與美國總統 Carter 簽約建交。1 月 30 日，全美華人協會、全美各界華人與美中友協在希爾頓酒店宴請鄧小平副總理及夫人。這篇文章是我在宴會上的講詞。

圖 79f. 1 楊振寧與鄧小平在宴會上的合影

致朋友們的一封信

1980 年 1 月在廣州附近的從化開了一個高能理論物理會議。共有一百多人參加，其中海外華裔學者有四五十位。會後有一討論會，討論中國擬花一億美元造一大加速器的計劃。討論結果是大家簽了一個文件極力支持此計劃。楊振寧雖參加了從化會議，但沒有參加此討論會。後來在美國他聽到許多朋友批評他與大家不合作。他於是用英文寫了下面的信給大家。譯者：翁帆。

朋友們：

我沒有在廣東文件上簽字，聽說有些人認為奇怪。下面是我的簡單解釋。

我們每一個人的意見當然都應基於他/她對中國社會的瞭解，對中國高能物理發展的歷史的瞭解，尤其重要的，是對中國人民的需求與願望的瞭解。國內現在有極強烈反對建造 50GeV 加速器的聲音，稱此計劃為“超級強國”，其他研究計劃為“第三世界”。我不能無愧於心地簽字，因為我知道需要的不是我的簽字，而是中國人民的簽字。

我沒有參加那天在廣州的討論會，因為我知道問題十分複雜，而其中有許多我不瞭解的因素。我覺得我不應試圖影響別人的意見。而且，我的意見中國領導人也已經知道了。

楊振寧
1980 年 3 月 12 日

後記（楊振寧）

20 世紀 80 年代初，因為種種原因，50GeV 加速器的建造計劃被取消，後來改建了一個花費約三千萬美元的對撞機。我沒有再反對此較小的計劃，只是建議增加同步輻射的機制。

謠言說鄧小平對我不支持 50GeV 加速器的計劃甚不滿意。事實不是如此：他仍然繼續徵詢我關於科技教育發展的意見。

愛因斯坦對理論物理的影響

1979 年，是愛因斯坦百年誕辰，世界各地開會紀念。7 月，在意大利特裏亞斯特（Trieste）舉行的第二屆馬賽耳·格羅斯曼（Marcel Grossman）會議上，楊振寧作了報告“Einstein's Impact on Theoretical Physics”，原載 *Physics Today*，1980 年 6 月。中譯文載《讀書教學四十年》，香港：三聯書店，1985 年。譯者：甘幼玶、黃得勛。

對稱支配相互作用，幾何是物理的核心，形式美在對世界的描述中極為重要，這些都是對當前的思想有着深刻影響的見地。

本世紀初，發生了三次概念上的革命，深刻地改變了人們對物理世界的認識。這三次革命是：狹義相對論（1905），廣義相對論（1915）和量子力學（1925）。愛因斯坦本人發動了頭兩次革命，影響並幫助形成了第三次革命。然而，我這裏所要談的，並非他在這些概念革命中的工作。關於這方面的文章已經不少了。我要概略討論的是愛因斯坦對理論物理結構的見地及其與本世紀下半葉物理學發展的關係。我的討論將分作四部分，當然，這四部分是密切相關的。

對稱支配相互作用

基礎物理學中發現的第一個重要的對稱原理是洛倫茲（Lorentz）不變性。這是作為麥克斯韋（Maxwell）方程的數學性質而被發現的，而麥克斯韋方程則是在電磁學實驗定律的基礎上建立起來的。在這一歷史過程中，不變性，或者說對稱性，只是次要的發現。後來赫曼・閔可夫斯基（Hermann Minkowski）倒轉了這一過程。愛因斯坦在其自傳筆記[1]中對此大加贊賞。閔可夫斯基引入的觀念是從洛倫茲不變性入手要求場方程不變，如表 80b. 1 所示。

表 80b. 1　對稱性與物理定律

愛因斯坦和閔可夫斯基之前	愛因斯坦和閔可夫斯基之後
實驗——→場方程——→對稱性（不變性）	對稱性——→場方程

對稱原理的巨大物理成果給愛因斯坦留下了極為深刻的印象。他於是悉心研究以求擴大洛倫茲不變性的範圍。他的廣義坐標不變性的想法，加上等價原理，導致出了廣義相對論。所以可以說，是愛因斯坦首先用了對稱支配相互作用這一原則。它是近年來出現的各種場論的基礎，這些發展包括：

- 坐標變換不變導致廣義相對論
- 阿貝爾（Abel）規範對稱導致電磁學
- 非阿貝爾規範對稱導致非阿貝爾規範場
- 超對稱導致費米（Fermi）子和玻色（Bose）子間的對稱理論
- 超引力對稱導致超引力場論

場論與統一

1920年以後，愛因斯坦在他的論文及講演中反復強調，場概念對於基礎物理具有核心重要性。例如，1936年，他在刊載於《富蘭克林學院學報》上的一篇論文中寫道[2]：

> 法拉第（Faraday）和麥克斯韋的電場理論把物理從這不能令人滿意的局面下解脱出來，這也許是牛頓時代以來基礎物理的最深遠的轉變。

那個時候（1936）已知的兩個場論，一是麥克斯韋的理論，一是愛因斯坦的廣義相對論。愛因斯坦在他生命的最後20年致力於將這兩個理論統一起來。1934年，在一篇題為《物理學上關於空間、以太及場的問題》[3]的論文中，他解釋了這樣做的必要性：

> ……存在着兩種互相獨立的空間結構，一種是度規—引力，一種是電磁……我們被激起這樣的信念，即這兩種場必須結合成統一的空間結構。

在《相對論的意義》一書的最後版本中，愛因斯坦加了一篇附錄，裏面提出了一個有非對稱度規 $g_{\mu\nu}$ 的統一理論。反對稱部分被認為是電磁場張量 $f_{\mu\nu}$。這一努力並不特別成功，以致有些人曾一度有一種說法，以為統一只是愛因斯坦晚年的一種奇妄的想法。是的，這確是奇妄的想法，可是是有洞察力的奇妄想法，是洞察到理論物理學的基礎結構的想法。今天，我應該加一句，愛因斯坦的這個想法已成了基本物理學的主題。

而且，愛因斯坦對統一的強調立刻產生了效果。它使好些傑出的數學家，包括杜利奧・列維—西維塔（Tullio Levi-Civita)、埃利・嘉當（Elie Cartan）和赫爾曼・韋耳（Hermann Weyl）等更深入地探索對時空的數學結構進行增補的可能性。

自 1918 年、1919 年開始，韋耳努力要將電磁學與引力結合起來。他提出了"規範理論"[4]。既然正確處理坐標不變產生了引力理論，韋耳認為一個新的幾何不變性能夠產生電磁理論。他因而提出了規範不變。

如果 x^μ 和 $x^\mu+\mathrm{d}x^\mu$ 是相鄰的兩個時空點，f 是某物理量，它在 x^μ 為 f，在 $x^\mu+\mathrm{d}x^\mu$ 為 $f+(\partial f/\partial x^\mu)\mathrm{d}x^\mu$，韋耳研究隨時空而變的 f 的重新標度。如表 80b. 2 中最後兩行所示。請特別注意第三行所給的標度因子

$$1+S_\mu \mathrm{d}x^\mu \tag{1}$$

表 80b. 2　標度變換

物理量	在第一點上的值	鄰近一點上的值
坐標	x^μ	$x^\mu+\mathrm{d}x^\mu$
場	f	$f+(\partial_\mu f)\mathrm{d}x^\mu$
標度	1	$1+S_\mu \mathrm{d}x^\mu$
換了標度的場	f	$f+(\partial_\mu+S_\mu)/f\mathrm{d}x^\mu$

〔上面應用了記號$\partial_\mu=(\partial/\partial x^\mu)$，并且用了求和慣例。〕

關於此標度因子，韋耳觀察到兩點。第一，S_μ 有着與電磁勢 A_μ 同樣數目的分量。第二，經過進一步研究，他證明如果要求這個理論在標度改變（1）下保持不變，那麼只有 S_μ 的旋度，而不是 S_μ 自身有物理意義。而這也正是電磁勢 A_μ 的特點。因此，他認為 S_μ 和 A_μ 乘一系數等同。可是這一想法行不通。好幾位物理學家為此進行了討論，其中包括愛因

斯坦。愛因斯坦證明韋耳的理論不可能描述電磁學。韋耳於是放棄了他的想法。

到了 1925 年，量子力學問世，這是與韋耳的理論完全無關的發展。

大家知道，在經典力學中，在有電磁力參與的情況下，出現的不是粒子動量 P_μ，而總是下面的組合：

$$\pi_\mu = P_\mu - (e/c)A_\mu \tag{2}$$

在量子力學中，π_μ 變成

$$-\mathrm{i}\hbar[\partial_\mu - (\mathrm{i}e/\hbar c)A_\mu] \tag{3}$$

這是由符拉基米爾・亞歷山大羅維奇・福克（Vladimir Alexandrovitch Fock）於 1927 年指出來的[5]。緊接着，弗利茨・倫敦（Fritz London）將（3）和表 80b. 2 中最後一公式中的增量算符（$\partial_\mu + S_\mu$）作了比較[6]，得出結論說，S_μ 不和 A_μ 等同，而等同於（$-\mathrm{i}e\,A_\mu/\hbar c$）。這和韋耳的最初設想的不同只是加入了一個因子 $\mathrm{i} = \sqrt{-1}$。可是這個因子影響深遠。公式（1）因而變成了

$$1 - (\mathrm{i}e/\hbar c)A_\mu \mathrm{d}x_\mu \rightarrow \exp[-(\mathrm{i}e/\hbar c)A_\mu \mathrm{d}x^\mu] \tag{4}$$

這是**相位**的改變而不是**標度**的改變。因此，局部的相不變是電磁現象的量子力學特性。

韋耳自己開頭曾經將此概念稱為“Masstab Invarianz”，後來又改稱“Eich-Invarianz”。20 年代初，這一名稱被翻譯為英語，叫作“gauge invariance”，以後中譯為規範不變。若我們今天將它重新命名，很明顯，應該稱之為**相不變**。同樣，規範場其實應當稱為**相場**。

一旦懂得規範不變即相不變，便會發現，關鍵是一個不

可積分的相因子。如果用複雜的相〔即李（Lie）群的一個元素〕，取代簡單的復數相，便進一步得到非阿貝爾規範理論。這個推廣最初於 1954 年被提出。

這裏我們要強調，相的概念在現代物理學中具有巨大的實際意義。例如，超導理論、超流理論、約瑟夫遜（Josephson）效應、全息術、量子放大器及激光等，都以各個不同形式的相概念為根基。

1967 年，史蒂文・溫伯格（Steven Weinberg）和阿佈道斯・薩拉姆（Abdus Salam）各自獨立地提出了一個電磁與弱相互作用統一理論的模型。此模型基於兩個關鍵概念：非阿貝爾規範場及破缺對稱。又由於謝爾登・格拉肖（Sheldon Glashow）的工作，認識到需要一個重要的進一步的思想來消除模型與實驗之間的矛盾。最近六年來，此模型取得了令人驚異的實驗上的支持。這一成功激發出一個蓬勃的局面，使許多人在為強相互作用、電磁相互作用和弱相互作用一起的更大的統一而努力。我認為，我們離成功的大統一仍然還有一段距離，而離這些相互作用與廣義相對論的全盤統一更遠。可是，已經不容懷疑的是愛因斯坦洞察力的深與準：他曾面對種種公開和未公開的批評，始終堅持統一的重要性並勇敢地為之辯護。

物理學的幾何化

在愛因斯坦關於理論物理基礎的信念中，另一個經常出現的主題，出自愛因斯坦對幾何概念的偏愛。這並不奇怪，因為提出重力和力學應該用黎曼幾何來描述這個意義深遠的概念的人，正是愛因斯坦自己。他認為，電磁學也是幾何的。這個觀點在他 1934 年發表的上面引過的一篇論文中已很清楚地提到：他在該文中說，電磁學是一種空間的“結構”。如果我們接受愛因斯坦偏愛幾何的論點，那麼甚至可以把這論點進一步發揮，認為愛因斯坦喜歡波動力學，因為它比較幾何化，而他不喜歡矩陣力學，因為它比較代數化。

愛因斯坦竭力要找出產生電磁學的那種幾何結構。他瞭解這樣一個事實，即洛倫茲不變並不足以導出麥克斯韋方程[7]：

> 麥克斯韋方程導致“洛倫茲群”，但“洛倫茲群”並不導致麥克斯韋方程。

例如，標量場看來比麥克斯韋的電磁場簡單，也不違背洛倫茲不變性，但卻不是電磁學的基礎。

愛因斯坦也深刻認識到必須有一種導致非綫性方程的幾何結構[1]：

> 正確的定律不可能是綫性的，它們也不可能從綫性導出。

原來，愛因斯坦在尋求的結構是規範場：正如我們將要討論到的那樣，它是一種幾何結構；最簡單的阿貝爾規範場是麥克斯韋的電磁場；而非阿貝爾規範場必定是非綫性的。

前幾分鐘我們談過規範場的初期歷史。只是到了近年，物理學家才懂得規範場和纖維叢（fiber bundle）上的關聯（connection）這個幾何概念有密切關係。為了顯示規範場的幾何本性，讓我們把高斯定律和法拉第定律寫成下述大家熟知的形式：

$$\partial_{\lambda} f_{\mu\upsilon} + \partial_{\mu} f_{\upsilon\lambda} + \partial_{\upsilon} f_{\lambda\mu} = 0$$

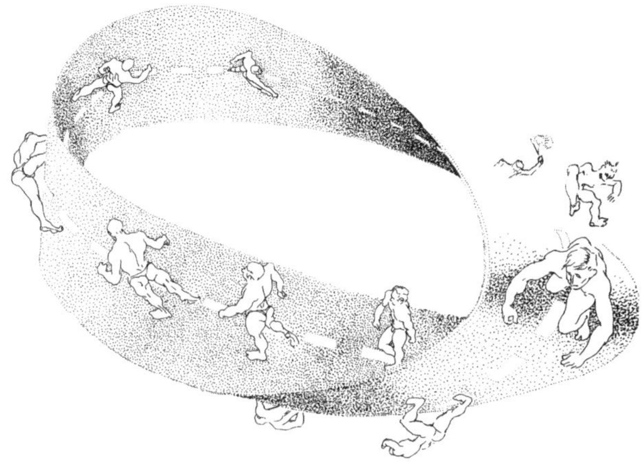

圖 80b. 1

一個區域的邊界是沒有邊界的。此繆畢烏斯（Moebius）條帶僅有一個表面，其邊界是單一邊緣，可是邊緣本身並無邊界。關於此定理的進一步解釋，見圖 80b. 2。〔文內所有插圖皆由路易斯·富爾干尼（Louis Fulgoni）作。〕

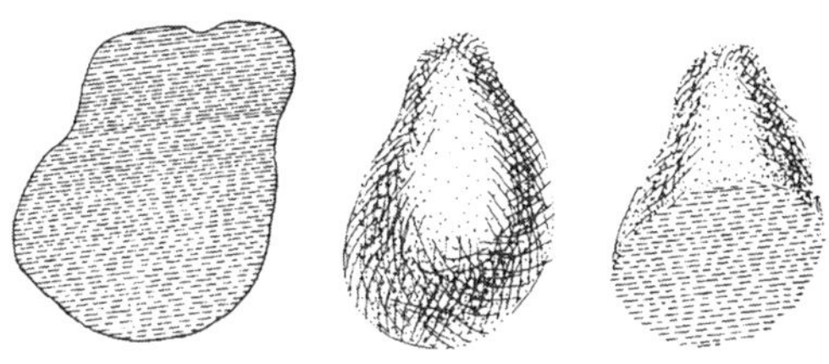

圖 80b. 2　拓撲學定理

一個區域的邊界本身沒有邊界。在左圖中，帶陰影的二維區域有一個一維圈作其邊界。此圈沒有端點，即它本身並無邊界。

中圖的三維區域由一個封閉的二維曲面限定其範圍。這個曲面同樣無邊緣，也就是無邊界。

若我們將此區域割開，拋去下部，則給了曲面一邊緣。但同時我們另外創造出一個平面，如右圖所示。此圖中的三維區域的邊界包括兩部分，一為曲面，一為平面。每一部分都有邊界，這兩個邊界正好方向相反，互相抵消，所以右圖的三維區域的總邊界也沒有邊界。

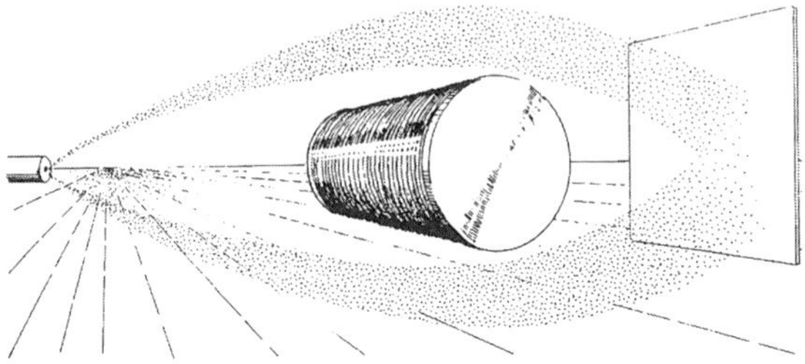

圖 80b. 3 規範場的全局效應

強度為 g 的磁單極是一個簡單而自然的概念。狄拉克在 1931 年指出，在量子力學中，g 值與電荷 e 的關係必須由下述條件決定：$2eg/\hbar c=$ 整數。原來，這個條件是拓撲學裏非常普遍且意義深遠的陳—韋爾（Chern-Weil）定理的一個最簡單的特例。陳—韋爾定理的又一個最簡單的例子是 1975 年發現的 SU_2 規範場的所謂“瞬息子”。特霍夫特—泡利雅柯夫單極是某種規範場的無奇點解。它的存在與拓撲性質有關。

博姆—阿哈羅諾夫實驗是 1959—1960 年間提出並進行的。如圖所示，由電子源發出的電子從一個長螺綫管兩旁經過，但不能進入管內。電子在屏幕上產生一個干涉圖案。螺綫管外既沒有電場，也沒有磁場，因此電子沒有受到電磁力。然而干涉圖案卻與管內的磁通量有關。這表明電磁的效應並不完全是局域的。

式中 $f_{\mu\nu}$ 是電磁場。可以證明，這個方程和“一個區域的邊界本身並沒有邊界”這個定理有深刻的關係，而此定理當然是一個幾何命題（參看圖 80b. 1 與圖 80b. 2）。規範場的幾何本性的另一個表現可以從這樣一個事實看出，即通過下述理論和實驗上的發展，對規範場來說，全局（global）的考慮變得重要起來：

- 狄拉克的磁單極（1931）。
- 博姆—阿哈羅諾夫（Bohm-Aharonov）實驗（1960）。
- 特霍夫特—泡利雅柯夫（'t Hooft-Polyakov）單極（1974）。

• 瞬息子（instanton）（1975）。

圖 80b. 3 闡述了上述思想。

規範場本質上也同廣義相對論有關，而後者的基礎是幾何概念。但它們之間的準確關係相當難以捉摸，目前仍在探討。

關於理論物理的方法

1933 年，愛因斯坦在他的赫伯特·斯賓塞（Herbert Spencer）講座中，以本節的小標題為題，分析了理論物理的意義及其發展。下面幾段令人注目的文字就是引自他的演講[8]：

> 理論物理的基本假設不可能從經驗中推斷出來，它們必須是不受約束地被創造出來……
>
> 經驗可能提示某些適當的數學概念，但可以非常肯定地說，這些概念不可能由經驗演繹出來……
>
> 但創造寓於數學之中。因此，在某種意義上我認為，單純的思考能夠把握現實，就像古代思想家所夢想的那樣。

愛因斯坦是否在說，基礎理論物理是數學的一部分？他是否在說，基礎理論物理應該具有數學的傳統和風格？答案是否定的。愛因斯坦是物理學家而不是數學家。而且，他本人也自認為如此。他在自傳筆記裏[1]對此中原因說得十分透徹：

> 這顯然是因為我在數學方面的直覺不夠強，不能把最重要的、真正基本的、同其餘多少可以廢棄的腐學清楚地區分開來。除此之外，我對大自然的興趣無疑要濃厚得多。而且，作為一個學生，我並不清楚，要掌握物理學基本原理方面的更淵博的知識，離不開非常錯綜複雜的數學方法。經過多年的獨立科學研究，我才逐漸明白了這個道理。當然，物理學本身也分成了許多獨立的領域，其中每一個領域都可以消耗我們短促的一生的全部精力，還不一定能滿足我們獲得更深奧知識的欲望。在這裏，大量彼此間無聯繫的實驗數據也是人們難以招架的。可是在這個領域中，我很快就學會從一大堆充斥我們的頭腦、分散我們對本質事物注意力的東西中，分辨出哪些可能導致根本性的結果，而置其他於不顧。

但是愛因斯坦從自己的經驗及本世紀初物理學的幾次大革命中認識到，雖然實驗定律一直是（而且繼續是）物理學的根基，然而，數學的簡和美對於基礎物理概念的形成起着越來越大的作用。他把“接近於經驗的”理論和更數學化的理論進行了比較[7]：

> 另一方面，必須承認，如果一個理論的基本概念和假設接近於經驗，它就具有一種重要的優越性，人們對這樣的一種理論自然就有更大的信心。尤其因為用經驗去反駁這些理論既省時又省力，所以被完全引入歧途的危險性就比較小。然而，隨着認識的深入，我們要尋求物理理論基礎的邏輯簡單性和一致性，因而我們要放棄

上述的這種優越性。

為了防備物理學界的誤解，他申辯道[3]：

> 一個理論科學家就越來越被迫讓純粹數學的、形式的思考來引導他……這種理論家不應該被斥之為空想家，相反，他應該有自由想象的權利，因為，要達到目的，別無他法。

基礎理論物理和數學之間的關係，是一個引人入勝的題目。說到這裏，請允許我給大家講一個故事。

規範場與纖維叢理論有關係，這給我留下了深刻印象。我在 1975 年驅車前往陳省身先生在伯克利（Berkeley）附近 El Cerrito 的寓所。40 年代初期，當他是中國昆明西南聯大的年輕教授而我是該校的學生時，我曾聽過他的課。那時，纖維叢在微分幾何裏還未顯示出重要性，陳教授也還未以他對高斯—波涅特（Gauss-Bonnet）定理的推廣及建立陳氏級（Chern Classes）所作的貢獻而創造歷史。我們談了許多：朋友們，親戚們，中國。當我們的談話轉到纖維叢理論時，我告訴他，我終於從吉姆·西蒙斯（Jim Simons）那裏學到了纖維叢理論和意義深遠的陳—韋爾定理的美妙。我說，規範場恰是纖維叢上的關聯，而後者是數學家在**不涉及物理世界**的情況下發展起來的，這實在令人驚異。我還加了一句："這既令人震驚，也令人迷惑不解，因為你們數學家憑空夢想出了這些概念。"他馬上提出異議："不，不。這些概念不是夢想出來的。它們是自然的，也是實在的。"

雖然數學和物理學關係密切，但是，如果以為這兩門學科重疊得很多，則是錯誤的。事實不是這樣。它們各有各的目標和愛憎。它們有明顯不同的價值觀和不同的傳統。在基本概念上，二者令人詫異地具有某些共同的概念。然而，即使在這些方面，二者的生命力也向着不同的方向奔馳。

注釋：

［1］ A. Einstein, "Autobiographical Notes", in *Albert Einstein, Philosopher-Scientist*, P. A. Schilpp, ed., Open Court, Evanston, Ill.(1949).

［2］ A. Einstein, *J. Franklin Inst.* **221**, 43 (1936).

［3］ A. Einstein, in *Mein Weltbild*, Querido, Amsterdam (1934), translated in *Ideas and Opinions*, Bonanza, New York (1954).

［4］ 關於規範場的簡史，見楊振寧：*Ann. N. Y. Acad. Science.* **294**, 86 (1977)。

［5］ V. I. Fock, *Z. Phys.* **39**, 226 (1927).

［6］ F. London, *Z. Phys.* **42**, 375 (1927).

［7］ A. Einstein, *Sci. Am.*, April 1950, p. 13.

［8］ A. Einstein, *On the Method of Theoretical Physics*, Clarendon, Oxford (1933); reprinted in ref. 3.

Joseph Mayer 與統計力學

此文是80年代初在慶祝 Joseph Mayer 學術討論會上的講詞。原文"Joseph Mayer and Statistical Mechanics"，發表於 *International Journal of Quantum Chemistry*：*Quantum Chemistry Symposium*，16 (1982)，John Wiley & Sons，Inc.. 譯者：翁帆。

1937 年 1 月《化學物理》（第五卷）上出現了 Joseph Mayer 的一篇論文，是一系列論文的第一篇。它立即產生了巨大的影響。文章的標題是《凝聚系統的統計力學 I》。原文所附摘要如下：

> 對於一個由 N 個有相互勢能的相同分子組成的系統，如果假設其總勢能可以表示為各對分子之間的勢能的總和，則其熱力學性質即可以以簡單、準確的方程式表示。在一定的條件下，通常是在低温狀態下，這些方程式顯示：壓力（P）與 Gibbs 自由能，在一定條件下，都可以和體積無關，而這正是凝聚現象的特點。自這些方程式可以導出與蒸汽共存的液態的 Gibbs 的自由能，也可以導出飽和氣態的所有性質，可是不能導出凝聚後

的液態的體積。

短短幾個月內就有以下一篇對這一系列論文的評論:

> 我們認為這些論文對統計力學有極大的貢獻,這一觀點也在 1937 年 11 月 26 日在 Amsterdam 舉行的紀念 van der Waals 誕辰的國際會議上得到認同。[1]

這些論文有什麼不尋常的地方?是什麼引起了人們的注意?它們產生了什麼影響?要回答這些問題,就有必要用長遠的眼光,從總體的統計力學的發展歷史來看。

早期的統計力學誕生於 19 世紀 Maxwell 和 Boltzmann 的偉大論著。1902 年 Gibbs 發表《統計力學的基本原理》(*Elementary Principles in Statistical Mechanics*),把統計力學推至高潮。這本書精深而美妙,尤其值得注意的是那時 Gibbs 知道他的仔細而優美的分析引導出的結果與實驗不合。為此他給書加上了一個副標題:

> 從而推導熱力學的合理基礎。

他在書的前言裏說:

> 我們無法瞭解像雙原子氣體的自由度這樣一個簡單的難題。我們都知道根據理論,每個分子的自由度是六,然而在比熱的實驗中,我們最多只能得到五。所以,基於物質結構的研究都是建立在不牢固的基礎上。

最後一個句子指的不僅是關於氣體比熱的難題,而且是關於物質的分子理論的巨大爭議,這個爭議在 20 世紀初年曾是物理學界的大事。

我們今天當然知道，Gibbs 的合理基礎是絕對正確的，而且在 20 年代後期量子力學取代傳統力學以後取得了最終勝利。此後，量子統計力學毫無疑問地成為這個領域的基礎：在這個基礎上，研究工作者能夠通過統計觀念研究氣態、液態、固態的物理學和化學。而這些研究的中心是逐漸發展的相變理論。

當然，相變現象之熱力學早已於上一世紀被廣泛研究過。Gibbs 的一項重要貢獻就是他的相規律（phase rule）。自統計力學來研究相變則始於本世紀之早年，始於 1907 年 P. Weiss 的磁學工作。後來在 1934 年 Bragg 與 Williams 在有序—無序方面的工作是 Weiss 工作的推廣。這一類研究今天還是有其直覺的意義，被統稱為平均場理論。

在 30 年代中期這些直覺想法很有影響。當此類研究正向多方向發展的時候，Mayer 發表了他的 1937 年的文章。這是第一個嘗試超越直覺思維，而用嚴謹的數學來研究相變的文章。他用**同一**統計函數來計算液態與氣態的自由能，冲出了傳統的把液態與氣態當作兩個運動系統的基本觀念。Born 與 Fuchs 在一年以後這樣描述 Mayer 的工作所引起的衝擊：

> 本文的作者之一在此會上作了一個關於 Mayer 在 1937 年 *Physica* 上面的文章的報告。報告以後，有了激烈的討論：Mayer 對相變的解釋是否正確？評審人提出了疑問：Mayer 自氣態出發，怎麼能導致出等温綫上相變區域內密度的突變？通常的研究出發自兩態各自的熱力學函數，然後寫出二者的平衡方程式。Mayer 的理論

完全與此不同，它研究各種可能的分子構圖，好像只有一態。氣態的分子怎能“知道”它們什麼時候應該凝聚成液體或固體呢？Mayer 的數學態複雜了，不能回答此問題。[1]

Mayer 的工作用統一公式研究相變現象中兩態的熱力學，從而開始了此類對相變的數學與物理的研究：Born 與 Fuchs[1]，Kahn 與 Uhlenbeck[2]，Van Hove[3] 以及 Yang 與 Lee[4] 等就是沿此方向發展出 50 年代至 60 年代的許多工作。

除此以外，Mayer 的初創性工作還引導出系統計算 virial coefficient 及其他函數的研究。這些研究後來與 30 年代和 40 年代對 Ising 模型的興趣會合而成為很活躍的領域。當 Onsager[5] 發現了 Ising 模型的嚴格解以後，相變研究就更吸引了許多物理學家。

可是，即使一些年後仍然有物理學家堅持一種看法，認為這一類研究的數學性太強，未必與實際物理現象有關。到了 50 年代底、60 年代初，Fairbank 等[6]，Robinson 與 Friedberg[7]，及 Bagatskii 等[8]的美妙實驗發現多類相變中比熱的奇點，才完全掃光了此類懷疑態度，開始了理論與實際工作的密切聯繫，發展出臨界指數、標度、普遍性（universality）、重整化群等觀念，將統計力學研究引入高峰。

這些研究近年來在另外一個物理領域也產生了巨大影響：粒子物理。統計力學的研究對象是無限多自由度系統，而粒子物理研究的重點越來越接近這類系統。所以二者趨於同一領域並不稀奇。我在 1971 年就曾寫過[9]：

> 我相信粒子物理的基本困難實起源於我們對多維運動系統不夠瞭解。一個強子其實不過是所謂的真空中的一個複雜的激發態，而真空有無限多維自由度。研究量子統計力學的經驗應可幫助我們瞭解強子之間的相互作用。希望在這兩個領域中以後會有更多的觀念上的與方法上的交流。

我當時的想法是正確的：量子場論與量子統計力學在過去10年間有過極多合作，對二者都極有利。顯然此類合作今後還會繼續。

注釋：

[1] M. Born and K. Fuchs, *Proc. R. Soc. London* Ser. **A166**, 391 (1938).

[2] B. Kahn and G. E. Uhlenbeck, *Physica.* **5**, 399 (1938).

[3] L. Van Hove, *Physica.* **15**, 951 (1949).

[4] C. N. Yang and T. D. Lee, *Phys. Rev.* **87**, 404, 410 (1952).

[5] L. Onsager, *Phys. Rev.* **65**, 117 (1944).

[6] W. M. Fairbank, M. J. Buckingham and C. F. Kellers, *Proceedings of the Fifth International Conference on Low Temperature Physics* (Wisconsin U. P., Madison, WI, 1957), p. 50.

[7] W. K. Robinson and S. A. Friedberg, *Phys. Rev.* **117**, 402 (1960).

[8] M. I. Bagatskii, A. V. Voronel and V. G. Gusak, *J. Exp. Theor. Phys.* **43**, 728 (1962).

[9] C. N. Yang, in *Phase Transitions and Critical Phenomena*, C. Domb and M. S. Green, Eds.(Academic, New York, 1972), Vol. I, p. 1.

後記（楊振寧）

Joseph Mayer（1904—1983）是有名的化學家。夫人 Maria

Mayer 是有名的物理學家，於 1963 年獲諾貝爾物理學獎。Mayer 夫婦於 1946 年任職於芝加哥大學，與 Fermi，Urey，Libby，Teller 等大家創建了當時芝加哥大學的物理和化學研究的輝煌時代。

磁通量量子化

——個人的回憶

此文是 1982 年 3 月在 Stanford 慶祝 W. Fairbank 生日的學術會議上的演講。原文 "Flux Quantization, A Personal Reminiscence", 發表於 *Near Zero New Frontiers of Physics*, J. D. Fairbank, B. S. Deaver, Jr., C. W. F. Everitt, P. F. Michelson, eds., W. H. Freeman & Company, 1988. 譯者：翁帆。

在 1948—1949 年間，Onsager[1] 猜想在超流液體中也許會有量子化的旋渦，環繞一個旋渦原子的運動，符合

$$\oint p\mathrm{d}q = nh \tag{1}$$

緊接着 London 討論[2] 在超導圈中的磁通量也許也有量子化的規律。他是這樣說的：

> 我們注意到：因為 Ψ 是一個單值函數，所以 X 的 moduli 符合一種準量子化條件：
>
> $$< X > = \oint P \cdot \mathrm{d}S = Kh \tag{2}$$
>
> K 是一個整數。所以 fluxoid 有一個普遍的單位。

$$\Phi_1 = hc/e \approx 4 \times 10^{-7} \text{gauss} \cdot \text{cm}^2 \qquad (3)$$

London 的討論很有趣味，可是容易引起混亂：他的討論與綫圈是否是超流或非超流沒有關係。這種混亂引起 Onsager 在 1953 年 Kyoto-Tokyo 國際會議中超導組上面說[3]：

> 所以，問題是：在這些實驗之中，是什麼時候通量變成了整數？一個可能的理論是說，通量一被捕獲，就是整數。這種想法很像 Dirac 的猜想，認為自然不會錯過機會，使得（磁單極）量子化。另外一個可能是電磁場的結構使得它只能用電荷 e 來測探。這個想法也許可以被接受，可是我們仍然需要找到它的正確數學形式。最近 Frohlich 教授提出以下這個問題：是否這樣一個公理可能是多體問題中的集體現象。假如我們必須討論的不只是超導體中間的集體現象，而是所有的宇宙間的基本粒子的基本現象，那麼我們實際上是在研究一個我們目前不瞭解的基本宇宙規律。

Onsager 顯然是在摸索，想瞭解磁通量量子化的意義是否與電磁現象的新結構有關。1961 年磁通量量子化的實驗被證實了以後，Onsager 發表了一個短文[4]，其中對於上引討論這樣說：

> London 的結果引起一個提議，說磁通量量子化是電磁場的基本性質。

他接着說這個提議是不正確的：

> 認為電磁場有新的基本性質，現在看來是不正確的，因為電荷是 e 的玻色子存在（氘），假如電磁場自己有

新的基本性質，它也應適用於氘。

實際上（在 1961 年以前），假如磁通量量子化在超導圈中出現，那麼是不是電磁場應該有一個新的基本性質，是一個非常容易引起混亂的問題。

我參加了 1953 年的國際會議，可是那時候我還沒有對超流和超導發生興趣，我不記得曾參加任何 Onsager 發言的討論組。八年以後，在 1961 年的春天，Felix Bloch 和 Leonard Schiff 安排我到 Stanford 訪問幾個月。當時物理系的辦公室還在那個大而老的西班牙式的建築裏面。記得我覺得那個建築很漂亮，可是不太方便。到了 Stanford 不久，William Fairbank 告訴我，說他跟 Bascom Deaver 正在做實驗，研究超導圈中的磁通量量子化問題。他問我假如他們發現了量子化，那是不是一個新的基本物理原理。我完全不會回答他的問題。

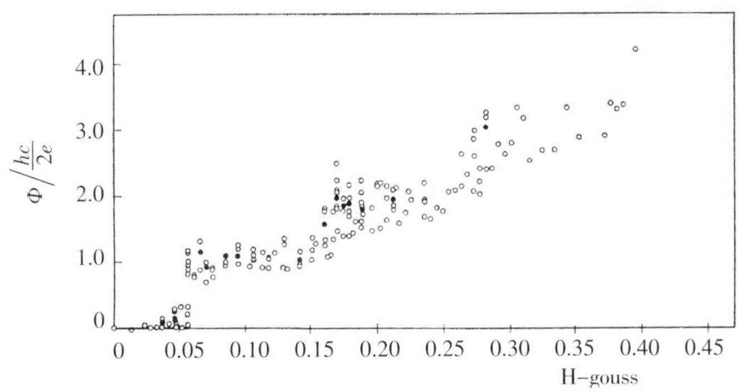

圖 82e. 1

可是 Fairbank 的問題引起了我的興趣，開始了我和 Nina Byers 的合作研究，我們很快地就陷入混亂的推理之中。幾個禮拜以後，Fairbank 和 Deaver 說他們果然發現了磁通量的量子化。Fairbank 給我看了他們的實驗結果（圖 82e. 1），只是那個時候他們的數據沒有圖 82e. 1 所示的多。（此圖是他們後來的文章[5]裏面的圖 1。）Fairbank 宣稱他們的結果顯示了臺階形的結構，每一個臺階的高度就是量子化單位。我在圖中的實驗數據中間畫了一條直綫，說我並不覺得他們的數據顯示了任何臺階形的結構！

就在那個時候，Byers 和我終於開始瞭解根據已知的物理原理，在超導圈中就可能有磁通量量子化。我們對於這個新的瞭解感到很激動，花了很長的時間做了仔細的計算。同時 Fairbank 跟 Deaver 在第二個樣品上做了測試，得到很清楚的結果，使得像 Byers 和我這樣的理論學家也能看出來他們是發現了磁通量量子化。

他們的極漂亮的實驗是在 *Physical Review Letters* 發表的[5]。緊跟着他們的文章就有 Byers 跟我的文章，討論其理論解釋。下面是我們的文章裏面開始與結束的兩段：

> 以前的討論沒有能回答磁通量量子化是不是一個新的物理原理。而且有的討論似乎假設超導的波函數，在有磁場的時候，是一個常數乘上沒有磁場的時候的波函數：這個假設顯然是不對的。在本文中我們將證明：(1) 超導圈中的磁通量量子化不顯示任何新的基本物理原理；(2) 要求在任何一個全部在超導體中的綫圈裏面的磁通量都是量子化的，就引導出來了 Meissner 效應；而且 (3) 磁通量量子化顯示超導之中的電子成對效應。
>
> …………

上面證明：即使在金屬 P 裏面沒有磁場，P 裏面的電子的能級仍然與 Φ 有關。這個證明與 Aharonov 和 Bohm 所提出的實驗是根據同一推論的。

許多年以後，我曾經跟 Fairbank 討論為什麼那一年在他的初步數據圖裏面，他能夠看見臺階而我不能。他的回答對我極有啟發。他說對於一個實驗物理學家，他的數據圖裏面的每一點都有其個性。不自覺地，他會給每一點一個分量。所以他的實驗圖給他的信息遠比給一個理論工作者來得多。

磁通量量子化的發現是超導物理學中的里程碑。他引導我去研究相位 coherence 問題，尤其是在費米子系統中。這些研究的結果後來發表成一篇文章，裏面引進了一個新名詞 ODLRO（非對角長程序），這是我很喜歡的一篇文章。

為了今天在這個會議中的演講，我想了一下“相位”觀念的歷史。它是一個非常基本的觀念，呈現在種種方向。下面是我們對它的意義跟重要性的瞭解的幾個里程碑：

玻色—愛因斯坦凝聚	(1924)
狄拉克的磁單極	(1931)
London 方程	(1935)
BCS 理論	(1956)
Aharonov-Bohm 實驗	(1959)
磁通量量子化	(1961)
Josephson 效應	(1962)
量子化 Hall 效應	(1981)

而且，规范场的观念今天在粒子物理学裏非常重要。而它的名字其實應該改為相位場。從“規範”變成“相位”歷史上[6]需要引入 $i=\sqrt{-1}$。這是 London 所最先指出的。有趣的是 London 也是第一個討論磁通量量子化的物理學家。

在 1982 年 3 月在 Stanford 為慶祝 Fairbank 生日的討論會上面，我最後所講的幾句話是：

> Bill，我記得是在 1958 年到 Duke 大學訪問的時候第一次見到了你。你給我看了你的不可思議的準確的液 He 比熱的實驗。從那時候開始，我就非常佩服你。不只因為你的漂亮的實驗，不只因為你在多種方向上開拓性的成就，不只因為你對基本現象的多種獨立思考，而尤其是因為你堅決不肯盲從理論物理學家的見解。我相信將來你會有更多探討自然界的奧秘的成就，給我們帶來更多的興奮。

注釋：

[1] L. Onsager, remark at a low temperature conference at Shelter Island 1948 (unpublished; see F. London, *Superfluids* (Wiley, 1954), Vol. Ⅱ, footnote 10, p. 151. See also V. L. Ginsberg, *Dok. Akad. Nank.* **69**, 161 (1949), and L. Onsager, *Nuovo Cim. Suppl.* **6**, No. 2, 249 (1949).

[2] F. London, *Superfluids* (Wiley, 1950), Vol. I, p. 152.

[3] L. Onsager, in *Proc. International Conference of Theoretical Physics* (Science Council of Japan, 1954), p. 936.

[4] L. Onsager, *Phys. Rev. Lett.* **7**, 50 (1961).

[5] B. S. Deaver, Jr., and W. M. Fairbank, *Phys. Rev. Lett.* **7**, 43 (1961).

[6] F. London, *Z. Phys.* **42**, 375 (1927). For a short history, see C. N. Yang, *Annals of N. Y. Acad. Sci.* **294**, 86 (1977). See also C. N. Yang, "Hermann Weyl's Contribution to Physics," to appear in a book on Hermann Weyl edited by K. Chandrasekharan (Springer).

後記（楊振寧）

Fairbank（1917—1989）是第一流的實驗物理學家。他在 Duke 大學所做的 Helium 4 的比熱實驗和後來在 Stanford 大學所做的磁通量量子化實驗，都是諾貝爾獎級的工作。

分立對稱性 P，T 和 C

原文“The Discrete Symmetries *P*，*T* and *C*”，載於 *Journal de Physique*，Colloque C8，Supplement au No. 12，December 1982. 中譯文載《楊振寧談科學發展》，八方文化企業出版社，1992 年。譯者：張美曼。此譯文本書編者做了一些修改。

一、宇稱 P 的概念

1924 年奧托・拉波蒂（Otto Laporte）[1] 在分析鐵元素的光譜結構時發現了兩類項，他分別稱它們為“帶撇項”和“不帶撇項”。躍遷總是從帶撇項到不帶撇項或者反過來，從來沒有發現躍遷在帶撇項之間、或者不帶撇項之間發生。後來發現，這個選擇規則也適用於其他元素的原子譜，並給這個規則起名為“拉波蒂規則”或“拉波蒂—拉賽爾”規則（Laporte-Russell）。在量子力學發展起來之後，這個選擇規則被解釋與下面的變換下的不變性有關[2]。

$$i: \quad x' = -x \quad y' = -y \quad z' = -z \tag{1}$$

這個變換被稱為鏡像，韋耳（Weyl）選用符號 i 表示這個變換。韋耳給這個算符的本征值起名為“符號差”(signature)。1931 年，在維格納(Wigner)[3]的書中此本征值被稱為“鏡像特徵標”。“宇稱”這個名詞是何時開始被採用的，我瞭解得不確切。在 1935 年，康登(Condon)和肖特勒(Shortley)[4]用了“宇稱算符”這個詞。

在 30 年代，宇稱對稱很快地成為原子物理、分子物理和原子核物理語言的一部分。能級安排、選擇和強度規則及角分佈都明顯地或隱含地用設想的宇稱守恆的概念進行了討論。當基本粒子物理開始發展時，宇稱守恆很自然地轉入到新的領域中。

在進入宇稱不守恆的課題之前，回憶一下過去是很有趣的。今天，群論在物理學中的廣泛應用被認為是理所當然的事，然而在 20 年代晚期，韋耳和維格納將群論引入物理中卻一點也不受歡迎。在維格納的書的 1953 年英文版前言中，他寫道[3]：

> 當最初的德文版於 1931 年發表時，物理學家很不情願接受群論的論证和群論的觀點。使作者感到愉快的是以後這種反感實際上消失了。事實上，年輕一代並不理解這種反感的原因和基礎。在老一代人中，可能是範勞埃(M. Van Laue)首先確認了群論的意義。他認為群論是在處理量子力學問題中得到最初認識的自然工具。範勞埃對出版者和作者的鼓勵對這本書得以問世做出了貢獻。我喜歡回憶他的問題，在這卷書中對他的問題導出的結果，我認為是最重要的。我的回答是這樣，拉波蒂的規則(宇稱的概念)和矢量相加模型的量子理論，我

> 認為是最有意義的。自那時以來，我終於同意了他的回答，確認幾乎所有的譜學中的規律都從問題的對稱性得出，這是最出色的結果。

在寫下這段話後的二十多年裏，越來越大的李群找到了它們進入物理學文獻的路。人們可能會擔心，是否這個好且重要的發展被濫用了。

現在我們來談談 50 年代。在對 τ 粒子衰變的研究中，達立茲（Dalitz）引入著名的達立茲圖[5]對 τ 粒子可能的自旋—宇稱進行了分析。這是一個特別有用的方法。在 1955 年 1 月份，他得到了一個結論[6]，即“如果 τ 介子的自旋小於 5，它就不能衰變到兩個 π 介子”。換句話，τ 和 θ 粒子的自旋—宇稱安排很像是不相同的。但是這個結論必須與有關 τ 和 θ 粒子質量與壽命的實驗相對照。那時的氣氛可以從 1956 年我在西雅圖舉行的理論物理國際會議上作的題為《關於新粒子的現有的知識》的報告中的一段看出[7]。

> ……一般認為 τ^+ 和 θ^+ 不是同一粒子。
>
> 然而，不能輕率地下結論。因為實驗上這些 K 介子彷佛有相同質量和相同的壽命。它們的質量實驗已精確到 2 到 10 個電子質量，或百分之幾，它們的壽命精確到 20%。可是由於這兩種粒子有不同的自旋和宇稱值，它們又都與核子和 π 介子有強相互作用，因而不能期待它們有相同的質量和壽命。這迫使人們認為這個問題繼續存在，即上述的 τ^+ 和 θ^+ 不是相同粒子的推論是否是結論性的。我可以插上這樣一段話，此推論一定曾被當作

結論，（事實上它比物理學中許多其他的推論的基礎要好得多），假如沒有質量與壽命相同的異狀。

請注意這裏（1956）所用的詞“異狀”。它顯示當時普遍的感受；質量與壽命不應該相同。

從 1956 年初開始，這個進退兩難的推論被明確地稱為 $\theta-\tau$ 之謎。在這一年的 4 月裏，在羅徹斯特會議上，按大會的約請，我做了一個新粒子的報告，在報告中我花費了一半以上的時間去討論這個謎[8]，在這個會議結束時，奧本海默說：“τ 介子有內部的或外來的複雜性，兩者都不會是簡單的。”

這個謎被後來發現的宇稱不守恆解決了。為什麼這不是一個顯然的直接的解答？我想有三條理由：

1. 一般自然地認為幾何對稱性是絕對的。在原子、分子和核物理中，空間—時間對稱性的精確性僅進一步加強了這個先驗的信念。

2. 在核物理和原子物理中，宇稱選擇規則都十分成功。藉助於宇稱選擇規律，成百個實驗成功地分析了核能級，核反應和 β 衰變的鑒別。面對過去這些廣泛的經驗，很難接受宇稱破壞的思想。

3. 宇稱僅在弱作用中不守恆的思想還沒有誕生。在 1956 年 4 月下旬和 5 月上旬，李政道和我研究 $\theta-\tau$ 之謎。我們特別注意在實驗

$$\pi p \rightarrow \Lambda\theta$$

$$\Lambda \rightarrow \pi^{-} p \qquad (2)$$

中“二面角”的定義。在羅徹斯特會議上舒特（R. P.

Shutt）、斯坦伯格（J. Steinberger）和瓦爾克（W. D. Walker）的小組報告了這個實驗。有一天，李和我突然想到也許宇稱僅僅在弱作用中不守恆。這會在反應（2）中產生上下不對稱。這個想法使我們緊張地工作了幾周，特別是對 β 衰變的研究。我們在 6 月份向《物理評論》提交了一篇題為《宇稱在弱作用中守恆嗎?》的文章，發表於 10 月份[9][10]。但發表時文章的題目改為:《在弱作用中的宇稱守恆問題》，因為編輯規定，文章的標題不能含有問號。

我們建議了幾種檢驗方法，去發現在弱作用中宇稱是否守恆。有兩組人於 1956 年開始做我們所建議的那些實驗，其中一組是哥倫比亞的吳健雄和標準局的安布勒（E. Ambler）、海沃德（R. W. Hayward）、霍普斯（D. D Hoppes）及赫德遜（R. P. Hudson）。另一組是芝加哥的泰勒格弟（V. L. Telegdi）和費雷德曼（J. I. Friedman）。在 1957 年 1 月初哥倫比亞—標準局的實驗證明在 β 衰變中確實存在宇稱不守恆時，戈文（R. L. Garwin）、萊德曼（L. M. Lederman）和韋恩瑞其（M. Weinrich）突擊於 48 小時內完成了另一個宇稱不守恆的實驗。這三個實驗結果使所有的物理學家相信宇稱在弱作用中不守恆[11]。

二、時間反演 T 的概念

在經典物理學中，時間反演不變性是一個早在 19 世紀就已經研究過的課題。對這個不變性的現代理解是從克拉默（Kramers）的定理[12]開始的。這個定理說，在任何一個電場中，對奇數個電子來說，能量本征態至少是雙簡並的。為證明這個定理，克拉默用了一個對電子系統的波函數進行復數共軛運算的算子。兩年之後，維格納[13]證明，在量子力學中這是一個正確的時間反演算子。

維格納的時間反演算子沒有立刻被物理學家們賞識[14]。甚至直到 1941 年，當泡利寫他那篇場論的總結文章[15]時，也沒有提到這個算子。泡利好像喜歡另一個不包括復數共軛運算的算子（那是不正確的）。確實，復數共軛運算使得時間反演算子很難理解，并且應用時也很困難。因此整個 30 年代和 40 年代，只有幾篇文章討論這一課題。

今天，我們知道時間反演不變性的一個重要應用就是確定躍遷矩陣的元素之間的相對相位。首先使用這一想法的是勞依德（S. Lloyd），他討論了電 2^L 極和磁 2^{L-1} 極輻射的矩陣元素之間的相對相位[16]。

施溫格（Schwinger）[17]引入了時間反演不變的另一種形式，但他的公式在實質上與維格納的公式等價。

三、電荷共軛 C 的概念

電荷共軛概念的起因與宇稱和時間反演完全不同。事實上它在經典力學中沒有對應物。

當狄拉克[18]寫下他的關於狄拉克方程的文章時，在引言中他提到負能態是成問題的："因此所得到的理論僅僅是一個近似……"。兩年之後，他在題為《電子和質子的理論》的文章中又回到這個問題上[19]。在這篇文章中他提出"所有的負能量態都被佔據了，也許有少數的幾個空着……”。他稱這些未被佔據的負能量態為“空穴”，他假定“這些空穴是質子”。他又提出兩個問題：“這個理論能說明電子和質子之間巨大的不對稱嗎？它們不對稱因為它們的質量是不同的，而且質子能組合成重的原子核。”這篇文章發表之後不久，塔姆（Tamm）、狄拉克、奧本海默和韋耳得出結論[20]，期待的不對稱並不存在。而且，如果空穴是質子，那麼氫原子的壽命將是 10^{-10} 秒。這顯然是錯誤的。因此，奧本海默[21]提出質子和電子應分開處理。結果是下面的看法：

> 在這個世界上，正如我們所知道的，不只是幾乎所有的，而是所有的負能量電子態都被佔據了。一個空穴，如果存在，將是一類新粒子，它是實驗物理還不知道的，它與電子有相同的質量、符號相反的電荷。我們可以稱那樣的粒子為反電子。[22]

這就是電荷共軛粒子概念的誕生經過。我曾將狄拉克為創造“空穴”這個思想所採取的步驟比作為“負數的第一次引入”[23]。這導致了今天對“真空”本質的深奧微妙的理解，這是人類的空間—時間概念的一場革命。我一直很欣賞狄拉克提出負能量粒子海那樣瘋狂思想的勇氣，關於這個問題有一天我曾問過狄拉克。他說，在那個時候這個思想並不那麼瘋狂（按照他的意見），因為人們在原子殼結構中已經對空穴很熟悉了。我想，對他來說也可能並不那麼瘋狂，因為他相信[22]：

> 現在能夠建議的最有效的方法是，採用純數學的所

> 有手段使現存的理論物理基礎的數學公式完美化並得以推廣，而且每一次在這個方向上取得成功之後，都要藉助於物理去解釋新的數學。……

但那時與他同輩的物理學家們卻非常不歡迎他的思想。〔見 Moyer，D. F.，*Am. J. Phys.* **49**，1055（1981）.〕

在這個發展中，法雷（Furry）[24]邁了下一步，他證明了一個後來稱之為法雷定理的定理。用費曼圖語言來表達，則這個定理是說，量子力學中奇數級的電子—正電子圈圖中，方向（方向定義從電子到正電子）相反的兩個圖彼此相互抵消。法雷在文章的摘要中強調，抵消是“電子和正電子之分佈的對稱性帶來的”。

在大約相同的時間，麥傑拉納（Majorana）[25]和稍後的克拉默[26]開始着手於共軛對稱的正規處理。

在 1937 年發表的這三篇文章是很有趣的，除討論電荷共軛外，他們接觸了各種各樣附加的概念，這些概念後來變得有趣和重要：麥傑拉納的文章引入了中微子的麥傑拉納理論；克拉默用下面一段話結束他的文章：

> 因此一個修正必須加到 1928 年狄拉克理論給出的氫原子靜態能級上。
>
> 在以後的文章中我們將比較詳細地討論實際計算這一修正的可能性。

所以克拉默早在 1937 年就開始考慮重整化的思想，但似乎沒有獲得成功的結果。

在第二次世界大戰期間，法雷定理被推廣到各種類型的介子—核子耦合[27]，佩斯（Pais）和喬斯特[28]（Jost）證明，這些都與電荷共軛不變性和電荷對稱有關。電荷共軛不變性的進一步應用是米協爾（Michel）[29]及李、楊做的[30]。

1956—1957 年的實驗證明了弱作用不遵守宇稱守恆，並證明了弱作用不遵守電荷共軛不變性[11][31]。

四、*CPT* 定理

在施温格關於場論的文章中[32]，隱含有對後來稱之為 *CPT* 定理的認識，這個定理表示，在任一洛倫兹不變的定域場論中，算子 *CPT* 使理論保持不變，即使 *C*、*P* 和 *T* 個別地不能保持理論不變。呂德斯（Lüders）[33]部分地證明了這個定理，而泡利[34]給出比較完全的證明。這個定理在 50 年代中期有很大的重要性。

喬斯特於 1957 年指出了 *CPT* 定理與微觀因果性之間的關係[35]。

從概念的觀點來看，下面的事實是有趣的。在量子力學中，復數在描寫物理宇宙中起着實質性的作用，而量子場論則必須使用解析函數，從這些發展中得出了 *CPT* 定理[36]。此刻我們當然不知道，對 *CPT* 定理的理解，以後是否還有什麼更奧妙的發展。

五、*CP* 不變性的破壞

在 *C* 和 *P* 不守恆發現以後，為了盡可能挽救盡可能多的對稱性，CP 嚴格守恆的提議出現了。在一些年裏，這個提議與所有的實驗結果符合。但在 1964 年，克裏斯坦桑（Christenson）、克勞寧（Cronin）、費奇（Fitch）和特雷（Turlay）[37] 發現 CP 守恆也不是嚴格有效的。由於 CPT 定理，於是相信時間反演不變性也不是嚴格有效的。

六、評　論

直到今天，對分立對稱破壞的研究還在許多方向上繼續進行。對 P、C 和 CP 不守恆現象已經知道得很多了。從理論上看，這些研究造成了兩個最重要的概念上的發展，第一個發展是對早有的中微子二分量理論[39] 的再次肯定[38]。第二個發展是小林（Kobayashi）和益川（Maskawa）[40] 在 1973 年所做的令人十分驚奇的分析，即為了容納 CP 不守恆，僅有 4 個夸克是不夠的。從技術上看，P 守恆的破壞使得產生極化粒子束成為可能，這種束促成了許多實驗研究。

但是造成分立對稱破壞的基本原因今天仍然不知道，事實上，對這些破壞連一個可能的基本理論上的建議都沒有。我相信那樣一個基本理論必須存在，因為我們知道，物理世界所取的理論結構絕不是沒有原因的。

注釋：

［1］ Laporte，O.，*Zeit. f. Phys.* **23**，135（1924）.

［2］ Wigner，E. P.，*Zeit. f. Phys.* **43**，624（1928）；Neumann，J. V. und Wigner，E. P.，*Zeit f. Phys.* **49**，73（1928）；Weyl，H.，*Cruppen Theorie* *and Quantenmechanik* (Leipzig, 1928).

[3] Wigner, E. P., *Gruppen Theorie und Ihre Anwendung auf die Quantenmechanik der Atomspektren*, (Friedr. Vieweg, 1931); English translation (Academic Press, 1959).

[4] Condon, E. U. and Shortley, G. H., *The Theory of Atomic Speectra* (Cambridge University Press, 1935).

[5] Dalitz, R. H., *Phil. Mag.* **44**, 1068 (1953); *Phys. Rev.* **94**, 1046 (1954); Fabri, E, *Nuovo Cimento.* **11**, 479 (1954).

[6] Dalitz, R. H., in *Proceedings of the 1955* Rochester Conference.

[7] Yang, C. N., *Rev. Mod. Phys.* **29**, 231 (1957).

[8] Yang, C. N., in *Proceedings of the 1956 Rochester Conference.*

[9] Lee, T. D. and Yang, C. N., *Phys. Rev.* **104**, 254 (1956).

[10] See Yang, Chen Ning, *Selected Papers (1945—1980) with Commentary* (Freeman, 1985).

[11] Wu, C. S., Ambler, E., Hayward, R. W., Hoppes, D. D. and Hudson, R. P., *Phys. Rev.* **105**, 1413 (1957); Garwin, R. L., Lederman, L. M. and Weinrich, M., *Phys. Rev.* **105**, 1415 (1957); Friedman, J. I. and Telegdi, V. L., *Phys. Rev.* **105**, 1681 (1957). See *Adventures in Experimental Physics*, Gamma volume, ed. B. Maglich (World Science Education, 1973).

[12] Kramers, H. A., *Proc. Acad. Amsterdam* **33**, 959 (1930). Reprinted in *A. A. Kramers Collected Scientific Papers* (North-Holland, 1956).

[13] Wigner, E. P., *Nachrichtung Akad. Wiss. Gottingen*, MathPhysik, 546 (1932).

[14] 閱將由 Springer-Verlag 出版的 M. Dresden 寫的 H. A. Kramers 的傳記。

[15] Pauli, W., *Rev. Mod. Phys.* **13**, 203 (1941).

[16] Lloyd, S., *Phys. Rev.* **81**, 161 (1951).

[17] Schwinger, J., *Phys. Rev.* **82**, 914 (1951).

[18] Dirac, P. A. M., *Proc*, *Roy. Soc* **A117**, 610 (1928).

[19] Dirac, P. A. M., *Proc*, *Roy. Soc* **A126**, 360 (1930).

[20] Tamm, I., *Z. Physik.* **62**, 545 (1930); DIRAC, P. A. M., *Proc. Camb. Philos. Soc.* **26**, 361 (1930); Oppenheimer, J. R., *Phys. Rev.* **35**, 939 (1930); Weyl, H., *Gruppen Theorie und Quantenmechanik*, 2nd edition, 234 (1931).

[21] Oppenheimer, J. R., *Phys. Rev.* **35**, 562 (1930).

[22] Dirac, P. A. M., *Proc. Roy. Soc.* **A133**, 60 (1931).

[23] Yang, Chen Ning. Paper [59c] in reference 10 above.

[24] Furry, W. H., *Phys. Rev.* **51**, 125 (1937).

[25] Majorana, E., *Nuovo Cimento.* **14**, 171 (1937).

[26] Kramers, H. A., *Proc. Acad. Amsterdam.* **40**, 814 (1937).

[27] Fukuda, H. and Miyamoto, Y., *Progr. Theoretical Phys.* **4**, 389 (1950); Mishijama, K., *Progr. Theoretical Phys.* **6**, 614 (1951).

[28] Pais, A. and Jost, R., *Phys. Rev.* **87**, 871 (1952).

[29] Michel, L., *Nuovo Cimento* **10**, 319 (1953).

[30] Lee, T. D. and YANG, C. N., *Nuovo Cimento* **3**, 749 (1956).

[31] Lee, T. D. Oehme, R. and Yang, C. N., *Phys. Rev.* **106**, 340 (1957). This paper was written as a result of a letter from Oehme dared August 7, 1956. See Commentary on [57e] in ref. 10. See also Loffe, B. L., Okun, L. B., Rudik, A. P., *JETP.* **32**, 396 (1957).

[32] Schwinger, *J. Phys. Rev.* **91**, 713 (1953); **94**, 1362 (1954). See especially equations (54) and (209) and discussions of these equations in latter paper.

[33] Lüders, G., *Kgl. Danske Videnskab. Selskab*, *Mat. Phys. medd.* **28**, No. 5 (1954).

[34] Pauli, W., in *Niels Bohr and the Development of Physics* (Pergamon, 1955).

[35] Jost, R., *Helv. Phys. Acta.* **30**, 409 (1957).

[36] 韋耳1930年11月在他的群論和量子力學一書的前言中寫了一段有趣的話：

質子和電子的基本問題已經在它與量子定律的對稱性的關係中討論了，而這些性質是與左和右、過去和將來、以及正電和負電的交換有關。現在似乎還看不到這個問題的解決；我擔心，懸在這一課題上的烏雲會滾動到一處，形成量子物理中的一個新的危機。〔閱 H. P. Robertson 的譯文，(Dover, 1950)〕

他是在考慮 P、T 和 C，但我不能肯定他指的危機是什麼。

[37] Christenson, J., Cronin, J. W., Fitch, V. L. and Turlay, R., *Phys. Rev. Letters.* **13**, 138 (1964).

[38] Salam, A., *Nuovo Cimento.* **5**, 299 (1957); Lee, T. D. and Yang, C. N., *Phys. Rev.* **105**, 1671 (1957); Landau, L., *Nuclear Physics.* **3**, 127 (1957).

[39] Weyl, H., *Z. Physik.* **56**, 330 (1929).

[40] Kobayashi, M. and Maskawa, T., *Progress Theoret. Physics.* **49**, 652 (1973).

附：報告後的討論

米協爾（Michel）： 楊教授，謝謝您。

我肯定，楊教授的這個報告將在圓桌成員之間和聽衆之間引起可喜的討論。我將用我作為主席的特權向歷史學家們說幾句，有些事情對我們來說很清楚，當然，對維格納來說對30年代開始的事情也很清楚，但對物理學家們可能並不是很清楚的。例如，我可以列出一個名單，他們違反了宇稱守恆但並不知道，例如今天上午我們所談論的物理學家中的一些我特別尊敬的人，例如托賽克（Tousheck）的雙 β 衰變的文章。我昨天引用的埃納錯（Enatsu）在1950年之前就有了最經濟的矢量介子——中間玻色子。我還可以引用其他幾個人。我甚至可以引用泡利，他在宇稱問題上的一些有關論证是错的，這個错誤出現在一封信中。他回答我說："是的，但是你在電荷共軛上也有错誤。"當然，這是真的。我可以得到原諒的是開莫（Kemmer）教授在我之前，在他著名的關於電荷獨立的文章（charge independence）中出現同一错誤。我不想談時間反演，我也應當譴責我自己在1951年反對時間反演的過失。你們知道，這是在我到普林斯頓并且認識了維格納之前的事，但是，如果我把那些違反時間反演的文章羅列出來，可能要花費幾個小時。我想，我可以問維格納一些關於宇稱和時間反演的問題。您懂得時間反演比任何一位物理學家都早，您在1932年就寫了這方面的文章，例如，我記得1951年的辯論。現在知道 P 和 T 不變性是自然界中兩個近似的定律。您是否願意給我們談談您的回憶和評論?

維格納（Wigher）：我必須承認，我確實被反射對稱性的破壞嚇了一大跳。我對電荷對稱的破壞從未驚訝過，我知道地球上大多數電子帶負電，大多數質子帶正電，但是反射不對稱對我是一個震動。讓我說一件我感到十分困惑的事吧，柯克斯（Cox）博士曾寄給我一篇 β 衰變的文章，他的文章清楚地表明反射對稱性的欠缺。

米協爾：那是什麼時候?

維格納：很久以前，1932年或1933年。我給他回信說，你的實驗結果好像與反射對稱矛盾，我會更仔細地看一下這篇文章。於是他收回了這篇文章。今天我意識到這篇文章是正確的以後，我總感到十分窘迫，但是這樣的事發生了。

楊振寧：我是否可以說一點關於這個問題的意見？

李・格勞翠斯（Lee Grodzins）的文章對柯克斯的實驗做了仔細的分析。這篇文章收在麥格里克（Maglic）編的《實驗物理中的冒險》一書中。在這篇文章中，他得到下面的結論：柯克斯發現的效應的值（關於β粒子的渦旋度）大致上是對的，但是符號是錯的。格勞翠斯加了一段話，他相信實驗是正確的，但在資料分析中柯克斯加了錯誤的正負號。

阿馬爾第（E. Amaldi）：正如楊振寧指出的，在1928年和1930年，有一些實驗提供了電子縱向極化的證據，在近幾年這些文章被廣泛地討論，得到的結論是，這些結果與宇稱守恆的關係沒有被同時代的物理學家和作者自己確認和理解。這些文章的參考文獻在我的《β衰變打開了通向弱作用的路》的報告末尾給出了（文獻99，100）。

米協爾：我可以提供另一個"可能是"宇稱破壞實驗的軼事。這是1955年的事。鮑開雅特（Bouchiat）和我計算了在巴巴（Bhabba）散射中或電子—電子莫勒（Moller）散射的關聯，後來哈爾本（Halban）來了（他已經不在了），對我說："啊哈，我願意做這個實驗，這是很有趣的實驗。它是否很重要？"我告訴他："你知道QED有效到6位數字（在那個時候），因此，如果你做這個實驗，就算達到10%甚至1%的精度，也不會教給我們許多東西。"可是不管怎樣，他們開始用^{32}P源做實驗，但你們知道^{32}P的壽命僅僅是兩周，在買了3個源之後，他們不再有耐心了（也許由於基金和時間的原因)，他沒有發表他們的結果。當宇稱不守恆這個爆炸性的新聞出現後，他們來看我，說："那麼我們能做什麼?"我說："就再做一次相同的實驗罷。"他們做了類似的實驗。維格納教授，時間反演方面的情況怎麼樣？你談到了時間反演，并且還由於在克拉默的漂亮文章後，你第一個為我們在量子力學中確認時間反演而受譴責。(編者注：這是反話。)克拉默的文章你引用過，我們也讀過。關於時間反演你有什麼評論嗎？我想說一下，時間反演是我在現代物理評論中讀到過的被引用的一些例子中的一個，在那些例子裏，維格納理解了物理，但物理學家們不理解維格納，這種情形持續了 20 年。

維格納： 坦率地說，我完全相信時間反演不變性和反射對稱是有效的。當證明這些不再有效時，對我是極大的震動。我完全注意到熵增加的事實，但對此我有一個基於初始條件上的完全不同的解釋。我相信這個解釋是有效的，它並不缺少時間反演不變性，由此造成熵增加。但是我必須說，我很尊敬那些大膽地期望這些不變性不是有效的人。我不知道這些不變性無效是否也依賴於初始條件。可以肯定，這張桌子中所有的電子都帶負電，這個事實是初始條件造成的。但這一點並不清楚，即前述的對稱性的缺少能被簡化為我們世界的對稱性的缺少。下面的設想是可能的，即弱相互作用的全部存在是由於這個世界的某些初始條件，但是我不相信它，因此我像以前一樣為這些對稱性的有效性的缺少而感到迷惑。如果我們相信自然界中的所有定律都是簡單的，美好的，那麼這些不變性應該有效。你們願意反駁我嗎?

楊振寧：我認為每一個人最初的傾向是喜歡有更多的對稱性。關於這些桌子充滿了電子而不是正電子，現在有了一個理論（這個理論還需要證明），在某種意義上理解這一點。我認為，對稱性和自然界不是十分對稱的問題，有破損的對稱把兩者結合，是最有趣的觀念。但是這個觀念的細節尚待弄清楚。我相信，將來我們能有一個很有趣的時期。

米協爾：你談到 *CPT* 對稱，這個對稱目前還沒有被破壞，每一個人都相信存在 *CPT* 對稱性。然而，有一個問題：為什麼我們周圍僅僅是物質？如果你不想破壞 *CPT* 對稱性，你必須考慮幾步。如果你從一個許多人願意要的電荷對稱的大爆炸出發。薩哈羅夫（Sakharov）首先證明 *CPT* 不變性是怎樣保持的，他從一個 *C* 對稱的大爆炸出發，得到現在的物質比反物質多的世界。他是在 1967 年做的這個工作，雖然他的文章超出這次會議的範圍，但它仍然是歷史，薩哈羅夫引入了一項，這項給出質子壽命為 10^{50} 年。感謝規範理論，這個值降低了，現在可以用實驗去檢驗它。在大多數的大統一方案中，質子應該衰變。因此我們現在對重子荷守恆有疑問，但我們還不知道答案，最近，從類星體觀察組來的費萊開（Fleche）和索里奥（Souriau）對於我們的宇宙提出了一個有說服力的模型。在這個模型中物質和反物質是對稱的，但反物質離我們很遠：比 100 億光年遠。

維格納：我想再發表些評論。我們都知道初始條件並不表示任何對稱性，從某種意義上盡可能無規則。這邊有安德遜（Anderson）博士，那邊沒有安德遜博士，於是問題出現了：初始條件與自然定律相分離（按照我的看法，這是牛頓最偉大的成就。）會被證明是絕對有效的嗎？初始條件與自然定律之間的相互作用是後來在自然定律中某些對稱性缺少的原因嗎？按照因斯特·馬赫（Ernst Mach）的觀點，我們知道所有已知的物理學定律都是近似的，如果是這樣，那麼牛頓的初始條件與自然定律相分離的看法也是一種近似。你們知道，狄拉克提了這樣一個建議，即電磁力與引力的比值依賴於宇宙密度。由於這個密度在減少，假定這個比值是時間不變的自然定律是錯誤的。因此，很可能某些不變性的缺少是由於我們周圍這個世界的對稱性的缺少。

我想最好注意這樣的可能性，即弱作用中缺少反射不變性是源於我們宇宙狀態的不對稱性。我想，我應該讓大家注意這種可能性，儘管我不真正相信它。

山櫛（Yamaguchi）： 我想知道楊教授提的問題的答案，誰是“宇稱”這個詞的教父？

維格納： 我不知道，這個詞不是一個很重大的發明。

蘇達山（E. C. G. Sudarshan）： 我想對楊教授的敍述加一個評論：有這樣一種情況，在這種情況裏最大的宇稱破壞增加了物理學中的和諧。只要把自由粒子作為基本單元，有質量的、自旋為 1/2 的粒子和無質量的、自旋為 1/2 的粒子是彭加勒群十分不同的實現。有質量的粒子屬於有兩個自旋態的不可約表示，但無質量的那個只有一個。1956 年的那個工作把最大的宇稱破壞與二分量中微子理論相聯繫。但是馬爾夏克（Marshak）和我通過分析弱作用的實驗資料發現，有質量的場也只用了手征分量。在 1957 年的派都威尼斯（Padua Venice）會議上我們提出了這一點。對於自旋為 1/2 的場，因為反對易條件而使手征分量分離開。因此合適的觀點是在動力學中包括粒子的質量（相互作用……）（原文如此，譯者）。關於手征分量我們做的事在超子非輕子衰變中證明是正確的；并且在有 $SU(3) \times SU(2) \times SU(1)$ 的標準模型中和在大統一理論中，它是絕對重要。因此一般地，我希望在發展弱作用和粒子物理中強調看見手征分量和手征性的重要性。

泰勒格第（V. Telegdi）：（1）關於柯克斯的實驗，我不認為這個實驗結果是可靠的，注意到年份為 1928 是有趣的。自旋是一個新的觀念，莫特（Mott）的文章還沒有出現。柯克斯的想法是去做一個與光學中麥拉斯（Malus）著名實驗類似的實驗。麥拉斯的實驗對確定光的“自旋”貢獻很大。麥拉斯在光學中引入了一個詞“極化”。

（2）當宣佈了宇稱不守恆之後，我們提出去研究極化中子的衰變。在阿貢（Argonne）這是可以做到的，這方面的大專家是雷恩格（R. Ringo）博士。當我們和他討論事情時，他說，在羅伯遜（Robson）的中子（無極化）實驗之後，他提出過我們想做的實驗，但是阿貢的高級理論家與他們談話，使他們相信因為宇稱守恆所以沒有新的可觀察效應會出現！！

尼曼（Y. Ne'eman）：（1）對於初始條件（維格納教授的意見）——人們感到驚奇的是，為什麼宇宙那麼對稱。

（2）關於對稱性及楊振寧教授的透明片中提到的對群論的不喜歡，透明片取材於韋耳的書（群論病）。對稱，因為它對應於普遍化和對“特殊情況”的排除，所以對稱是在科學的本性中。例如，“所有的方向應該是相似的”。因此群論應該從一開始就進來。然而，每一代人都總是不喜歡新的數學，因此在開始時，群論傾向於被拒絕。

米協爾： 我想對維格納教授所說的做些評論。我同意把初始條件從自然定律中區分出來是牛頓做的一件偉大事情。但是物理學的問題變化了，太陽系的起源是另一個物理學問題，拉普拉斯（Laplace）為它擔憂過。因此你所稱呼的初始條件後來成為一個物理問題，現在，我想說，你可以把大爆炸考慮為初始條件，但對我們大多數人來說，它的歷史是一個物理問題。

維格納： 但是沒有一個大爆炸的理論解釋坐在這裏第一排的人數。大爆炸太複雜了，并且肯定它沒有任何對稱性。作為一個結果，如果我們不相信初始條件與自然定律的分離，則將沒有真正的對稱性存在。這完全是可能的。

米協爾： 我想問一下楊教授：我清楚地記得我在西雅圖聽楊教授報告時的情景，楊教授報告的是關於宇稱破壞，維格納教授後來問他問題。我記得你談的就是宇稱，那時我已讀過你的預印本，并且清楚地記得預印本的細節。但是維格納教授問你一個問題："你怎樣選擇去破壞宇稱？"你沒有理解這個問題，維格納又以他的稍稍特別的方式再一次問這個問題，你說："你看，我有一個問題要解決，我要找一個出口。你在一個有多種不同門的房間內，你嘗試不同的門，最後……"維格納教授告訴你："現在我知道破壞宇稱的七種方法，你選擇哪一種？"你沒有回答。這表明在那時你的想法還沒有真正透徹形成。

楊振寧： 我清楚地記得西雅圖會議。我討論了宇稱不守恆，我也討論了宇稱二重態（parity doublet）的可能性。我也記得維格納教授問我的一般性的問題，我不記得維格納那時說過有許多破壞宇稱的方法，但我確實記得下面的事。我的確說過情形是很令人困惑的，我願把我們的情形比作一個處於黑房間中的人。我們知道有一個走出這個黑房間的方法，但是我們不知道沿哪一個方向去尋找，因此，我們必須探查所有的可能性。我願坦率地對在座的聽衆說：在那時我並沒有把寶押在宇稱不守恆上，李也沒有將寶押在宇稱不守恆上。我不認為有任何人真正把寶押在宇稱不守恆上。我不知道泰勒格第那時怎麽想，但吳小姐（指吳健雄——譯者）那時想，即便結果沒有給出宇稱不守恆，它仍然是一個好的實驗。應該做這個實驗，因為先前的 β 衰變沒有産生任何關於右—左對稱的信息。

一位卓越的俄羅斯物理學家告訴我，朗道（Landau）不相信宇稱不守恆，事實上 1956 年 10 月在蘇聯召開的一次會議上他很強硬地説，這是絕對無意義的。但在實驗完成之前，朗道顯然改變了主意，他感到可能有宇稱不守恆。為什麽大多數人不要它？我想過這個問題，我認為只有一個結論：這就是我們大家喜歡有更多的對稱性。

蒂歐姆諾（J. Tiomno）：我想問楊教授一個問題，關於費米對空間反射的意見，因為他寫過一個人們認為是錯的表達式，它在一項中有：γ_μ（核子流），階次是 $\gamma^5\gamma_\mu(e-\upsilon$ 流）。我們現在知道，長期以來，在反射中，對 υ 相位選擇方便的標量，但是在那時人們認為應當是一個贗標量。有一次我聽到費米對這個批評的回答，他説他不相信空間反射不變性定律應該適用於所有的物理。我想知道這是否正確。

楊振寧：這是不正確的，至少我沒有這個印象。作為一名研究生和年輕的講師我與費米在芝加哥有很多接觸。通過與他討論我知道他對宇稱守恆特別感興趣，對此我不知道有什麼特別的原因。

在 1950 年在你和我寫了關於自旋 1/2 的粒子在空間反射下的可能的相因子的文章後，在芝加哥舉行了一次會議。我想是 1951 年，費米對我們的文章有很強的興趣。因此他安排了一個專題會議來討論這篇文章，他明確地要求討論這個問題：我們的提議的實驗表現是什麼？你和我在 1950 年寫的這篇文章對後來 1956 年宇稱的工作很有用，因為耦合 C 和 C' 是直接從 1950 年文章中拿來的，很自然而直接。

蒂歐姆諾：在這種情形下，我想對下面的事實做一些評論，李、楊給出這個結果確實是大膽的一步，因為那時每一個人都十分相信宇稱守恆。我記得在普林斯頓，我在維格納教授指導下做關於中微子和雙 β 衰變理論的博士論文，這個工作是去檢驗可能的狄拉克場的投影算符。文中有一個注解說，我沒有用有 $\upsilon(1\pm\gamma^5)\upsilon$ 的投影算符，因為它們顯然是錯的。我肯定，事實上對這件事維格納沒有作出像其他人那樣的反應，他甚至不感興趣，在那樣一個 β 衰變理論中有那些不令人滿意的可觀察的效應。

阿馬爾第：30 年代初在羅馬，有一個人對群論確實很感興趣，他就是麥傑拉納。他研究了韋耳的書，認為它是最好的較深入的關於量子力學的書。有一次他提到已經開始寫一本關於群論的書，但在他失蹤後，沒有人發現任何可以被認為是那樣一本書的草稿或部分手稿。

米協爾：我想問維格納教授最後一個問題。我們正在討論一些概念，但是超選擇規則是一個我們還沒有接觸到的概念。按照字母順序，威克（Wick）、魏特曼（Wightman）和維格納寫了一篇關於超選擇的文章〔*Phys. Rev.* **88**，101 (1952)〕在這篇文章的注解 9 中他們寫道，他們準備相信分立對稱不會是嚴格的，這與你所說的不同。在這個注解中你給了一個例子：*P* 和 *C* 可能被破壞；但 *PC* 是守恆的。(在會後加上準確的引文："*C* 是一個嚴格的對稱，這是還沒有證明的。可能 *C* 和 *P* 僅僅是近似的定律，而 *CP* 是僅有的嚴格的對稱定律……")

維格納：我應回答什麼?

米協爾：你是否與威克和魏特曼在你們的文章的注解中做了這樣的評論?

維格納：你知道，我不記得這個注解。

楊振寧：你說過，*C* 和 *P* 可能被破壞。

米協爾：你選用了這個例子。

維格納：是的，它們被破壞了。

米協爾：因此，維格納教授和威克、魏特曼，你們在 1952 年在一條注解中說過它。

後記（楊振寧）

(1) 這是 1982 年 7 月中在巴黎開的科學史會議上我的報告。報告後的討論中發言的維格納（Wigner）是極重要物理學家。他和魏爾（Weyl）分別於 1930 年前後將群論引入物理學。

(請參閱本書 85j《魏爾對物理學的貢獻》一文。)

關於群論早年不被物理學者重視的故事很多。在 60 年代維格納在普林斯頓常說“In the 1920s everything I did was considered unimportant. Now nothing I did is considered unimportant.”(在 20 世紀 20 年代，我的所有工作都被認為不重要。今天，我的任何工作都被認為重要。)我對於這個轉變有一點貢獻：

在 20 世紀 20 年代受了 Heisenberg 與 Bohr 的影響，又因為一班物理學家不喜歡太多的數學，所以魏爾和維格納的工作都太不被重視。我在昆明的時候，為了寫學士論文瞭解到了群論的重要，也瞭解到了維格納與魏爾是兩位引進群論到物理學中的大學者，所以對維格納一直十分佩服。1957 年我在諾貝爾演講中特別提到維格納是最早發現左右對稱與“宇稱”的關係的人。我說：“This fundamental idea was rapidly absorbed into the language of physics.”(這個基本觀念很快就被吸收到物理學的語言之中。)

維格納非常高興我的這個說法，所以第二年他即提議普林斯頓大學給吳健雄、李政道和我榮譽學位。據江才健的《吳健雄傳》說，這是普林斯頓大學第一次頒授榮譽學位給一位女科學家。

維格納為人誠謹，不苟言笑。從他身上我們可以看到第二次世界大戰前歐洲學人的風度，與今天許多美國科學家的盛氣逼人的態度成鮮明對照。

(2) 本文及附件對 C，P，T 等觀念的歷史有很多討論。對 C，P，T 之唯象認識五十年來有了許多工作，但對**為什麼** C，P，T 都不完全守恆仍然沒有任何好建議。

吳健雄致楊振寧的一封信

振寧：

十天以前，接到您寄贈的論文匯集，當晚我即開始從頭閱讀，越讀越有興趣，一方面，您對近代物理發展的歷史，作了明晰有條理的簡介。同時，您把最近的過去，心頭不如意事也坦白地布開，使人讀了非常感動。第二天早上我給您打電話致謝，知道您在外旅行尚未回來，所以現在特此書面致謝，專此敬祝

儷安。

健雄上
九月七日

後記（楊振寧）

1983 年我的 *Selected Papers* 出版後我寄了一本給吳健雄。這是她的回信。

1996 年 8 月江才健在臺北出版了一本《吳健雄傳》，是她的傳記，寫得非常好。出版後不到一年吳健雄就去世了。後來那本傳記也在上海出版過簡體字版。

我曾經說過做科學研究要成功，有三個必要的條件：

Perception（眼光）

Persistence（堅持）

Power（動力）

吳健雄確是三者具備。她的關於宇稱不守恆的實驗進行起來困難非常之多，《吳健雄傳》的第九章生動地描述了她如何堅持，與如何以動力克服了種種困難。

而最重要的是她的眼光：當時許多別的一流物理學家都認為這麼困難的實驗，做出來只不過是再證明宇稱確實是守恆，不值得去做。可是她“獨具慧眼”，認為在弱相互作用中宇稱守恆不守恆過去既未被人研究過，那麼不論結果如何，這就是值得做的實驗。這是她眼光過人的地方。

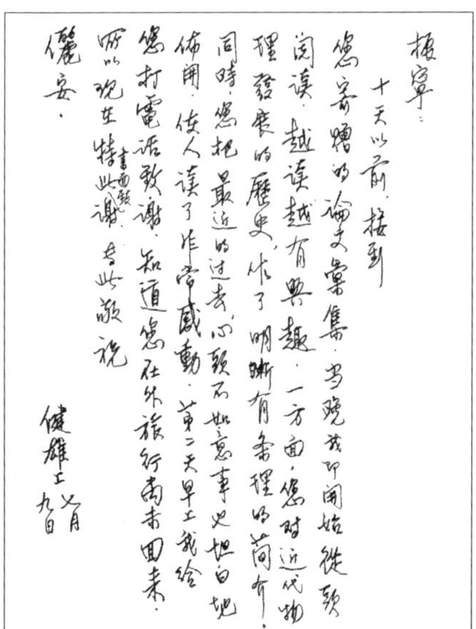
振寧：

十天以前，接到您寄贈的論文選集，當晚我即開始從頭閱讀，越讀越有興趣。一方面，您對近代物理發展的歷史，作了明晰有條理的簡介！同時，您把最近的過去以及不如意事也坦白地佈開，使人讀了非常感動。第二天早上我給您打電話致謝，知道您在外旅行尚未回來。所以現在特此書面致謝，並此敬祝

儷安。

健雄上
七月九日

圖 A83a. 1　吳健雄致楊振寧的一封信

自 旋

原文 "The Spin", 發表於 *AIP Conference Proceedings* #95 *High Energy Spin Physics—1982*, p. 1, ed. Gerry M. Bunce (1983). 中譯文載《楊振寧談科學發展》, 八方文化企業公司, 1992 年。譯者: 張美曼。

我想談一些關於自旋這個概念的歷史, 當我們在物理裏面做了一段工作後, 有這樣一種傾向, 即忘掉了我們正在研究的事物的全面含義。對遠景的洞察被湮沒在眼前問題之中, 我們可能對先前的重要的問題變得盲無遠見。由於這個緣故, 讓我們簡單地回顧一下, 自旋是怎樣成為物理的一部分的。

自旋這個概念既迷人又十分困難, 就其根基而言, 它與物理學的三個方面有關。第一是經典的旋轉的概念; 第二是角動量量子化; 第三是相對論。所有這些概念是我們對自旋這個概念早期理解的基礎, 但在那時並沒有清晰地意識到這一點。

第一個提出可能存在自旋的人是康普頓 (A. H. Compton)[1]。在 1921 年, 當他認為電子是一個圍遶着一條軸綫快速旋轉的有幾何大小的客體時，就提出了存在自旋的可能性。然而，這個思想並沒有引起重要的發展。在 1919—1925 年間，對稱之為反常塞曼（Zeeman）效應和多重譜結構理論的混亂的研究則是一個完全不同的開端。這項研究使許多科學家彼此反對、爭吵，在 1925 年初，泡利（Pauli）提出了他著名的有四個量子數的不相容原理，其中之一是時髦的新的變量自旋 m_s。然而泡利不相信這第四個量子數具有古典力學的解釋，它被認為是“非力學應力（Zwang）”的反映。

1925 年 10 月 17 日烏倫拜克（Uhlenbeck）和戈特斯密特（Goudsmit）向名為 *The Naturwissenschaften* 的雜誌提交了一篇文章[2]，在這篇文章中他們提議用電子的內部自由度來解釋“非力學應力”，這個內部自由度就是自旋。泡利一點也不喜歡這個建議，因為他已經相信這第四個量子數表現了一個“非經典的雙值性”，在他 20 年後的諾貝爾講演中，泡利回憶道[3]：

> 起初，由於它的古典力學的特點，我強烈地懷疑這個思想的正確性。

後來，托馬斯（Thomas）的文章出來了，對於自旋與軌道之耦合，給了因子 2 一個漂亮的解釋。1926 年 3 月，泡利“完全投降了”[4]。

自旋和不相容原理，對另一個重大的概念性的發展也很重要：置換對稱和統計。在這個方向上費米（Fermi）的工作是最早的。他所關心的不是能譜學的“動物學”（zoology）這個領域，而是統計力學。拉賽第（Rasetti）這樣描寫道：[5]

> 他一聽到泡利不相容原理的文章，立刻意識到他現在具有了建立理想氣體理論所需要的所有的基本元素，這種理想氣體，在絕對零度時將服從內恩斯特（Nernst）定理，并且在低密度和高溫的極限下，給出關於絕對熵的正確的薩克—泰屈羅（Sackur-Tetrode）公式，而且與各種任意的假設無關。在這之前，為了要得到這樣正確的熵值必須把這些任意的假設引進統計力學。

費米的文章是 1926 年 2 月 7 日提交的。相隔僅幾個月後，從完全不同的問題入手，狄拉克（Dirac）發現了薛定諤波函數可以是對稱的或反對稱的，這是一個有影響的新概念[6]。從這些考慮出發，發展出了玻色（Bose）—愛因斯坦（Einstein）統計和費米—狄拉克統計的概念。

有關波函數對稱性概念的第三條綫索貫穿在正氦和反氦的問題中，這個問題是海森堡（W. Heisenberg）在 1926 年春解決的[7]。他通過對系統軌道波函數的對稱性質的研究，發現兩個電子的總自旋對於氦原子的能量有很大的影響。

大約在 1927 年初，作為描寫電子和解釋週期表的基本概念，自旋及與它相聯繫的磁矩被人們完全接受，一個完整的原子和分子結構理論的新紀元開始了。物理學家有理由因所有這些基本的發展而感到滿足。但是狄拉克不是這樣，他把注意力集中在相對論性的電子理論上，并且寫下了漂亮的狄拉克方程[8]。這個方程顯示了自旋是荷電粒子相對性理論的固有特徵，多麼高的想象力、多麼深的洞察力。

然而，狄拉克方程被負能量態的困難所困擾、基於對美的形式的特有的信仰，狄拉克大膽地進一步提出了無窮大電子海的思想[9]，這個概念改變了物理學家對於真空的真實結構的理解，如果你以為狄拉克曾很容易地使其他科學家信服他的大膽思想，那就錯了。他沒能這樣，他遭到了許多傑出的科學家的反對[10]，其中包括玻爾、泡利、朗道（Landau）和佩爾斯（Peierls）。

慢慢地，這些反對消散了。實驗中正電子的發現，電子對的產生和湮滅的發現及在理論的研究中發現與其他理論相比空穴理論使發散不那麼強烈，所有這些發現導致狄拉克理論被普遍接受。隨着電荷共軛不變的公式化、蘭姆移動和電子反常磁矩及重整化理論的發現，狄拉克理論成為物理學永恆的一部分。

但是，我們是否聽到了關於自旋的最終描述了呢？我相信不是這樣，讓我舉三個理由來說明這個看法。首先我認為我們目前對場論的瞭解似乎還沒有到最終階段，我們關於重整化的見解很難使人感到滿意、再則，更新的對稱概念是必需的嗎？是拓撲結構嗎？我們不知道。然而，任何附加的概念必定與時空糾纏在一起，因而也與自旋糾纏在一起。第二，我們不瞭解為什麼存在 μ 介子和 τ 介子，它們的存在也許與自旋的概念毫無關係，也許與自旋的概念有很深的關係，我們並不知道。第三，也是最重要的，我們至今還沒有一個有關旋轉着的電子的廣義相對論理論。至少，我疑心[11]自旋和廣義相對論是非常深地、以一種微妙的方式牽連在一起的，而這個方式我們現在還不瞭解。

在 1925 年 11 月 24 日，在收到烏倫拜克和戈特斯密特的文章後，海森堡在給泡利的信中寫道[12]：

> 當然，如果電子只具有電荷和質量而不具有角動量，事情就簡單得多；雖然從原則上來說，人們不能爭辯着來反對角動量，但這種思想，即電子具有結構（特別是認為存在幾種類型的電子），我很嫌惡。

這都是半個世紀以前的事了。在這些年月間我們是否懂得足夠了，可以去判斷是否自旋是一種結構，是否應該存在幾種類型的電子？

注釋：

［1］關於自旋概念的早期歷史的詳細情況，請閱 J. Mehra 和 H. Rechenberg，*The Historical Development of Quantum Theory*，Vol. Ⅰ，Vol. Ⅲ.

［2］G. E. Uhlenbeck and S. Goudsmit，*Naturwiss.* **13**，953（1925）；*Nature.* **117**，264（1926）.

［3］W. Pauli 的文章，載於 *Nobel Lectures Physics 1942—1962*（Elsevier，1964）.

［4］閱［1］，Vol. Ⅲ，p. 272（Pauli's letter to Bohr）.

［5］F. Rasetti，in *The Collected Papers of Enrico Fermi*，Vol. Ⅰ，p. 178（University of Chicago Press，1962）.

［6］P. A. M. Dirac，in *History of Twentieth Century Physics*，Varenna Summer School（Academic Press，1977）.

［7］閱［1］，Vol. Ⅲ. § V. 6.

［8］P. A. M. Dirac，*Proc. Roy. Soc.* **117**，610（1928）.

［9］閱我的文章：See my paper "The Discrete Symmetries *P*，*T* and *C*" published in *Proceedings of the* 1982 *Paris Conference on the History of Physics.*

［10］閱 D. F. Moyer，*Am. J. Phys.* **49**，944，1055，1120（1981）and A. Pais，"Heisenberg and the Dirac Theory of the Electron" in *Collected Works of Werner Heisenberg.*

［11］ Chen Ning Yang，*Phys. Rev. Letters.* **33**，445（1974）.

［12］ 閱［1］，Vol. Ⅲ，p. 200.

後記（楊振寧）

這是 1982 年在 Brookhaven 實驗室一個關於自旋的研討會上的演講。二十多年過去了，自旋的基本來源我們仍然不瞭解，而同時，三種中微子的互變更增加了我們對這些自旋是 1/2 的輕子的困惑。

魏爾對物理學的貢獻

原文載於 Hermann Weyl 1885—1955, ed. K. Chandrasekharan, 1986, 譯文原載於《自然雜誌》第 9 卷第 11 期。譯者：李炳安、張美曼。

一

正如厄斯普朗（Ursprung）主席已經說過的那樣，1954年5月魏爾（H. Weyl）在洛桑作了一次演講[1]，當時他六十九歲。這次演講主要是自傳體的，其重點在於他的思想發展的各個階段，特別是關於他的哲學思想。這次演講談到了魏爾的物理學方面的最初的重要工作：

> 下一個就我而言是劃時代的事件，是我在數學上作出了一個重要的發現。這是關於一個連續介質（例如一片薄膜、一個彈性物體或者電磁以太）的本征頻率分佈的規律性的問題。這是許多這類想法中的一個。因為專致於科學的年輕人都很可能有一些想法和見解。然而，

儘管大多數想法都像肥皂泡一樣很快地破滅了，而我所研究的這一個想法，卻正如簡短的檢驗所表明的那樣，它達到了目標。開始，我相當喫驚，因為我並不相信我能解決像這樣的一些問題。另外還有下列情況：這個問題的結論雖然在前些時候已被物理學家猜想到，然而對大多數數學家來說，這一結果似乎是在很遙遠的將來才能作出證明的。當我狂熱般地作出其證明時，我的煤油燈已開始冒黑煙。我剛完成其證明，厚厚的煤烟灰就像雨一般地從天花板上開始落到我的紙上、手上和臉上了。

魏爾在這裏所談到的是一件很有趣的工作。這個工作起源於洛倫兹（H. A. Lorentz）於 1910 年在格廷根所作的 Wolfskehl 演講。洛倫兹提出的問題如下[2]：

> 最後，還有一個可能會引起在座的數學家們感興趣的數學問題，這個問題起源於金斯（Jeans）的輻射理論。
>
> 在一個有完全反射表面的包殼中，類似於風琴管的音調，可以形成電磁駐波：我們把注意力集中在很高的諧波上。金斯問道："在頻率間隔 $d\upsilon$ 中的能量是什麼……"
>
> 就是在這裏產生了要證明的下列數學問題：頻率在 υ 和 $d\upsilon$ 之間的充分高的諧波的數目是與包殼的形態無關的，而僅與它的體積成正比。

魏爾是聽衆中的一位年輕數學家，他接受了洛倫兹的挑戰。運用他深邃的洞察力，魏爾總是能應用正確的數學工具去解決一個特殊的問題。他使用了他的導師希爾伯特所發展起來的積分方程的方法解決了這一問題。在二維情形中，這一問題討論的是一片薄膜，它像一張邊緣用某種固體材料箍緊了的鼓面（見圖 85j. 1）。

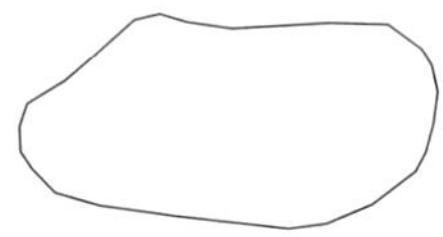

圖 85j. 1　鼓面

人們要研究小於 K^2 的本征值的數目 $N(K^2)$，而且興趣在於求出 K^2 很大時的 $N(K^2)$。此時必須求解下面的微分方程：

$$-\nabla^2 u = K^2 u,$$

這裏

$$K = 2\pi\upsilon/\bar{V}.$$

對於物理學家來說，其中的 υ 是本征頻率，而 $\bar{V}$ 是波在該薄膜中的傳播速度。魏爾證明了

$$N(K^2) \longrightarrow \frac{A}{4\pi}K^2 (\text{當 } K^2 \to \infty \text{ 時}), \tag{1}$$

這裏 A 是薄膜的面積。這樣就證實了洛倫茲的猜想：其結果與鼓面的形狀無關。順便提一下，這個問題在物理中是非常重要的，這是因為洛倫茲所提到的金斯輻射理論導致了普朗克的輻射定律，而後者後來又導致了量子力學的誕生。

魏爾這一工作開創了一個新的數學小領域，在其中有過許多活躍的工作。代替對 $N(K^2)$ 的研究，研究

$$B = \sum_{n=1}^{\infty} e^{-K_n^2 \beta} \tag{2}$$

卻更為方便。這裏 K_n^2 是第 n 個本征值。當 β 比較小時，(2) 式所示的求和在 $K_n^2 >> 1/\beta$ 時，差不多為零，而在 $K_n^2 << 1/\beta$

時，差不多為 1，因而 B 差不多是 $N(1/\beta)$。因此魏爾的結果成為

$$B \longrightarrow \frac{\text{面積}}{4\pi\beta}\ (\text{當 } \beta \to 0).$$

現在我們已經知道[2] B 的更精確的估計值：

$$B = \sum_{n=1}^{\infty} \mathrm{e}^{-K_n^2\beta} = \frac{\text{面積}}{4\pi\beta} - \frac{L}{4}\frac{1}{\sqrt{4\pi\beta}} + \frac{1}{6}(1-r) + (\text{當 } \beta \to 0 \text{ 時，趨於零的項}),$$

公式中第二項正比於鼓的周長 L。因此這一項就不是僅由面積而定了。下一項更有趣味。這是因為它包含鼓面上孔的數目 r。因此第三項就與鼓面的拓撲性質有關。

1925—1927 年，魏爾深入地從事對李群及其表示的結構的研究。後來他把這些研究看成是他的數學成就的頂峰。雖然作為一個物理學家，在學習他的名著《經典群》以後，我僅熟悉了他的一小部分研究工作，但是我所學到的這些知識已足以使我瞥見了他的這一成就的宏偉、優美和力量。這也使我能體會到在該書第一版（1938）前言中的下面一小段的含義：

> 數學思想可達到的嚴格的精確性使得許多作者按照這樣的一種模式寫作，使得讀者感覺到像是被關閉在一個很亮的小室之中，每一個細微之處都同樣的炫目地展示出來，但是景色卻單調平淡。我卻喜歡在晴空下的開闊景色，因為它有景象深度，近處由鮮明輪廓確定的大量細節逐漸消失在遠處地平綫上。

確實，這一小段敘述非常清楚地表達了魏爾在智力上的偏愛，

它對魏爾在數學和物理學方面的研究風格有着決定性的影響。

當魏爾對李群開展深入研究時，在物理學中發生了一場偉大的革命，這就是量子力學的發展。雖然我們也許永遠不會知道魏爾對這一發展的最初反應，但是他不久就投身其中，並對新力學的數學結構進行研究，這就產生了他在 1927 年發表的文章[3]和後來的著作《群論和量子力學》[4]。[最近斯派澤（D. Speiser）撰文論述了魏爾的這兩個貢獻[5]。] 魏爾的這本書，與維格納（Wigner）的一些文章和《群論及其在原子的量子力學中的應用》一書一樣，都有助於把群論引入到量子力學的語言中去。

魏爾是數學家和哲學家。他喜歡與概念及概念之間的聯繫打交道。他的書《群論和量子力學》是非常有名的，而且被認為是極為深奧的。雖然差不多每一位在 1935 年之前出生的理論物理學家在他的書架上都有這一本書，但是幾乎沒有人讀它：大多數人對於魏爾將注意力集中在物理的結構方面這一點不習慣，并且對他對概念的強調也感到不自在。對於大多數物理學家來說，這本書是太抽象了。

1930 年這本書的德文新版本出版了，他在前言中寫道：

> 質子和電子的基本問題已經用其與量子定律的對稱性性質的關係來討論了，而這些性質是與左和右、過去和將來以及正電和負電的交換有關。現在似乎還看不到這個問題的解決：我擔心懸在這一課題上的烏雲會滾動到一處而形成量子物理中的一個新危機。

回顧起來，這是一段非常令人驚奇的文章。魏爾在這裏提到的物理定律關於左右互換的對稱性，在此以前已由魏爾和維格納各自獨立地引入到量子物理中。這種對稱性被稱為宇稱守恆，用符號 P 表示。人們在 1930 年對過去和將來之間的對稱性還沒有很好理解。後來維格納懂得了這種對稱性（稱為時間反演不變性），且用符號 T 表示這種互換。關於正負電的對稱性後來稱為電荷共軛不變性，且用 C 表示。這是一種當你改變電的正負號時，物理定律的一種對稱性。就我所知，在 1930 年沒有人，絕對沒有人以任何方式猜疑到這些對稱性是以某種方式相關的。要到本世紀 50 年代人們才發現了它們之間的深刻聯繫。下面我將再囬到這一點上來。是什麼激起了魏爾，使他在 1930 年就寫了上面這一段話？至今對我來說還是一個很大的謎。

魏爾稱之為危機的“質子和電子的基本問題”是由狄拉克於 1928—1930 年引進的。當時狄拉克論证了電子應由某一方程（現在稱為狄拉克方程）來描述。狄拉克立即受到了抨擊。這是因為在他的方程中有一些顯然沒有意義的解：它們具有非物理的負能量。於是狄拉克十分大膽地假設：在通常情況下所有的負能態都被填滿了，因而是觀測不到的，僅僅當電子的“負能量海”中出現空位時人們纔可以觀測到與電子有相反電荷的某種東西。他認為這樣的一個空穴應是一個質子。在當時所知道的粒子中，也只有質子的電荷與電子相反。

魏爾在他的《群論和量子力學》一書的第二版中詳細地研究了這一假說，並得出了下列結論：

> （狄拉克的假說）導致了在所有的情形中正電和負電在本質上的等價性。

他進一步推斷出空穴與電子應有相同的質量。魏爾的這些結論和其他人的工作一起導出下列兩種見解：空穴是正電子(1932 年實驗發現了正電子)；質子是另外一種粒子，它有它自己的負能態，在它的負能態中的空穴是反質子（1955 年實驗發現了反質子)[6]。

魏爾關於正負電"本質等價"的推論是電荷共軛不變性 C 這一重要概念的先驅，而後者一直到 1937 年[6]才完全確定下來。

我在前面曾討論過 P、C 和 T 這些分立對稱性。在這三者之中，魏爾最為關注的顯然是左右之間的對稱性。在他的《數學和自然科學中的哲學》一書（1926 年發行了德文初版，1949 年出版了英文譯本）中，關於左和右魏爾說了這樣一段話：

> 左和右。如果我要說出最基本的數學事實，也許我應該從事實（F_1）開始，這個事實說的是不管以什麼樣的次序去數一組元素，我們都能得到同樣的數目。要講的第二個事實（F_2）是：在 $n(n\geqslant 2)$ 個東西的所有置換中，我們可以區分出偶置換和奇置換。所有的偶置換構成的群是所有的置換構成的群的一個指數為 2 的子群。上述的第一個事實是維數的幾何概念的起因，而第二個事實是"指向"(sense) 這個概念的根源。

確實左右對稱性或宇稱守恆對物理學家來說是一個如此"自然"和有用的概念。在過去它一直是作為一條神聖的自然定律而被認為是當然的。1957 年，在魏爾逝世不到兩年時，令人們感到驚奇的是吳健雄、安布勒（Ambler)、海沃德（Hayward)、霍佩斯（Hoppes）和赫德森（Hudson）發現左右對稱性畢竟不是被嚴格遵守的物理定律[6]。其破壞效應雖然是極小的，但是只要你知道在哪裏可找到它，那麼它是可以觀察到的。有趣的是，魏爾在 1952 年寫了一本題為《對稱性》的精美小書。按斯派澤[5]所說，魏爾把這本書看成是他臨去世之前的最後著作。在這本書中，我們可以讀到如下的片段：

> 因為與東方藝術形成對照的西方藝術，如同生活本身一樣，傾向於減低、放寬、修改，甚至於去破壞嚴格的對稱性。但是，不對稱在罕見的情況下才等於沒有對稱。即使在不對稱的圖像中，人們仍感覺到對稱是一個準則，依此人們在一種要實現不勻稱性質的推動力的影響下將偏離這一準則。我想那一張取自科奈托（Corneto）的泰克利尼姆（Triclinium）的著名的埃圖斯肯人（Etruscan）的墓碑上的騎士圖就提供了一個很好的例证（圖 85j. 2）。

圖 85j. 2　騎士圖（取自魏爾的《對稱性》）

我真想知道，如果魏爾能再多活兩年的話，那麼關於自然定律的左右對稱有輕微的但卻是很重要的破壞，他會說些什麼呢?

現在讓我來談一下魏爾的另一件始於 1929 年的工作，即魏爾的二分量中微子理論。1929 年魏爾在他的一篇十分重要的文章[7]中創立了這個理論。這篇文章我在後面還將談到它。這一理論是作為一種能滿足大部分物理要求的一種數學可能性而提出來的，但是因為這一理論不滿足左右對稱性，魏爾本人和後來的物理學家，就摒棄了它。1957 年當人們認識到左右對稱並不是嚴格正確的時候，魏爾的這一理論立即被加以重新考察。而且後來理論和實驗證實了這個理論確實正確地描述了中微子。粗略地說，情況大致如此，在原先的中微子理論中，中微子有 4 個分量，即左手中微子 υ_L、右手中微子 υ_R、左手反中微子$\bar{\upsilon}_L$ 和右手反中微子$\bar{\upsilon}_R$。在魏爾的中微子理論中僅有兩個分量，即左手中微子 υ_L 和右手反中微子 $\bar{\upsilon}_R$。這個理論是左右不對稱的。這是因為如果你作一個反射，那麼左手中微子會變成右手中微子，而右手中微子 υ_R 在兩分量中微子理論中並不存在。因此，正是魏爾中微子的存在破壞了左右對稱性。由於中微子與宇宙中所有其他粒子都有很弱的耦合，我們就把這個破壞稱為弱破壞。

CPT 定理是這個領域中另一個非常重要的進展，它是場論中的一個基本定理，其證明是在 1953—1955 年[8]完成的。由於 *P* 不變性破壞的發現，*CPT* 定理在討論破壞的模式時開始起極重要的作用了。這又使我不禁想知道，如果魏爾再多活兩年，能活到 1957 年的話，他對 *CPT* 定理會說些什麼呢?

這不僅是由於正如我在前面所引的那樣，他在 1930 年就不可思議地僅在一句話中全部寫下了 C、P 和 T 這三種對稱性，也是由於喬斯特（Jost）[9] 曾給出了這個定理的一個更為深刻的基礎，而這個基礎涉及洛倫茲群和解析延拓的概念，這正是魏爾會感到分外親切的課題。

二

魏爾對物理學的第二個貢獻是我將要討論的規範理論。魏爾對規範理論的工作分為三個時期，現在我將分別加以討論。

在第一個時期中，我們找到了三篇文章[10—12]，它們都是在 1918—1919 年完成的。其中的第二篇文章最為重要，而事實上這篇文章的精神貫穿於他的科學生活。當他提到規範理論時，他總是引用這篇文章。在他的著作《空間、時間、物質》的各種版本的前言中和他在 1917—1919 年發表的文章裏，我們可以查索出他在那個時期的思想背景。這顯然是受到了愛因斯坦關於引力的工作（1916）及受到了希爾伯特、洛倫茲和克萊因（F. Klein）的工作的鼓舞，看來魏爾當時正在尋找一個既能包括引力，又能包括電磁力的幾何理論。他也受到梅（Mie）的影響。1912—1913 年，梅試圖去構造一個在電子內部不含有發散場量的電子理論。

在文章［11］的開始幾段中，魏爾說，儘管愛因斯坦的引力理論依賴於二次微分形式，然而電磁理論卻依賴於綫性微分形式 $\sum \varphi_\mu \mathrm{d}x_\mu$（用現行的記號來表示，則為 $\sum A_\mu \mathrm{d}x^\mu$），緊接在後面的重要的話是[13]：

> 列維—齊維他（Levi-Civita）、赫森伯格（Heisenberg）和作者稍後的工作，十分清楚地表明了：如果黎曼幾何要與自然相一致，那麼它的發展所必須基於的基本概念應是矢量的無窮小平行移動……但是一個真正的無窮小幾何必須只承認一個長度從一點到與它無限地靠近的另一點轉移的這一原則。這就禁止我們去假定在一段有限的距離內長度從一點轉移到另一點的問題是可積的，尤其是當方向的轉移問題業已證明是不可積時更不能這樣假定。那樣的假定被看成是錯誤的，一種幾何產生了，它……也……解釋了……電磁場。（加點是原文中有的。）

這樣，不可積標量因子的想法[14]就誕生了。這一因子出現在魏爾的一篇文章[10]中，明晰地寫出來便是

$$e^{\int_P^Q \mathrm{d}\phi} \tag{3}$$

接下來魏爾提出將一個梯度 $\mathrm{d}(\log\lambda)$ 加到 $\mathrm{d}\phi=\sum\phi_\mu \mathrm{d}x_\mu$ 上去將不應改變理論的物理內容，由此得出了

$$F_{\mu\nu}=\frac{\partial\phi_\mu}{\partial x_\nu}-\frac{\partial\phi_\nu}{\partial x_\mu} \tag{4}$$

具有“不變的意義”。於是他自然地把 $F_{\mu\nu}$ 等同於電磁場，同時令

$$\phi_\mu=常數\cdot A_\mu, \tag{5}$$

這裏 A_μ 是電磁勢。這樣，在這個理論中，電磁學就在概念上被納入到一個不可積標量因子的幾何想法（3）之中。

該理論在變換 $d\phi \rightarrow d\phi + d(\log\lambda)$ 下的不變性導致魏爾引入了“Masstab-Invarianz”[11]這一德語名稱，譯成英語[13,15]後為“measure invariance”（測定不變性）和“calibration invariance”（刻度不變性）。後來，這個名稱的德語詞為“Eich Invarianz”，而其英語詞變為“gauge invariance”（規範不變性）[15]。

1918 年當魏爾的文章［11］發表在 *Sitzber Preuss. Akad. Wiss.* 上時，在這篇文章的末尾附有愛因斯坦寫的一個按語和魏爾的一個回答[16]。這一不尋常情況的出現，按照亨德里（Hendry）[17]所述，是因為雖然起初愛因斯坦對魏爾的預印本有很深刻的印象，但是後來他卻強烈地反對這篇文章。能斯特和普朗克顯然與愛因斯坦持有相同的異議，他們代表柏林科學院要求把愛因斯坦的意見作為一個按語加在魏爾的文章後面。

愛因斯坦所持的異議的精髓是什麼？愛因斯坦做了下面的論证（見圖 85j. 3）：如果魏爾的不可積標度因子的想法是正確的話，則可取兩個鐘，且從同一點 O 出發，讓它們分別沿不同的路徑回到同一點 O，那麼它們的標度將會連續地變化。因此在它們回到 O 點時，由於它們經歷了不同的歷史，一般來說，它們將會有不同的大小。所以這兩個鐘的快慢將會是不同的。因此鐘對時間的測量要依賴於它的歷史。愛因斯坦爭辯道，如果情形果真如此，那麼由於每個人都將有他自己的定律，因而就沒有物理可言，而且將有種種混亂。同時附在這篇文章上的魏爾的回答並沒有真正解決這一困難。1918—1921 年間魏爾又好幾次回到這一課題上[18, 19]。雖然他沒能解決這個問題，但是他的嘗試清楚地表明他仍然專注於他原來的想法。在1949年討論愛因斯坦發現廣義相對論之後的一些事件時，魏爾寫了下面的這一段話[20]，也許從中可看出他當時的心情：

> 在蘇黎世的一只孤獨的狼——魏爾，也在這一領域內忙碌着；很不幸，他太易於把他的數學與物理的和哲學的推測混合在一起了。

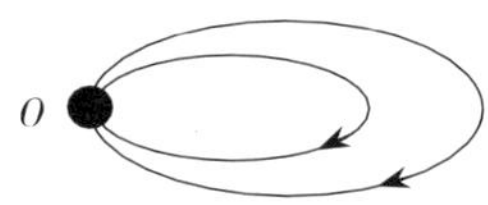

圖85j.3　愛因斯坦的假想實驗

1918年泡利也拒絕接受魏爾的理論，但他較多地是出於哲學上的考慮。按照梅拉（Mehra）、雷森伯格（Rechenberg）[21]和亨德里[17]的說法，泡利所持的異議對以後要着重於“可觀察量”是極為重要的。而這種“可觀察量”在1925年海森堡發現量子力學時起關鍵性的作用。

現在我們來討論魏爾的規範理論的第二個時期。1925—1927年在物理中發生了一場與魏爾的規範理論毫無關係的革命，這就是量子力學的誕生。量子力學的一個重要觀點是動量p_μ變成微分算符$-i\hbar\partial_\mu$。在1927年，福克（Fock）和倫敦（London）各自獨立地指出：如果用$-i\hbar\partial_\mu$代替p_μ，那麼類似地也應用

$$-i\hbar\partial_\mu-\frac{e}{c}A_\mu=-i\hbar\left(\partial_\mu-\frac{ie}{\hbar c}A_\mu\right) \tag{6}$$

來代替量 $p_\mu - \frac{e}{c}A_\mu$.(早已知道量 $p_\mu - \frac{e}{c}A_\mu$ 在帶電粒子的動力學中是很重要的。)在倫敦的題為《魏爾理論的量子力學意義》一文中，他指出（6）式中所示的表達式 $\partial_\mu - \frac{\mathrm{i}e}{\hbar c}A_\mu$ 類似於魏爾理論中的表達式（$\partial_\mu + \phi_\mu$），所以代替（5）式我們應有下面的等同：

$$\phi_\mu = -\frac{\mathrm{i}e}{\hbar c}A_\mu. \tag{7}$$

$\frac{e}{\hbar c}$是一個數字常數。因此除了嵌入一個因子 $-\mathrm{i}(\mathrm{i} = \sqrt{-1})$ 外，（7）式實際上與魏爾原來的（5）是一樣的。

這個因子的嵌入雖然在形式上是平庸的，但它卻有着深刻的物理結果。這是因為它把不可積標度因子（3）的意義改變為

$$\exp\left\{-\mathrm{i}\,\frac{e}{\hbar c}\int_P^Q A_\mu \mathrm{d}x_\mu\right\}, \tag{8}$$

而（8）式所表示的是一個不可積的相因子。因此假如通過嵌入一個 $-\mathrm{i}$[22] 而把標度因子的想法變為相因子的話，那麼魏爾的理論就是量子力學中的電磁理論。

福克和倫敦在 1927 年尚無清晰的規範變換（也就是相變換）的概念，這個概念是魏爾於 1929 年在他的那篇決定性的文章[7, 24]中確立的。現在我從他 1929 年發表的另一篇有關的文章[25]中摘錄一段：

> 由於這一新的情況，即將原子半徑引入了場方程本身之中（實際上在這一步之前），我曾希望用以將引力

> 和電磁力聯繫起來的規範不變原理就喪失了支持。但是現在令人喜悅地看到，這一原理在量子理論的場方程中有一個在形式上恰恰與它一樣的等價物，在用 $e^{i\lambda}\Psi$ 代替 Ψ，同時用 $\phi_\alpha-\frac{\partial\lambda}{\partial x_\alpha}$ 代替 ϕ_α 的變換下，定律是不變的，這裏 λ 是位置和時間的一個任意實函數。還有這一不變性與電荷守恆定律之間的關係仍與先前完全一樣……電荷守恆定律
>
> $$\frac{\partial\rho_\alpha}{\partial x_\alpha}=0$$
>
> 由電磁方程組以及物質方程組得出。規範不變原理具有廣義相對論的特徵，這是因為其中包含了一個任意函數 λ，而且也只有藉助於它，這一原理才能被理解。

魏爾在這一段話中強調了流密度 ρ_α 及其散度為零是電荷守恆定律的基礎。這是他早在 1918 年所說的那段話[13]的回響：

> 因為我們將證明：如同根據希爾伯特、洛倫兹、愛因斯坦、克萊因和作者的研究所得出的，物質（即能量—動量、張量）的四個守恆定律是與作用量（包含四個任意函數）在坐標變換下的不變性聯繫在一起的那樣，電荷守恆定律同樣也是與“測度不變性”相聯繫在一起的。

然而在 1929 年他進一步發展了這個想法並把它表述為流密度的零散度性。用今天的物理語言來說，這就是定域流守恆。以後由泡利對此加以精心研究（［23］p. 111 和［26］），而且它對我的思想有很大的影響，這在後面我們將說到。

從魏爾 1929 年文章中摘錄的那一段話也包含了一些很有啟發性的內容，即他將規範不變性和廣義相對論很緊密地聯繫在一起。這當然是很自然的，因為這個思想本來就起源於魏爾在 1918 年想把電磁力和引力統一起來的努力。20 年後，當我和米爾斯（Mills）[27, 28]對非阿貝爾規範場進行研究時，我們的動機完全是與廣義相對論無關的，僅在本世紀 60 年代晚期我才清楚地認識到非阿貝爾規範場與廣義相對論在數學結構上的類似性，而且搞清了它們在數學上都是聯絡[29]。

在繼續討論以前，讓我們問一下，由量子力學建立的考慮，在因子（3）中嵌入了一個 $-i$，而使它變為一個相因子（8）以後，愛因斯坦原先所持的異議現在應如何解釋呢？在 1929 年之後，直到 1983 年我研究了這一問題[30]前的這一段時間中，明顯沒有人再去看一下愛因斯坦的異議。其結果是很有趣的，而且也許值得把它當作科學史上的一個附注：讓我們討論圖 85j. 3 所示的愛因斯坦的假想實驗。當兩個鐘回到出發點，由於嵌入的因子 $-i$，它們不會有不同的標度，但有不同的位相。這不會影響到鐘的快慢。因此，愛因斯坦的異議就不復存在了。但是你可以提一個深一層的問題：能否測量它們的位相差？好，為了測量位相差我們就必須做一個干涉實驗。沒有人知道如何用像鐘那樣大的物體去做干涉實驗。不過，可以用電子來做干涉實驗。因此讓我們把愛因斯坦的假想實驗變為另一個實驗：讓電子沿兩條不同的路徑回到同一原點，並問：此時是否能測量出位相差？回答是肯定的。事實上這是 1959—1960 年間的一個極為重要的進展。當時阿哈拉諾夫（Aharonov）和玻姆（Bohm）[31]，完全與魏爾獨立地認識到在電磁學中還有一些過去沒有理解的東西。他們提出的恰恰就是這個實驗，稍加變化的只是插入一個內含磁通量的螺綫管（見圖 85j. 4）。改變磁通量即可操縱兩條路徑之間的位相差。1960 年錢伯斯（Chambers）[32] 完成了這個實驗。在參考文獻［33］中可以找到對這個實驗的意義的分析，以及它與把不可積相因子（8）等同於電磁學本質的關係的分析。在文獻［30］中可以找到對其他與阿哈拉諾夫—玻姆效應有關的一些實驗的討論。

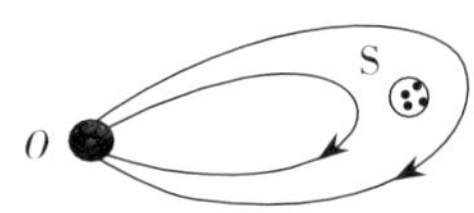

圖 85j. 4　阿哈拉諾夫—玻姆實驗

S 是一螺綫管，其中磁通量垂直於紙平面。

魏爾研究規範理論的第三個時期是從 1930 年到他逝世的 1955 年。在整個這個時期中可以發現，魏爾在他的許多文章中都提到規範理論。例如，在 1931 年一篇題為《幾何和物理》的文章中他就提到了規範場。在 1944 年一篇題為《在平直時空中引力的綫性場論可以走得多遠?》的文章中他又提到了它。如果需要另外的證據來說明魏爾對規範思想有深情的話，那麼我們可以看一下他在 1955 年去世前 6 個月，把他的 1918 年規範理論文章［11］收入他的《選集》時寫的跋。在這一跋中人們可以看出他再一次清晰地表明，他對這個想法如此熱誠的理由[34]：

我的理論最強的證據似乎是這樣的：就像坐標不變

性保持能動量守恆那樣，規範不變性保持了電荷守恆。

三

魏爾的理由也已成為規範理論中的一組美妙的旋律，當我在做研究生，正在通過研讀泡利的文章[23,26]來學習場論時，魏爾的想法對我有極大的吸引力。當時我做了一系列不成功的努力，試圖把規範理論從電磁學推廣出去[36]，這種努力最終導致我和米爾斯在 1954 年合作發展了非阿貝爾規範理論[27, 28]。在文章［27］中我們如下地陳述了我們的動機：

> 與電荷守恆相類似，同位旋守恆表明了存在着一個基本的不變性定律。在前一種情形裏，電荷是電磁場的源；在這種情形中的一個重要的概念是規範不變性。它與下列三點緊密關聯：(1) 電磁場的運動方程，(2) 流密度的存在，(3) 在帶電場和電磁場之間可能有的相互作用。我們嘗試了將這個規範不變的概念推廣到同位旋守恆上。結果發現一個十分自然的推廣。

其中第（2）條就是上面已提到過的那一優美的旋律。另外兩個旋律（1）和（3）在 20 世紀的 50 年代早期都已變得相當緊迫了。在當時發現了那麼多新粒子，而物理學家們必須知道它們彼此之間是怎樣相互作用的。

1949 年，當我作為一個年輕的“成員”來到普林斯頓高級研究所時，我遇見了魏爾。在 1949—1955 年的那些年月裏我常常看到他。他是非常平易近人的，但是我現在已不記得是否與他討論過物理或數學了。在物理學家中沒有人知道他對規範場思想的興趣是鍥而不捨的。無論奧本海默還是泡利都從未提到過這一點。我猜想他們也沒有把我和米爾斯在1954 年發表的一些文章告訴他。如果他們告訴了他，或者他由於某種原因偶然發現了我們的文章，那麼我會想象得出，他一定會很高興，而且會是很激動。因為我們把他所珍愛的兩件東西——規範場和非阿貝爾李群放在一起了。

李群是一些數學對象，它既與日常用語中的對稱性概念，又與物理學語言中的對稱性概念深深地相關着。可以說它們是表示對稱概念本質的（至少是其主要部分的）數學結構。我敢於猜想魏爾對對稱性的喜愛（這我在前面提到過）源於他對非阿貝爾李群的結構的深刻洞察力。

由於理論和實驗的進展，人們現已清楚地認識到，對稱性、李群和規範不變性在確定物理世界中的基本力時起着決定性的作用。我已把這個原則稱為對稱支配相互作用[37]。此外，雖然在這些進展中我們已取得巨大的成功，然而，我們離開大統一還很遠，這是十分令人激動的。我相信這是由於我們對對稱性這個詞的含義還未完全理解，而且另外的一些關鍵性的概念還未找到。在這一點上，讀一下一個世紀前麥克斯韋當他討論了法拉第的力綫和物理中數學思想的認識論起源[38]時，寫下的下面一段話是很有興味的：

> 從歐幾里得的直綫到法拉第的力綫，這是使科學得以向前推進的一些思想的特徵。而且通過自由地應用幾何概念和動力學，我們可以期待進一步的發展。……我們很可能連我們正在收集的材料中將要發展起來的那門

科學的名字都是不知道的……

在一個世紀之後，在對自然界的不斷深入瞭解方面，我們今天能像麥克斯韋那樣，對今後的巨大發展還能充滿希望，這着實是令人振奮的。

四

上面我羅列了魏爾對物理學的一系列貢獻以及這些貢獻對後來的發展的影響。但是這一些僅是他關於物理的思想中的一小部分，瞭解這一點是很重要的。作為一個物理學家和哲學家，魏爾在空間、時間、物質、能量、力、幾何、拓撲等方面寫了大量文章，它們都是一些關鍵性的概念，為現代物理的創立奠定了基礎。當閱讀魏爾的文章時，看到他如此努力地通過數學構造去解開物質和空間結構之謎，我總是感到震驚。我們在他的 1924 年的一篇題為《什麼是物質?》的文章中可以找到一個很有趣的例子。在這篇文章中他提出了關於物質中拓撲結構的問題[39]，這是目前極為風行的一個課題。

魏爾的文章寫得很美，我不知道他是否也寫過詩，但是他確實很喜歡讀詩。1947 年，在他的《數學和自然科學中的哲學》一書的前言中他引用了埃利奧特（T. S. Eliot）的詩：

少年時離開家鄉，
隨着我們年齡的增長，世界變得陌生，
死和生的模式更是錯綜複雜。

我敢說，如果魏爾回到今日的世界，他會在物理和數學的那些激動人心、錯綜複雜以及詳盡的發展之中，發現有許多基本的東西他是十分熟悉的，他幫助創立了它們。

注釋：

下文中的 *GA* 表示 H. Weyl 的論文全集，Vol. I 至 Ⅳ，Springer-Verlag，Berlin-Heidelberg，1968，K. Chandrasekharan 編。

[1] Weyl，1954；*GA* Ⅳ，p. 636. 英譯本：*The Spirit and the Uses of the Mathematical Sciences*，T. L. Saaty 和 F. J. Weyl 編（McGraw-Hill，New York，1969），p. 286.

[2] 參看 M. Kac，*Am. Math. Monthly* **73**，1（1966）.

[3] Weyl，1927；*GA* Ⅲ，p. 90.

[4] H. Weyl，*Gruppen Theorie und Quantenmechanik*，preface to first German edition dated August 1928.

[5] David Speiser，*Gruppen Theorie und Quantenmechanik*，*the book and its position in Weyl's work*，preprint from the Institute of Theoretical Physics，Catholic University of Louvain，Belgium.

[6] 關於這一段歷史請參看 Yang [16]，p. 236；也可以參看 C. N. Yang，"The Discrete Symmetries *P*，*T* and *C*"，*J. de Physique*，Colloque C8，C8－439（1982）.

[7] H. Weyl，*Z. Phys.* **56**，330（1929）. Reprinted in *GA*. 參看 [24].

[8] 關於這段歷史請參看上面的 [6]。通常引用的 *CPT* 定理的出處是許溫格（Schwinger）、呂德斯（Lüders）和泡利的文章。特勒格底（V. Telegdi）好心地告訴我，貝爾（J. S. Bell）對此也有重要貢獻。J. S. Bell，*Proc. Roy. Soc.*(London) **A 231**，479（1955）.

[9] R. Jost，*Helv. Phys. Acta.* **30**，409（1957）.

[10] Weyl，1918；*GA* Ⅱ，p. 1.

[11] Weyl，1918；*GA* Ⅱ，p. 29.

[12] Weyl, 1919; *GA* Ⅱ, p. 55.

[13] 這裏我引用了收在由 H. A. Lorentz, A. Einstein, H. Minkowski 和 H. Weyl 合編的 *The Principle of Relativity* 中的文獻 [11] 的譯文，它由 W. Perrett 和 G. B. Jeffery 翻譯（1923 年由 Methuen and Co. 首先出版，1952 年 Dover Publications 重印）。

[14] 在 1950 年，當魏爾回顧相對論的 50 年時（*GA* Ⅳ, p. 421），他談到他 1918 年的想法時說：如果一個矢量沿着一條封閉的回路回到原來的位置時會改變它的方向，"為什麼它的長度不同樣改變呢？"

[15] 參看 [16], p. 528.

[16] Chen Ning Yang, *Selected Papers (1945—1980) with Commentary* (Freeman and Co., 1983).

[17] J. Hendry, *The Creation of Quantum Mechanics and the Bohr-Pauli Dialogue* (Reidel Publishing Co., 1984).

[18] 參看魏爾、泡利和愛因斯坦在 Bad Nanheim 的討論記錄，*Phys. Z.* **21**, 649—651 (1920).

[19] Weyl, 1921; *GA* II, p. 260.

[20] Weyl, 1949; *GA* IV, p. 394.

[21] J. Mehra and H. Rechenberg, *The Historical Development of Quantum Theory*, Vol. 2, Chapter 5 (Springer-Verlag, 1982).

[22] 關於這段歷史請參看 [16], p. 525. 對於不可積相因子的物理意義的分析見 [33]。我僅在 1967—1968 年間才想到"不可積"相因子的概念（見 [16], p. 73）（直到 1983 年，我才知道，魏爾早在 1918 年就從不可積相因子的概念（3）出發，而且開始用了微分形式 $\partial_\mu + \phi_\mu$）。從認識論來看，這個故事很有趣，而且它表現了魏爾的物理思想的風格。與物理學家不同，魏爾從積分方法入手，進而到微分方法。我和米爾斯是物理學家，我們從泡利[23]那裏學到了微分方法，並在很長時間以後才體會到也可以從積分形式出發。

[23] W. Pauli, in *Handbuch der Phyisk*, 2 Aufl. **24** part 1 (1933).

［24］ Weyl，1929；*GA* III，p. 245.

［25］ Weyl，1929；*GA* III，p. 229.

［26］ W. Pauli，*Rev. Mod. Phys.* **13**，203（1941）.

［27］ C. N. Yang and R. L. Mills.，*Phys. Rev.* **95**，631（1954）. Reprinted in［16］，p. 171.

［28］ C. N. Yang and R. L. Mills，*Phys. Rev.* **96**，191（1954）.

［29］［16］的 p. 73. 回顧起來，規範場概念從廣義相對論中分離出來是有益的，因為這使得我們可以在一個時間集中在一個問題上。

［30］ Chen Ning Yang，in *Proc. Int. Sym. Foundations of Quantum Mechanics*（Tokyo，1983），S. Kamefuchi，H. Ezawa，Y. Murayama，M. Namiki，S. Nomura，Y. Ohnuki and T. Yajima eds.，p. 5（Phy. Soc. of Japan，1984）.

［31］ Y. Aharonov 和 D. Bohm，*Phys. Rev.* **115**，485（1959）。也參看 W. Ehrenberg 和 R. E. Siday，*Proc. Phys. Soc.*（London）**B62**，8（1949）.

［32］ R. G. Chambers，*Phys. Rev. Lett.* **5**，3（1960）。在這一方面，請參看［30］中對與阿哈拉諾夫—玻姆效應有關的其他實驗的討論。

［33］ Tai Tsu Wu and Chen Ning Yang，*Phys. Rev.* **D12**，3845（1975）.

［34］ Weyl，1955；*GA* II，p. 42. 與魏爾截然相反，泡利在晚年時，他對規範場的概念持否定態度[35]，1956 年泡利為他的 1921 年的文章《相對論理論》的英譯本寫了一系列的補充注釋。在《魏爾理論》這一條目中，與他 1921 年的原始德語文章相比，他對魏爾理論的評價沒有更多的肯定。

［35］ 參看佩斯（A. Pais）將要出版的關於基本粒子物理歷史的書和恩茲（C. P. Enz）論泡利的文章（1985 年 6 月在芬蘭約恩蘇物理學基礎討論會上的報告）。也可以參看［36］。

［36］ 見［16］，p. 19.

［37］ 見［16］，p. 563.

［38］ J. C. Maxwell，*Scientific Papers*，Vol. Ⅱ，No. 61（Cambridge Univ. Press，1890）.

［39］ Weyl，1924；*GA* II，p. 510.

後記（楊振寧）

(1) 請參閱本書轉載的03b關於矢量勢的文章。

魏爾（Weyl，1885—1955）是20世紀一位偉大的數學家。他學術貢獻極多，眼光遠大，可是對日常生活中要做的決定卻經常猶豫不決。最近出版的 *Pursuit of Genius*（Steve Batterson 著，A. K. Peters Ltd.）詳細描述了普林斯頓高等研究所早年的歷史，其中講到 Weyl 怎樣到了該所做教授。1932年10月高等研究所宣佈聘任了頭兩位教授：愛因斯坦與 Veblen。愛因斯坦又極力推薦 Weyl，所以所長 A. Flexner 開始與 Weyl 商討。Weyl 那時是德國 Göttingen 大學的有名教授。1933年1月3日他打電報給 Flexner 表示接受高等研究所的聘書。第二天他再打電報說對不起，他改變了計劃。第三天他再打電報說他又改變了，這回是"unwiderruflich"（不可逆轉地）接受聘請。可是 Flexner 還沒有來得及通知董事會說 Weyl 接受了聘任，又於1月11日收到 Weyl 的電報說他無法搬家到美國。

與 Weyl 的商討不成功，Flexner 轉而聘請了年輕的匈牙利人 von Neumann（1903—1957）。von Neumann 後來對美國的原子彈與氫彈，以及"二戰"後的計算機發展都有極重要的貢獻。假如沒有 Weyl 的反復不決，也許 von Neumann 不會去普林斯頓。

1933年1月30日希特勒就任為德國總理。4月7日他宣布新法令禁止猶太人任大學教授。Weyl 的太太是猶太人，所以他在德國的前途變得十分暗淡。他痛苦地寄信給 Veblen 希望可以到高等研究所來"訪問"。可是高等研究所已經聘請了年輕的 von Neumann，董事會中有人不贊成再請 Weyl 為教授。後來幾經周折，幸虧 Veblen，Flexner 和一位董事 Aydelotte（後來成為第二任高等研究所的所長）的努力，才於9月7日再度向Weyl發出聘書。這一次Weyl高興地接受了。

Weyl於那年10月就任為高等研究所教授。後來在Mercer街284號蓋了一所住宅，是Art Deco式的建築——平頂、直綫與弧綫交錯。1955年他逝世後，房子賣回給高等研究所。1957年我買了此住宅，在裏面住了九年，直到1966年搬去石溪為止。恰巧那年Oppenheimer自高等研究所所長任上退休，要搬離所長住宅，所以就搬進了此房子。翌年他病逝於此房子中。

（2）此文中所提到的Chambers的實驗後來證明是錯誤的。真正證實Aharonov-Bohm效應的是Tonomura與他的合作者的兩篇文章：PRL **48**，1443（1982）與PRL **56**，792（1986）。

一封 Rosenbluth 致楊振寧的信

Rosenbluth 與楊振寧在芝加哥大學同時是研究生。1985 年他獲得 Fermi Prize 的消息傳出後，楊給他寫了一封賀信。這是他的回信。譯者：楊振寧。

親愛的 Frank，

我十分高興收到你關於 Fermi Prize 的賀信。我不知道我是否應得此獎，但是我很高興能源部最後重視了關於聚變的研究。

這樣晚才回你的信，一部分是因為我去中國做了相當長期的訪問。比起我上次的訪問，一切都大大改善了，至少表面如此。在等離子物理方面，合肥的一個試驗所似乎做了一些好的初步研究。奇怪的是，實驗工作者似乎在一小範圍內打進了國際前沿，比理論工作者佔先。我們即將送回中國幾位好的新博士，希望他們能發揮作用。

我在中國變成了紅人，因為我說你，也說政道是我真正的"老師"。這是事實。回想起來，很難相信在那一兩年間我學到了那麼多東西。在教學生的時候，我經常告訴他們應該向彼此學習。有時候這個勸告有用，可是常常因為學生們的性格與處人態度各人不同而無效。

再度謝謝你的賀信。老朋友、老同學的關懷是十分珍貴的。希望我們不久能再見面。

Marshall
1986 年 6 月 10 日

後記（楊振寧）

Rosenbluth（1927—2003）是 Teller 的博士生，比我低一班。1949 年以後我們很少見面。1982 年在芝加哥紀念反應堆建成 40 週年的會上我們重逢。有了下面的對話：

Rosenbluth：Frank，你還記得 1947 年我教你開車的經過嗎？

楊振寧：當然記得。那是我第一次學開車。我抓到了你，記得你很樂意地教了我一個多小時。

Rosenbluth：不錯。其實我當時自己還沒有駕駛執照。

Rosenbluth 於 1949 年獲得博士學位以後改變研究方向，致力於等離子理論物理，成為該領域世界級巨匠。除了 1985 年的 Fermi Prize 以外，他還曾獲得 1997 年的美國國家科學獎（National Medal of Science）。

Rosenbluth 為人誠正，沒有許多美國科學家的盛氣凌人的態度。這封 1986 年的信以後，可惜我們再沒有見面。2002 年清華大學慶祝我的八十歲生日，曾邀請他參加。他因病未能成行。於 2003 年逝世。

負一的平方根、復相位與薛定諤

本文是楊振寧於1987年在英國帝國大學紀念薛定諤誕辰100週年大會上的演講，原文"Square root of minus one, complex phase and Erwin Schrödinger"，載於*Schrödinger Centenary Celebration of a Polymath*, ed. by C. W. Kilmister, Cambrideg Univ. Press, 1987. 中譯文載《楊振寧演講集》，南開大學出版社，1989年。譯者：唐賢民。

一、引　言

狄拉克在1970年4月的一次演講中談到早期的量子力學(Dirac, 1972)，在所涉及的幾個論題中他討論了不對易代數，並對此補充道：

> 問題在於，不對易性是否真是量子力學新觀念的主體？我過去一直認為答案是肯定的，但最近我開始懷疑這一點。我想，從物理觀點來說，可能不對易性並非唯一重要的觀念，或許還有某些更深一層的觀念。對於量子力學帶給我們的那些通常的概念，或許還需作某些更

深入的改變。

狄拉克進一步討論了這個問題，並得出結論：

> 所以，如果有人問，量子力學的主要特徵是什麼？現在我傾向於說，量子力學的主要特徵並不是不對易代數，而是幾率振幅的存在，後者是全部原子過程的基礎。幾率振幅是和實驗相聯繫的，但這只是部分的聯繫。幾率振幅的模的平方是我們能夠觀測的某種量，即實驗者所測量到的幾率。但除此以外還有相位，它是模為 1 的數，它的變化不影響模的平方。這個相位是極其重要的，因為它是所有干涉現象的根源，而它的物理意義是隱含難解的。所以可以說，海森堡和薛定諤的真正天才在於，他們發現了包含相位這個物理量的幾率振幅的存在。相位這個物理量巧妙地隱藏在大自然之中，正由於它隱藏得如此巧妙，人們才沒能更早建立量子力學。

人們可以同意也可以不同意狄拉克的見解，是引入包含相位的振幅更重要，還是引入不對易代數更重要，但毫無疑問，在物理學家對大自然的描述中，這二者都是具有深遠意義的革命性進展。

經典物理學，即 1925 年以前的物理學，僅僅用到實數，在力學、熱力學、電動力學等全部經典物理學中都是如此。在許多地方的確也用到復數，例如在求解綫性交變電流問題時就用到復數。但是在求出解以後，總是取其實部或虛部，以得到真實的物理答案。所以在這種情況下使用復數僅僅是作為一種輔助的計算工具，也就是說，物理學在概念上只使用實數。

但是，隨着矩陣力學和波動力學的發展，情況有了引人注目的變化，復數成了物理學非常基本的概念：矩陣力學和波動力學的基本方程是：

$$pq - qp = -\mathrm{i}\hbar \tag{1.1}$$

$$\mathrm{i}\hbar \frac{\partial \Psi}{\partial t} = H\Psi \tag{1.2}$$

兩者都明顯含有虛單位 $\mathrm{i} = \sqrt{-1}$。要強調指出的是，如果試圖去掉 i 而只用方程（1.1）和（1.2）的實部或虛部，那麼這些方程的真實意義也就完全喪失了。

二、矩陣力學和波動力學中的復數

下面簡單談談在矩陣力學和波動力學中引入復數的歷史過程。

首先談談矩陣力學。在海森堡所寫的開創性論文（Heisenberg，1925）中，他把一個動力學量的傅里葉（J. B. J. Fourier）變換（它取決於一種態和一種傅里葉多重性）和它在"量子理論"中對應的量（它取決於兩個態）進行了比較，在這個過程中，海森堡很自然地從概念上討論了復數傅里葉振幅。在緊接着發表的一篇二人合寫的論文（Born and Jordan，1925）中，歷史上第一次明顯地出現了方程（1.1），這也是虛數 i 第一次以基本的方式被引入物理學。稍後，在狄拉克發表的第一篇關於量子力學的論文（Dirac，1925）中，也出現了方程（1.1），同時還有：

$$\dot{q}=[q,\ H]=(qH-Hq)/(\mathrm{i}\hbar) \tag{2.1}$$

這個方程也含 i。這些進展表明，復數在矩陣力學中起着基本的作用。儘管這是物理學中的一個重要新進展，但當時卻似乎沒有得到應有的評價。這也許是由於矩陣力學是如此新穎，而傅里葉分析又是如此合理，以至於引入復數的全部含義反而被當時發生的重大變革掩蓋起來了。

現在轉而討論波動力學。波動力學是由薛定諤的六篇有歷史意義的系列論文（Schrödinger，1926a－f）所確立的[1]，這六篇論文都寫於 1926 年的頭六個月。在前五篇論文中，薛定諤把他的波函數分解成位置坐標 x 的實穩態函數和時間的正弦函數的乘積（Schrödinger，1926c）[2]。

薛定諤當時這樣做是不足為奇的，因為他把電子的駐波描述想象成類似於磁波或水波的駐波，這些波確有相位，但它們是由實的時空函數所描述。例如，在薛定諤的論文（1926e）中，對波函數：

$$\Psi_n=e^{-x^2/2}H_n(x)e^{2\pi\mathrm{i}\nu n^t} \tag{2.2}$$

有一個脚注，他寫道："i 是 $\sqrt{-1}$，等式右端按慣例取實部。"（着重標記是我加的）這表明了他對此事的一般態度，即它們是和通常的綫性電路理論一樣的：Ψ 可以是復數，但最後總是取實部。

當然，在薛定諤探尋矩陣力學和波動力學之間的關係時，他不可避免要碰到 $\mathrm{i}=\sqrt{-1}$，例如他的論文（1926c）中的方程（20）就是如此。這是否曾使他困擾，我們可能永遠無法知道。但是，當他進而討論二次項時，例如討論 Ψ（$\partial\bar{\Psi}/\partial t$）〔在其論文（1926c）中，簡短地討論過〕或 $\Psi\bar{\Psi}$ 時（他在

1926年6月6日以前的某個時候作的，參見下文），他必定遇到了這些麻煩。

1926年5月27日，七十三歲高齡的洛倫茲給薛定諤寫了一封長信，感謝薛定諤送給他三篇文章的清樣。洛倫茲在信中還提出了許多有關波動力學的原則問題和具體問題。其中有兩點和我們現在所討論的問題有關：（a）如何說明兩個粒子或更多粒子的 Ψ 函數；（b）洛倫茲認為："真實的'運動方程'……完全（不應該）含能量 E，而應代之以含有時間的導數。"同年6月6日，薛定諤回了一封同樣長的信，其中包括8條意見，頭兩條就是回答洛倫茲提出的上述兩個問題。

關於（a），薛定諤說他已放棄了他先前手稿（Schrödinger, 1926f）中 $\Psi(\partial\bar{\Psi}/\partial t)$ 的表示式，現正專注於研究實空間中的電荷密度 $\Psi\bar{\Psi}$。他接着寫道："令人不滿意和很快遭到非議的事情是使用了復數。從根本上說，Ψ 無疑是一個實函數。"隨後他指出從 Ψ 的實部 Ψ，搆成復函數 Ψ 的方法。薛定諤本人顯然對這個方法也不很滿意。

關於（b），薛定諤寫道：

$$-h^2\ddot{\Psi}=E^2\Psi \tag{2.3}$$

然後利用 $H\Psi=E\Psi$ 消去 E，得到：

$$-h^2\ddot{\Psi}=H^2\Psi \tag{2.4}$$

他補充說："這可能正是一個普遍的波動方程，它不再包含積分常數 E，而是包含時間導數。"薛定諤繼續思考這個問題，五天以後，在6月11日寫給普朗克（M. K. E. L. Planck）的信中他說："順便說一句，近幾天，另一件事使我如釋重負，它雖曾使我十分不安……但它終以其自身的從未有過的簡單和完美而得到解答。”這個解答是什麼呢？它就是上述方程（2.4）。

為什麼薛定諤不簡單地寫出正確的時間相關方程（1.2），而寧可用較複雜的方程（2.4）呢？他當然知道這個較簡單的方程，但卻選擇了較複雜的二階方程[3]，這是為什麼？我認為答案如下：

薛定諤不想使他的波動方程包含 i，就利用 $i^2=-1$ 來消去它，從而導至四階方程（2.4），他力圖避免 i 是很自然的，因為在他的論文（1926a）中，他建立波動力學是藉助於寫出實的哈密頓—雅科比（Hamilton-Jacobi）方程：

$$H(q,\ \partial S/\partial q)=E$$

以及

$$S=K\log\Psi$$

他的符合這個要求的 Ψ 是實的和與時間無關的。稍後，在論文（1926a，§3）中，他寫道：“當然，它有力地表明，我們應該試圖把函數 Ψ 和原子中的某種振動過程聯繫起來……”，但這可不是一個簡單的過程，因為薛定諤必須設法解決一個棘手的問題，即這種振動的頻率是什麼。薛定諤後來對這個問題的想法的演變是一個饒有趣味的課題，但不是我們在這裏所要討論的內容。我們現在關心的是這個事實，薛定諤搆思出用實的時空函數來描述振動，從而建立了他的波動力學的概念。後來當他對 Ψ 作疊加時，仍然是指把實的 Ψ 加起來，其中每一個 Ψ 都隨時間作正弦變化。

現在回到薛定諤 6 月 11 日給普朗克的信，他在信中進一步指出，在方程（2.4）中，“可以令勢能是時間的顯函數”。這是錯誤的，薛定諤在那以後的十天裏，領悟到了這一點。他於是就寫了論文（1926f），於6月23日寄到出版社。正是在這篇文章中，他第一次提出這樣的概念：Ψ 是時空的復函數並滿足復時變方程（1.2）。薛定諤把（1.2）式稱為真正的[4]波動方程，以區別於 $H\Psi = E\Psi$，他把後者稱為振動方程式或振幅方程。

我應該強調一下，上面追溯了薛定諤早期的一些論文，我並未由此推斷說，薛定諤在其論文（1926f）中關於 Ψ 應是復數的發現，是源於1926年5月27日洛倫茲給他的信。情況可能如此，但事情也可能是這樣的：在薛定諤寫了那篇和時間無關的微擾論的論文（1926d）之後，他着手研究與時間有關的微擾論，於是，他必須研究波函數 Ψ 隨時間的變化。而可能是正在進行這項研究的時候，他收到了洛倫茲的信。可以斷定的是，薛定諤是在6月11日到6月23日之間，最後確定 Ψ 是復函數的。

薛定諤的論文（1926f）寄出幾天以後，玻恩（M. Born）寄出了關於波函數統計詮釋的兩篇歷史性文章（Born, 1926a, b）中的第一篇。值得注意的是，在這兩篇中的第一篇，玻恩對入射波用了一個實波函數：

$$\sin \frac{2\pi}{\lambda} z$$

來表示，而對散射波用了另一個實波函數：

$$\sin k_{nmi}(\alpha x + \beta y + \gamma z + \delta)$$

來表示。因為每一個波函數都是實函數，所以玻恩在其著名的脚注（加於第一篇論文的校樣）中，不用“絕對值平方”而僅用“平方”。佩斯（A. Pais）對此曾說（Pais，1986）：“躍遷幾率的正確概念，這個重大的新事物，是以脚注的方式進入物理學的。”玻恩只是在第二篇論文中才對入射波和出射波使用了復數。

三、韋耳（H. Weyl）規範理論中的復數

上面我們考查了1925—1926年間，在基礎物理學中引入復數的歷史，事實上，在這以前幾年，薛定諤（1922）已經發表了一篇很有意義的論文，題目是《關於單電子量子軌道的一個不尋常的性質》。在這篇文章中他已指出，在韋耳1918年的規範理論中引入一個虛因子：

$$\gamma = -\mathrm{i}\hbar \tag{3.1}$$

的可能性。他從韋耳的“世界幾何”（即1918年韋耳的電磁規範理論）入手，把韋耳的思想概括到一個指數因子：

$$\exp\left[-\frac{e}{\gamma}\int(V\mathrm{d}t-\vec{A}\cdot\mathrm{d}\vec{x})\right] \tag{3.2}$$

裏，并且注意到，對於一個氫原子，$A=0$，指數中的表示式等於：

$$-\gamma^{-1}eV\tau$$

其中 τ 是週期。對於一個量子數為 n 的玻爾軌道，它等於 $-\gamma^{-1}nh$，即 $\gamma^{-1}h$ 的整數倍。薛定諤把這個結果稱為“不尋常”的，并且說他難以相信，這中間會不含有更深刻的物理意義。

在這篇論文的末尾，薛定諤指出了兩種可能的 γ 取值，一種是實數，$\gamma = e^2/c$，另一種是 $\gamma = -\mathrm{i}\hbar$，即上面的（3.1）。他指出，對於後一種取值，因子（3.2）成為1。

在薛定諤創立波動力學的幾篇重要論文中，他沒有引证1922 年的這篇論文，但拉曼（V. V. Raman）和福爾曼（P. Forman）在研究這段歷史時（1969）認為，關於“為什麼是薛定諤發展了德布羅意（L. V. de Broglie）的思想?”這篇 1922 年的論文實際上起了重要的作用。他們的論點後來由哈恩利（P. Hanle，1977，1979）以及韋塞里斯（L. Wessels，1977）所證實。他們發現薛定諤 1925 年 11 月 3 日給愛因斯坦的信中有下面一段話：

> 在我看來，德布羅意對量子規則的解釋似乎和我在論文［*Zs. f. Phys.* **12**，13（1922）］中的想法有某種聯繫，我在那篇文章中已表明，在每一個準週期中，韋耳規範因子 $\exp\left(-\int\varphi \mathrm{d}x\right)$ 有奇異的性質。就我所見，在數學處理上二者是相同的，只不過［他的］比我的更正規，但卻不夠完美，實際上也沒有做一般的證明。自然，德布羅意在他的普遍理論框架中所做的研究，比我對一個具體課題所做的闡述要有意義得多，何況當初我對自己所做的工作的意義還是不大清楚的。

13 天以後，即 1925 年 11 月 16 日，薛定諤寫信給朗德（Lande）說（Raman and Forman，1969）：“近來我深深地被德布羅意的天才的論文所吸引，它格外令人振奮，然而某些部分卻難以接受。我自己嘗試畫出電子在橢圓軌道上的相位波的圖像，結果卻是徒勞的。‘射綫’幾乎總是與等能量的開普勒（J. Kepler）橢圓相鄰接，得到的是並非期望的‘散焦綫’或類似於波前的綫。同時，波長應該等於在一個塞曼（Pieter Zeeman）或斯塔克（Johannes Stark）週期中（電子軌道對應的波長）。”薛定諤顯然在這以前已着手作關於波動力學的第一篇重要論文，並於1926年1月27日寄出（Schrödinger，1926a）。

薛定諤1922年的論文對於建立波動力學起了根本的作用，拉曼、福爾曼、哈恩利的這個論點顯然是正確的，我們用圖86c.1中的箭頭來說明這一事實。

那麼為什麼薛定諤在1926年沒有引证他自己1922年的論文呢？原因可能是這樣的：1922年的論文討論了前述因子（3.2），由式（3.1）可改寫為：

$$\exp\left[ei\int A_{\mu}\mathrm{d}x^{\mu}/\hbar\right] \tag{3.3}$$

而1926年的幾篇論文是和德布羅意的思想有關的，為了比較，可以把德布羅意的思想表示成一個因子：

$$\exp\left[\mathrm{i}\int p\cdot\mathrm{d}x/\hbar\right] \tag{3.4}$$

的形式，二者相似而不相同。薛定諤認識到，適合於建立波動力學的因子是式（3.4）而不是式（3.3）。

當時薛定諤正忙於發展波動力學。他的1922年論文受到了倫敦（F. London）的重視，一年以後倫敦給薛定諤寫了一封很有趣的信，此信已由拉曼和福爾曼翻印（1969），我們把該信的譯文附錄於後。按拉曼和福爾曼的意見，該信寫於1926年10月10日左右。

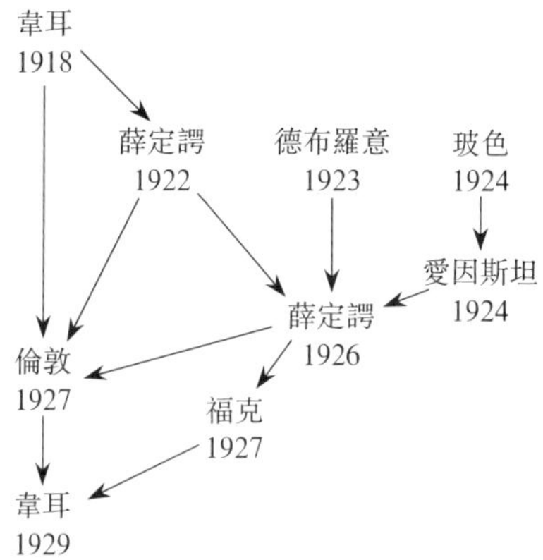

圖 86c. 1　與復相位和規範場有關的概念流圖，薛定諤 1922 年論文的重要性是由拉曼和福爾曼（1969）以及哈恩利（1977、1979）發現的

倫敦在題為《韋耳理論的量子力學意義》的論文（London，1927a；參見 London，1927b）中，進一步發展了這種思想。在稍早些時候，福克（V. Fock）發表了一篇討論波動方程不變性的論文（1927），這兩人的文章都多少有些含混不清之處[5]，這在波動力學發展的初期是很自然的，但二者又都包含有正確的思想。用現今的術語表示，就是用一個作用到波函數 Ψ 上的算符（$\partial_\mu - ieA_\mu$）來把電磁理論引入波動力學。這是規範原理的核心（見圖 86c. 1）。後來在一篇重要的論文中（Weyl，1929；也可參見 Yang，1986），才把電磁理論作為一種規範理論進行了完整的討論。

四、現代的成果

物理學家把具有相位的復振幅引入到對大自然的表述中

去，其重要性到本世紀70年代才充分顯示出來。在70年代，在以下兩方面有了進展：(1) 發現所有的相互作用都是某種形式的規範場；(2) 發現規範場與纖維叢的數學概念有關 (Wu and Yang, 1975)，每一根纖維是一個複相位或更廣義的相位。這些發展，形成了當代物理學的一個基本原則：全部基本力都是相位場 (Yang, 1983)。所以，薛定諤在1922年幾乎是偶然地把虛單位i引入到式 (3.1) 中去這件事，現在已經開出了深邃的觀念之花，這些觀念奠定了我們理解物理世界的基礎。

在1975年吳大峻和我做了一個術語對照表（表86c.1)，它把物理學家對規範場的術語和數學家對纖維叢的術語對應起來 (Wu and Yang, 1975)。

表 86c.1　對比規範場論和纖維叢理論中的術語“詞典”

規範場術語	叢的術語
規範（或球面規範）	主坐標叢
規範型	主纖維叢
規範勢 b_μ^k	一個主纖維叢上的聯絡
S_{ba}	轉移函數
相因子 Φ_{QP}	平移
場強 $f_{\mu\nu}^k$	曲率
源* J_μ^k	?
電磁學	$U_1(1)$ 叢上的聯絡
同位旋規範場	SU_2 叢上的聯絡
狄拉克磁單極量子化	$U_1(1)$ 叢按第一陳類分類
無磁單極電磁學	平凡的 $U_1(1)$ 叢上的聯絡
帶磁單極電磁學	非平凡的 $U_1(1)$ 叢上的聯絡

* 即電源，是廣義化的電荷和電流概念。

這個對照表中有一行帶有問號的空位，這是因為當時數學家還沒有研究與物理學家的“源”相對應的概念，所謂

“源”，就是密度—電流四維矢量，在麥克斯韋電磁理論中，這是一個既自然又基本的概念。在數學家的語言中，這個概念現在已經被寫為：

$$*\partial * f = J \tag{4.1}$$

無源情況將滿足：

$$*\partial * f = 0 \tag{4.2}$$

數學家現在已研究了式（4.2），其結果已有助於求解拓撲學和微分幾何學中的一些長期懸而未決的難題，這個當代的例子說明物理學對於數學的進展，提供了多麼強大的動力（D. Freed and K. Uhlenbeck，1984；B. Lawson，1988），這種例子在前幾個世紀很多，而現在則少了。

附：倫敦給薛定諤的一封信[6]

親愛的教授：

今天我要和你認真談一談。有一位薛定諤先生你認識嗎？他在 1922 年描述了“電子軌道的奇異性質”（*Zeits. für Phys.* **12**）。你和此人熟悉嗎？什麼！你說你很瞭解他！而且當他進行該項研究時你甚至在場，你還是他的合作者？這真是前所未聞的事。看來四年前你就已經知道，在連續的四維時空裏，不能用量尺和時鐘來定義愛因斯坦—黎曼（Einstein-Riemann）度規關係，而原子過程又必須在連續四維時空中來研究，於是人們不得不搞清楚由韋耳的距離轉移理論所闡明的普遍的度規原理是否可用。而四年來你清楚地知道這些原理是極為有用的，正當應用韋耳的距離轉移理論而常常出現困難時［愛因斯坦的異議（Yang，1986），韋耳的修正和他的很不高明的辯解（Weyl，1968）］，你卻已經證明，就分立的物理軌道而言，標度單位（用 $\gamma=2\pi i/h$）對於各具體的閉合路徑是可以重復的；其實，你在那時就注意到，對於第 n 個軌道，標度單位精確地放大和縮小 n 倍，就像描述電荷所在處的駐波一樣。於是你已闡明，韋耳的理論是十分合理的。這就是說，當把它和量子理論結合起來時，將導致唯一的測定。實際上，如果整個原子世界是一種連續時空，找不出任何固定的點，人們還有什麼事情可做呢。你知道這一點，但你卻絕口不談，只字未提。這種事情是前所未有的。你在論文中（p. 14）說得很謙恭，在討論這個事實所可能具有的意義時，你未多加議論。（趕快懺悔吧！）在這篇論文中，你不僅已經消除了韋耳理論中絕望的混亂，而且遠在德布羅意之前，你這篇論文就已具有類似於量子假設的特徵。不僅如此，你甚至想到是否應該取 $\gamma=h/2\pi i$ 或 e^2/c（p. 23）！現在你該立即像牧師那樣懺悔了吧，你曾把你手中的真理秘而不宣。把你所知道的一切向同行都講出來吧！1922 年你所作的探討是舊量子力學的一個定理，最重要的事情尚有待完成，可以有把握地預期，一旦把你的理論和波動力學完美地結合起來（我還沒有做到這一點），就將顯示出它的全部意義。我想你既已如此使學術界困惑，現在來徹底澄清一切，是你的責任。

該停筆了，非常感謝你為我那封無聊的信[7]花費了那麼多時間，我已暫時中斷了對此事的研究，我認為由於有了完美的韋耳空間理論，從整體來看應該說卡魯札—克萊茵

(Kaluza-Klein) 空間理論將遇到挫折。我願意密切注視這一點。我有一些不同的綫索，它們表明，把韋耳的和卡魯札的空間理論統一起來是不困難的（把標度單位作為第五維對每一世界點作圖，就立即可看到許多美妙的東西!）我急切地期待着閱讀你的原稿[8]（這裏至今還沒有），特別是經弗斯 (Fues) 提示之後更是如此，即使只有一天的時間給我看，我也將非常、非常高興能夠讀到它。

順便說一句，洛克菲勒基金會已經同意，電報昨天收到。我現在肯定可以同你合作，為此，我感到非常高興。

祝你旅途愉快，我期待着你的回答。

衷心的致意

你忠實的
倫敦

注釋:

[1] 佩斯 (1986) 引用韋耳的話說："薛定諤正當其遲來的愛情迸發時做了他的偉大的工作。"

[2] 見該文方程 (35) 後括號內的評注。

[3] 在薛定諤於 1926 年 6 月 11 日以前所寫的五篇論文 (Schrödinger, 1926a－e) 中，方程式 (1.2) 從未出現過。但發現了諸如式 (2.2) 的方程。這意味着薛定諤知道 $i\hbar\dot{\Psi}=H\Psi$。在他於 6 月 6 日給洛倫兹的信中，對 Ψ 的實部 Ψ_γ 做了混亂的討論，這清楚地表明，薛定諤那時正在為消去（或定義）虛部而努力。

[4] 薛定諤在德文稿中用的詞是 eigentlich，我把它譯為 true，也有人把它譯為 real，在這裏的上下文中，real 很容易造成混亂。

［5］我曾說過［*Ann. N. Y. Sci.* **294**，86（1977）］，倫敦的論文指出在福克的著作和韋耳的論文之間有相似性，這是错誤的。我曾誤解了脚注〔On p. 111 of W. Pauli，*Handbuch der Physik*，Vol. 24，Part I（1933）〕的意思。

［6］拉曼和福爾曼在他們的文章中重印了這封德文信。他們的文章發表在《物理科學的歷史研究》上（*Hist. Studies Phys. Sci.*，Vol. 1，pp. 291—314）。他們認為，這封信是寫於1926年10月10日左右。此德文信由孟大中教授（T. C. Meng）翻譯成英文，再由唐賢民自英文譯為中文。

［7］拉曼和福爾曼認為，這是指1926年12月1日的信，薛定諤於12月7日作復。

［8］拉曼和福爾曼認為，這指的是有關相對論波動方程的手稿，在薛定諤1926年12月7日的信中曾提到它。

参考文獻:

Born，M.（1926a）*Z. f. Phys.* **37**，863（received June 25）.

Born，M.（1926b）*Z. f. Phys.* **38**，803（received July 21）.

Born，M. and Jordan，P.（1925）*Z. f. Phys.* **34**，858（received September 27）.

Dirac，P. A. M（1925）*Proc. Roy. Soc.* **109**，642（received November 7）.

Dirac，P. A. M（1972）*Fields & Quanta.* **3**，139.

Freed，D. and Uhlenbeck，K.（1984）*Instantons and Four-manifolds.* Springer.

Fock，V.（1927）*Z. f. Phys.* **39**，226.

Hanle，P.（1977）*Isis* **68**，606.

Hanle，P.（1979）*Am. J. Phys.* **47**，644.

Heisenberg，W.（1925）*Z. f. Phys.* **33**，879（received July 29）.

Lawson，Jr.，H. B.（1985）*The Theory of Gauge Fields in Four Dimensions.* American Mathematics Society 58，Providence，RI.

London，F.（1927a）*Z. f. Phys.* **42**，375.

London，F.（1927b）*Natrwiss.* **15**，187.

Pais, A.(1986) *Inward Bound*, p. 257. Oxford University Press.

Raman, V. V. and Forman, P.(1969) *Hist. Studies Phys. Sci.* **1**, 291.

Schrödinger, E.(1922) *Z. f. Phys.* **12**, 13.

Schrödinger, E.(1926a) *Ann. d. Phys.* **79**, 361 (received January 27).

Schrödinger, E.(1926b) *Ann. d. Phys.* **79**, 489 (received February 23).

Schrödinger, E.(1926c) *Ann. d. Phys.* **79**, 734 (received March 18).

Schrödinger, E.(1926d) *Ann. d. Phys.* **80**, 437 (received May 10).

Schrödinger, E.(1926e) *Die Naturw.* **28**, 664.

Schrödinger, E.(1926f) *Ann. d. Phys.* **81**, 109 (received June 23).

Wessels, L.(1977) *Studies Hist. & Phil. Sci.* **10**, 311.

Weyl, H.(1929) *Z. f. Phys.* **56**, 330.

Weyl, H.(1968) in (Chandrasekharan, K., ed.) *Gesammelte Abhandlungen*, Vol. Ⅱ, p. 261. Springer.

Wu, T. T. and Yang, C. N.(1975) *Phys. Rev.* **D12**, 3845.

Yang, C. N. (1983) *Selected Papers (1945—1980) With Commentary*, p. 564. Freeman.

Yang. C. N.(1987) (Chandrasekharan, K., ed.). Springer (in Press).

後記（楊振寧）

這篇文章末尾附錄的倫敦致薛定諤的信是科學史上極重要的文獻。它表示薛定諤雖然在 1922 年即已想到引入 $\sqrt{-1}$ 到物理學中，但沒有去深入研究。三年多以後，受愛因斯坦的影響，看了 de Broglie 的文章才寫出了偉大的薛定諤方程式。

倫敦的信上提到了 Kaluza-Klein 的工作。那是當時很多人都極注意的新想法。第二次世界大戰以後，許多研究方向，包括 String 理論，都與 Kaluza-Klein 有密切關係。可是至今沒有與實驗結果發生任何聯繫。

規範場

R. Mills 著

1984 年 12 月在北京召開了“楊振寧—米爾斯場學術會議”。Mills 為此會議寫了一文，後來刊登於 *Am J. Physics*, **57**, 493 (1989). 譯文早兩年刊登於《自然雜誌》第 10 卷第 8 期，1987 年。譯者不詳。下面是譯文中的一段。

在 1953—1954 年的那一學年中，楊振寧在紐約市東面約 80 公里的長島上的布魯克海文國立實驗室任訪問學者。在那裏，當時世界上最大的粒子加速器——2 至 3GeV 的考司莫加速器正開始產生出大量的人們所不熟悉的新粒子，它們在隨後的歲月中改變了物理學的面貌。我當時接受了一個博士後的工作，也在布魯克海文，並與楊振寧在同一個辦公室工作。[當時我正在紐約的哥倫比亞大學的克羅爾（N. Kroll）指導下慢慢地撰寫對於四階蘭姆位移的畢業論文。] 楊振寧當時已在許多場合中表現出了他對剛開始物理學家生涯的青年人的慷慨，他告訴我關於推廣規範不變性的思想，而且我們較為詳細地做了討論。我當時已有了有關量子電動力學的一些基礎，所以在討論中能有所貢獻（特別是關於量子化的過程），而且在計算它的表述形式方面也有小小的貢獻，但是一些關鍵性的思想都是屬於楊振寧的。像光子一樣，被預言的 3 個量子的自旋都為 1，但是它們也有為 1 的同位旋，這又像 π 介子了。這意味着它們將構成一個電荷三重態，正如 π 介子一樣，有正電態、負電態和中性態。這些規範場量子的質量問題，還有重整化的問題，當時都是我們力所不能及的。又過了 10—15 年，其時物理學家們對量子場論的認識已有極大的飛躍，這些問題才得到瞭解決。

後記（楊振寧）

Mills 是我的好友與好合作者。對他的為人我十分尊敬。請參閱本書後面文 A99j 與 A05q。

趙忠堯與正負電子對之產生和湮滅

原文 “C. Y Chao, Pair Creation and Pair Annihilation”，載於 *Int. J. Mod. Phys.* **A4**，17（1989），譯文載於《自然雜誌》第13卷第5期。作者：楊振寧與中國科學院高能物理研究所李炳安。譯者：張美曼、李炳安。

摘　要

本文分析了趙忠堯1930年做的實驗在促使物理學家在1933—1934年間接受QED理論的過程中所作的貢獻。文章指出布萊克特（Blackett）和奧克里尼（Occhialini）在1933年提出的關於空穴理論的關鍵性的建議是建立在確認趙忠堯的“額外散射射綫”是來自電子對湮滅這個基礎上的。

一、引　言

狄拉克的無窮電子海理論[1]是20世紀物理學史上的一個里程碑。現在它作為粒子物理學基礎中的一個重要部分已被人們完全接受，然而在歷史上，有一個時期人們並不接受這個理論[2, 3]。1932 年，正電子被發現[4]，以及後來人們對電子對產生和電子對湮滅現象的理解[5]，才扭轉了局面。

實際上，在實驗中電子對產生和湮滅早幾年就已被發現了，但是它們在理論上沒有被人們理解。這些較早的發現是：

（a）1930 年 5 月間，英國劍橋的塔蘭特[6]（Tarrant）、德國柏林—德萊姆的霍普費爾特[7]（Hupfeld）和在美國帕沙地那的趙忠堯[8]彼此獨立地提出了他們的論文。這三篇論文，記述了他們各自的發現，即發現了釷 C″的能量 2.65MeV 的 γ 射綫被重元素的“反常吸收”。

（b）1930 年後期，趙忠堯發表了一個新的實驗結果[9]，在這個實驗中他發現了釷 C″的 γ 射綫在鉛中的“額外散射射綫”。

回想起來，論文（a）是電子對產生過程的最早觀察，論文（b）是對湮滅過程的最早的觀察、在隨後的兩年裏，1931—1932 年間，“反常吸收”和“額外散射射綫”在理論物理學家中引起了極大的注意，為了瞭解趙忠堯文章的影響，在這兒我們引用安德遜（C. D. Anderson）1983 年文章[10]中的一段話：

> 我在 Caetech 的研究論文的工作，是用威爾遜雲霧室研究 X 射綫在各種氣體中產生的光電子的空間分佈。在我進行這一工作期間（1927—1930），趙忠堯博士在一個與我緊鄰的房間工作，他用驗電器測量從釷 C″放射出的 γ 射綫的吸收和散射。他的發現使我極感興趣。在當時普遍認為“高能量” γ 射綫（釷 C″的 2.6MeV 的射

> 綫）的吸收幾乎全部是由康普頓散射造成的，這種散射可以用克萊茵—仁科公式描述。趙博士的結果十分清楚地表明，吸收和散射的實驗結果都比用克萊茵—仁科公式算出的值大得多。由於從驗電器的測量很難得到更詳盡的資料，因而從他的實驗不可能對這些反常效應作出詳細的解釋。我提出一個實驗，用在磁場中運行的雲霧室去研究釷 C″的 γ 射綫與物質的相互作用。這樣可以觀測插在雲霧室中的薄的鉛板中產生的次級電子，測量它們的能量分佈，從而我們可以研究從趙的實驗可以得出什麼更進一步的結論。

另外，在早川幸男[11]（S. Hayakawa）寫的一篇以他和奥克里尼在1980年的一次談話為內容的文章中，有如下一段話：

> 奥克里尼對趙的成就的評價很高，他講述了趙對 C″的 γ 射綫的反常吸收的研究是如何激起了甚至遠在英國的他們的有關研究。

今天，安德遜和奥克里尼就是這樣強調趙的工作的：是趙的工作在1930年早期激發了他們的引人注目的工作，從而幫助物理學家改變了他們對量子電動力學的理解。

在本文裏，我們追尋歷史的踪跡，敘述1930年中“反常吸收”和“額外散射射綫”的發現史，在這段歷史中趙忠堯起了主要的作用。

二、背　景

在1930年前後，物理學領域裏發生了許多重要事件，這是一個極其活躍、令人興奮而又十分混亂的時期。

原子核是否由電子和質子組成？這個問題是這場大混亂中的一部分，因為在那時，電子和質子是（除光子以外）人們所知道的僅有的兩個基本粒子，所以很自然地，人們假定原子核是由它們組成的，但是這個假定遇到了巨大的困難[12, 13]。另一個混亂起因於這一事實，即 β 衰變的能譜似乎是連續的，它導致玻爾[13]和其他人提出能量在 β 衰變中不守恆。

從一個比較理論性的角度看，狄拉克方程和空穴理論在當時引起了極大的煩惱和反省，絕大多數顯赫的物理學家都反對它[14]，當然，每一個人都承認狄拉克用一個純數學的方法對電子自旋和磁矩進行成功解釋的輝煌成就，但是人們普遍認為，負能量海的存在是狄拉克理論的一個缺陷。泡利曾經說過[14]：

> 任何一個有這樣一個缺陷的理論，即使與經驗相符合，也純屬偶然。

針對這樣的背景，人們以極大的興趣從實驗方面去研究一些包含有電子的基本散射過程，例如康普頓散射，以便檢驗理論計算。在當時有三種不同的康普頓散射的理論計算公式。

（1）康普頓公式[15]

康普頓從湯姆遜（J. J. Thomson）的經典理論出發，但考慮了波長的變化和反冲效應，他得到的截面公式為

$$\sigma = \frac{8\pi e^4}{3m^2c^4}\frac{1}{1+2\alpha} \tag{1}$$

這裏 m 是電子質量，$\alpha = \dfrac{h\upsilon}{mc^2}$. 與湯姆遜經典理論不同的是，

對於硬 γ 射綫，出射波集中在向前的方向。然而，從量子理論的觀點看，已如康普頓本人所指出的，這不是一個正確的理論。

（2）狄拉克[16]和高登[17]（Gordon）公式

狄拉克和高登從量子力學出發，用了不同的方法，得到了相同的公式

$$\sigma = \frac{2\pi e^4}{m^2 c^4} \cdot \frac{(1+\alpha)}{\alpha^2} \cdot \left\{ \frac{2(1+\alpha)}{1+2\alpha} - \frac{1}{\alpha}\ln(1+2\alpha) \right\}, \tag{2}$$

但是沒有考慮電子自旋。

（3）克萊茵—仁科公式[18]

$$\sigma = \frac{2\pi e^4}{m^2 c^4} \left\{ \frac{1+\alpha}{\alpha^2} \left[\frac{2(1+\alpha)}{1+2\alpha} - \frac{1}{\alpha}\ln(1+2\alpha) \right] + \frac{1}{2\alpha}\ln(1+2\alpha) - \frac{1+3\alpha}{(1+2\alpha)^2} \right\}. \tag{3}$$

這個公式是將狄拉克的相對論波動方程嫁接到經典輻射理論上得到的。在狄拉克提出空穴理論之後，狄拉克[19]和沃勒(Waller)[20]證明，用空穴理論做二級微擾計算，得到了與克萊茵—仁科相同的結果[21]。

公式（1）、（2）和（3）有相同的低能極限，但對高能光子，也就是“硬 γ 射綫”，它們是不同的。為了檢驗這些理論計算和區別這三個理論，在 1929—1930 年間，測量硬 γ 射綫吸收系數的三個實驗[6—8]分别由趙忠堯在帕沙地那（加州理工學院所在地）、塔蘭特和格雷（Gray）在英國的劍橋

及邁特納（Meitner）和霍普費爾特在柏林—德萊姆完成。

三、反常吸收

趙忠堯教授於1902年誕生於中國浙江省。1925年他從東南大學畢業後，在清華大學當葉企遜教授的助教。1927年夏天，趙忠堯來到美國，進入加州理工學院成為密立根（R. A. Millikan）教授的研究生。為了檢驗克萊茵—仁科公式(3)，密立根讓趙忠堯測量硬γ射綫在各種物質中的吸收系數。1986年，趙在談話中說[22]，起初密立根傾向於相信狄拉克—高登的公式是與當時的宇宙綫實驗資料符合的，而不相信克萊茵—仁科公式。

在接近1929年年底時，趙忠堯完成了他的實驗。他發現輕元素對硬γ射綫的吸收系數與克萊茵—仁科公式相符合，但對重元素，例如鉛，吸收系數的實驗值比用這個公式算出的理論值大得多。開始，密立根不相信他的實驗結果，因此有幾個月趙的文章沒有提交發表。幸運的是，鮑恩（L. S. Bowen）教授對趙忠堯的實驗瞭解得很詳細，他說服密立根，使他相信趙的實驗是可靠的，并且建議盡快將趙的論文送出去發表[22]。論文提交的日期[8]是1930年5月15日，在此之前兩周，1930年4月29日，趙的實驗結果已提交給國家科學學術協會[23]。

塔蘭特[6]、邁特納和霍普費爾特[7]獨立地得到了實驗結果，實驗結果的主要方面與趙的一樣，但在細緻處有一些不同：(a) 在塔蘭特的實驗中，吸收系數對物質原子數的依賴關係是不規則的[24]，而邁特納和霍普費爾特的實驗結果中有一個“跳躍”[26]（圖 87b. 1），他們的結果導致了爭論。與此相反，趙的實驗結果是相當平滑的，沒有爭議的。(b) 他們用的探測器十分不同，按照趙忠堯 1986 年所說[22]，他的探測器由一個有 25 個大氣壓的高壓電離室和一個真空驗電器構成，是比較可靠的。圖 87b. 1 表明，這實際上是一種謹慎的陳述。

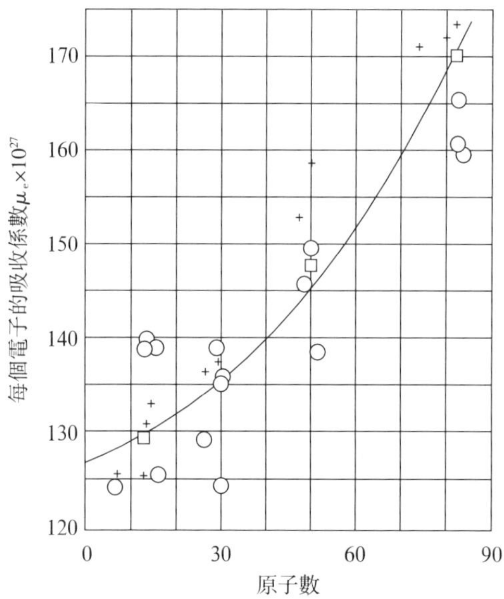

圖 87b. 1　在 1930 年做的關於反常吸收的實驗的比較

○為塔蘭特的實驗[6]；
+為邁特納和霍普費爾特的實驗[7]；
□為趙忠堯的實驗[8]。

本圖是按塔蘭特的文章［*Proc. Roy. Soc. London.* **A135**，223（1932）］相應的圖復製的，只是將原圖中雅各布森（Jacobson）的實驗結果和塔蘭特後來的實驗結果去掉了。塔蘭特 1930 年的實驗點是我們加上的。曲綫是塔蘭特在 1932 年畫的，與趙 1930 年的實驗資料符合得很好。

在這三個實驗中都發現硬 γ 射綫在重元素中的額外吸收，它被稱為“反常吸收”或“邁特納—霍普費爾特效應”。這後一個專有名詞最初來源於邁特納和霍普費爾特的朋友。在那時，這三篇發表了的論文[6—8]都猜測，這種反常的吸收是由某些還不知道的原子核效應造成的。

四、“額外散射射綫”

為了獲得關於硬射綫在物質中吸收機制的更多資料，趙忠堯在完成他的第一個實驗後，很快開始進行一個新的實驗，即研究散射後的射綫的強度和角分佈（見圖 87b. 2）。

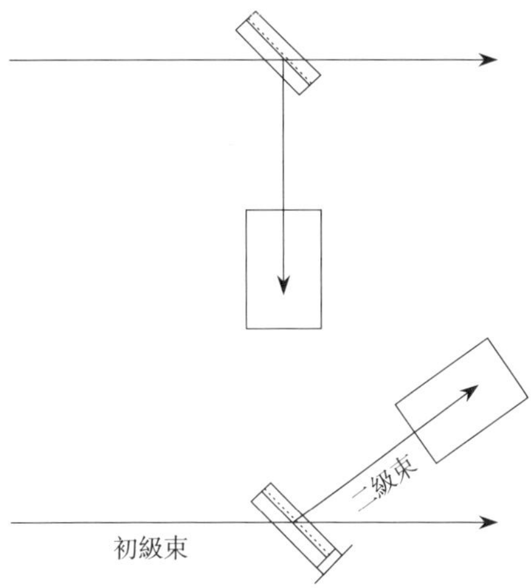

圖 87b. 2　趙忠堯第二個實驗的示意圖

取自趙忠堯的文章 *Science Reports of Tsing Hua University* **1**，159（1932）

由於散射後的射綫比背景弱，這個實驗做起來難度大。

實驗的結果發表於 1930 年[9]。一年之後，其他的實驗組才參加到這個課題中來，去研究散射後的射綫。而且，這些後來者的努力所得出的實驗結果是不清楚的、非決定性的，並引起了爭論，這些爭論分散了理論工作者的注意力，并且十分不幸地減弱了由趙忠堯的發現所引起的衝擊。在後面的第六節中，我們將再回到這些問題上來。

趙忠堯在他的第二個實驗中[9]發現了下列現象：

（a）伴隨着反常吸收，從重元素散射出來的還有“額外散射”放射；

（b）這樣一個“額外散射”放射在實質上是各向同性的；

（c）測到的額外散射射綫的波長為 22X. U.，對應於能量為 0.5MeV 的光子。

令人印象深刻的是，趙的這些結論都是正確的，他發現了正負電子對的湮滅現象！在這個過程中

$$e^{+}e^{-}\longrightarrow\gamma\gamma, \tag{4}$$

每一個光子的能量近似為 0.5MeV，這確確實實是由趙忠堯發現的。然而，在當時沒有人理解趙忠堯這個發現的理論意義，直到很晚的時候人們才懂得它的意義，在下一節中我們將討論這一點。

五、解釋這些現象的一些嘗試

從 1930 年年中到 1933 年年初這兩年半時間裏物理學面臨着三個課題，後來知道它們都是量子電動力學的一部分：

反常吸收，額外散射射綫，狄拉克理論。

在那時對於狄拉克理論有深入的討論，其中包括奧本海默、塔姆和狄拉克對於湮滅過程（4）的反應截面的計算[27]，但是這些作者中沒有一位將這一過程與趙忠堯發現的額外散射射綫聯繫起來。（這很可能是由於當時原子核物理處於一個很混亂的時期，因此很自然地將趙的結果和反常吸收這兩種奇異現象歸入原子核現象。）

我們沒有找到在這一期間寫的關於額外散射射綫的理論文章。（請看後面的第六節。第六節中說明了 1933 年人們從對產生和對湮滅角度得到的決定性的理解是建立在額外散射射綫的基礎上的，而不是建立在反常散射的基礎上的。）

對於反常吸收，那時有許多理論討論。奧本海默[28]嘗試用光電效應來解釋這個現象，但得到了量子力學是錯誤的結論，這篇論文在當時很得人心。海森堡[29]和伽莫[30]（Gamow）猜想這個現象是由某些原子核過程引起的。

這些理論工作都沒有取得大的進展，僅僅是在 1932 年 9 月安德遜[4]發現了正電子及在他之後幾個月布萊克特和奧克里尼[5]用他們漂亮的帶觸發系統的雲霧室得到了許多正電子之後，人們才開始問正電子通過物質時會有什麼性質[5]。為了解決這個問題，布萊克特和奧克里尼想到了狄拉克早先時候有關湮滅過程（4）的計算[27]，他們提議，趙忠堯發現的額外散射射綫是由電子對湮滅產生的。

布萊克特和奧克里尼也猜想，正電子對是在產生過程中產生的，但是他們沒有得出量子電動力學的（正確的）在重原子核的庫侖場中正負電子對產生過程的思想。然而，幾個月之間，奧本海默和普萊賽特（Plesset）[31]用狄拉克理論（也就是量子電動力學）表達和發展了這個思想，他們發現，計算結果與早些時候實驗上發現的反常吸收相符合。此外，安德遜也在雲霧室觀察到了由光子產生的正負電子對[32]。

1933 年之後，由於澄清了這些問題，量子電動力學進入了一個在各種應用中得到巨大成功的時期，唯一仍然使人困惑的問題是理論中的發散困難。

六、決定性的值：0.5MeV

布萊克特和奧克里尼[5]的文章產生巨大影響的原因不僅是由於他們報告了新發現的帶正電電子的大量事例，也由於他們建議“反常吸收”和“額外散射射綫”分別是由於電子對產生和電子對湮滅引起的，這些事使物理學家對狄拉克理論的正確性所具有的感性認識發生了變化。在他們的文章中，有關這個問題的關鍵性的一段是：

> 也許重原子核對 γ 射綫的反常吸收* 與正電子的形成有關而再發射的射綫與它們的消失有關。事實上，實驗上發現，再發射的射綫與所期望的湮滅譜有相同的能量等級。 (A)
>
> * 格雷和塔蘭特，*Proc. Roy. Soc.* **A136**，662（1932）；邁特納和霍普費爾特，*Naturwiss.* **19**，775（1931）；趙忠堯，*Phys. Rev.* **36**，1519（1931） (B)

段落（A）是偉大的物理，而注解（B）則是粗心的歷史，特別是注解中有關趙忠堯的部分非常糟糕，在這個注解裏有兩個印刷或是由粗心造成的錯誤：（一）趙在《物理評論》（*Phys. Rev.*）上的文章發表在1930年，而不是1931年，比另外兩篇文章早1—2年；（二）所有三篇被引用的文章都與額外散射射綫有關，與反常吸收無關，而文中的星號卻是針對反常吸收的。

更重要的是，布萊克特和奧克里尼的論點實際上僅建立在趙忠堯文章的基礎上，只是，這個事實，如我們所指出的，被這個錯誤的不加區別的注解弄模糊了。布萊克特和奧克里尼得出了偉大的建議（A）（即前面引用的他們的文章《假設的正電子的性質》中的一段話）。這段話一開始就提出一個問題："為什麽正電子沒有被觀察到？"接着寫道：

> 這一點是清楚的，由於在通常情況下它們不與物質一起出現，所以它們的生命是有限的，似乎是這樣，很可能它們通過與負電子的相互作用而消失，形成兩個或兩個以上的量子。

他們接着說，這個消失的機制"直接來源於狄拉克的電子理論"，這一點他們曾對狄拉克說過。狄拉克曾給他們看過他1930年的文章，在那篇文章裏給出了湮滅截面。布萊克特和奧克里尼斷言狄拉克理論預言的正電子壽命"對於在雲霧室中看到正電子足夠長，並對於解釋為什麽在其他途徑中沒看到正電子足夠短"。接着說，不管怎樣，觀察到湮滅過程是可能的，因為它產生峰頂為0.5MeV的光子光譜。接着，就是前面引用的段落（A）。

這一系列論证描述的是重要的物理學。他們也表明布萊克特和奧克里尼的論证注意的焦點是湮滅過程。這個過程的認別是由於“額外散射射綫的強度增強處與湮滅的射綫的譜在0.5MeV 處有一個峰值在實驗上發現是一致的”［引文（A）］這個事實，額外散射射綫的能量在實驗上約0.5MeV，是他們的最關鍵性的理由。

由於某種原因，布萊克特和奧克里尼沒有提到[33]這一點，即他們引用的三篇文章中（這三篇文章都與額外散射射綫有關）只有趙忠堯的文章給出了正確的精確值0.5MeV，邁特納和霍普費爾特的文章比趙的文章晚一年，并且根本沒有發現額外射綫。格雷和塔蘭特的文章（1932）比趙的文章晚兩年，他們在約0.47MeV 處發現了這樣一個額外散射射綫，但是他們在約0.92MeV 處還發現了一個分量，這把事情弄得非常混亂，并且即使在後來1934 年的文章中這個分量仍然沒有去掉[34]。

很自然地，人們會奇怪為什麽在布萊克特和奧克里尼的整篇文章中，在引用1930 年的三篇文章時一點也沒提及反常散射。（這已引起了比額外散射射綫更多的注意，因為它發現得較早，并且實驗上困難較少，請參閱前面第五節。）回答是：它們不是布萊克特和奧克里尼論证的焦點，他們論证的焦點是湮滅過程。此外，布萊克特和奧克里尼沒有指出在庫侖場中電子對產生的機制，這後來在理論上是由奧本海默和普萊賽特研究的[31]。

調查一下對產生和對湮滅的發觀史[35]，我們對於趙忠堯的實驗印象很深。他的實驗探究了重要的問題，而且這些實驗難度很大，［從他的對手在反常吸收實驗和額外散射實驗中所陷入的困境可以看出實驗的難度。］這些實驗具有古典美——簡單、可靠且經得起時間的考驗[36]。很不幸的是由於布萊克特和奧克里尼文章中對參考文獻粗心地引用和由其他實驗引起的混亂和爭論，趙的文章的聲望沒有達到應有的高度。

作者感謝布朗（L. M. Brown）和愛克斯朋（G. Ekspong）的意見，這些意見對這項工作是有幫助的，作者也感謝國家基金委員會（NSF）的部分支持，基金號碼為 PHY5807627。

注釋：

［1］Dirac，P. A. M.，*Proc. Roy. Soc. London.* **117**，610（1928）；**118**，351（1928）；**126**，360（1930）.

［2］閱［14］［13］［25］.

［3］閱 G. Gamow 的文章 *Thirty Years that Shook Physics*（Double Day，1966）中談到的在 1930—1932 年間在哥本哈根流傳的關於狄拉克"傻電子"（donkey electron）的笑話。

［4］Anderson，C. D.，*Science.* **76**，238（1932）.

［5］Blackett，P. M. S.，Occhialini，G. P. S.，*Proc. Roy. Soc.* **A139**，699（1933）.

［6］Tarrant，G. T. P.，*Proc. Roy. Soc.* **A128**，345（1930）.

［7］Meitner，L.，Hupfeld，H. H.，*Naturwiss.* **18**，534（1930），這個實驗的詳細報告刊載在 *Z. Phys.* **67**，147（1931）.

［8］Chao，C. Y.，*Proc. Nat. Acad. Sci.* **16**，431（1930），這個實驗更全面的報告刊載在 *Science Reports of Tsing Hua Univ.* **1**，159（1932）.

［9］Chao，C. Y.，*Phys. Rev.* **36**，1519（1930），這個實驗更全面的報告刊載在 *Science Reports of Tsing Hua Univ.* **1**，159（1932）.

［10］ Anderson，C. D.，Anderson，H. L.，*The Birth of Particle Physics*（編輯是 L. Brown 和 L. Hadsson），Cambridge（1983）131.

［11］ Hayakawa，S.，*Shizen*（*Nature*），Sept.，75（1980），後來由早川幸男（S. Hayakawa）、楊振寧翻譯，注的日期是 1985 年 7 月 4 日。

［12］ Bethe，H. A.，*Proc. of a Symposium on the* 1930's *Nuclear Physics in Retrospeci*（編輯是 R. H. Stuewer），Univ. of Minnesota（1977）11 and E.

［13］ Brown，L. M.，*Phys. Today.* **31**，23（1978）.

［14］ Moyer，D. F.，*Am. J. Phys.* **49**，1055（1981）.

［15］ Compton，A. H.，*Phys. Rev.* **21**，483（1923）.

［16］ Dirac，P. A. M.，*Proc Roy. Soc.* **A111**，405（1926）.

［17］ Gordon，W.，*Z. Phys.* **40**，117（1926）.

［18］ Klein，O.，Nishina，Y.，*Z. Phys.* **52**，853（1929）.

［19］ Dirac，P. A. M.，*Proc. Camb. Phil. Soc.* **26**，361（1930）.

［20］ Waller，V. I.，*Z. Phys.* **61**，837（1930）.

［21］ 注意這一點是十分有趣的，即在 1932 年正電子發現之後泡利仍反對空穴理論。在 1933 年 6 月泡利提交了一篇關於光子被一個運動的電子散射的文章，在這篇文章中他沒有用無窮海的概念，但他引用了狄拉克和沃勒。按照莫耶（Moyer）在 *Am. J. Phys.* **49**，1123（1981）談到的，在 1935—1936 年間泡利在講演中稱他的工作和威斯可夫（Wisskopf）關於標量介子的工作為“反狄拉克理論”。實際上泡利是在為他不喜歡空穴理論找理由，關於這些莫耶有詳細引用。

［22］ 在 1986 年 6 月 2 日我們在趙教授的住所訪問了他。

［23］ Chao，C. Y.，*Proc. Nat*，*Acad. Sci.* **XVI**，421（1930）.

［24］ 閱［6］［25］和 Tarrant，G. T. P.，*Proc. Roy. Soc.* **A135**，223（1932）.

［25］ Brown，L. M.，Moyer，D. F.，*Am. J. Phys.* **52**，130（1984）.

［26］ 閱［7］［24］［25］.

［27］ Oppenheimer，J. R.，*Phys. Rev.* **35**，562，939（1930）；*Nature*

125, 616 (1930); Tamm I., *Z. Phys.* **62**, 545 (1930); Dirac, P. A. M., *Proc. Camb. Philos. Soc.* **26**, 361 (1930).

[28] Oppenheimer, J. R., *Phys. Rev.* **38**, 57 (1931).

[29] Heisenberg, W., *Z. Phys.* **77**, 1 (1932); **78**, 156 (1932); **80**, 587 (1933).

[30] G. Gamow, *Constitution of Atomic Nuclei and Radioactivity*, Clarendon (1931) 79.

[31] Oppeheimer, J. R., Plesset, M. S., *Phys. Rev.* **44**, 53 (1933).

[32] Anderson, C. D., *Science.* **77**, 432 (1933).

[33] 請對照第一節中引用的早川幸男在1980年與奧克里尼的對話。

[34] Gray, L. H., Tarrant, G. T. P., *Proc. Roy. Soc.* **A143**, 631, 705 (1934).

[35] 閱 J. D. Stranathan, *The "Particle" of Modern Physics*, Blackiton (1942) 和 R. A. Millikan, *Electron, Positive and Negative, Protons, Photons, Neutrons, Mesotrons and Cosmic Rays*, Univ. of Chicago Press (1947) 在40年代對這些發展的評論。

[36] 1931年趙忠堯在回國途中在德國做了第三個實驗，實驗是關於反常吸收對入射束波長的依賴關係：*Proc. Roy. Soc.* **A135**, 206 (1932)。1933年他與T. T. Kung一起發表了他們在中國國立清華大學做的第四個實驗：*Nature.* **132**, 709 (1933)。這篇文章附有羅瑟福寫的一個有意思的評注：

> 從隨信寄來的文章可以看出，很顯然趙和Kung還沒有聽說最近的有關正電子的工作，特別是電子對產生，一個高能γ射線在原子核的強電場中轉變成一個負電子和一個正電子。他們敘述的實驗給這個現象提供了又一個有價值的證明。并且無疑地這個實驗用對產生現象解釋比用核的蛻變解釋好。注意到這一點是有意思的，即效應的量值與別的實驗發現的大致相同。

後記（楊振寧）

趙先生是我 1938—1939 年間在聯大讀大一物理課上的老師。多年來國內盛傳他於 1930 年的工作十分重要，但是沒有人仔細研究過 1930 年前後的物理學前沿發展情形，與他的文章為什麼沒有在當時被大家重視。

日本學者對日本人的研究工作的重要性一貫做大量研究工作，我曾描述為“寸土必爭”。有鑒於此，我約同李炳安花了半年時間寫成此文。我們覺得寫得不錯。對 1930 年前後的情形分析得相當準確而透徹。聽說趙先生看了也很贊賞。

一個真的故事

本文原載中國《物理》雜誌第 16 卷第 3 期，1987 年。

1986 年 3 月，我在紐約買到一本新書，名叫 *Second Creation*（《第二次創生》），是兩位研究物理學史的作家寫的，他們是克里絲（R. P. Crease）與曼恩（C. C. Mann）。書中描述了本世紀許多重大的基本物理學發展，全書二十章中有三章專門討論發現重整化概念的實驗與理論。

重整化是一個極重要的觀念，它的發現獲得了兩次諾貝爾獎：蘭姆（W. E. Lamb）與庫什（Polykarp Kusch）1946—1947 年的實驗工作於 1955 年得獎，朝永振一郎（S. Tomonaga）、施溫格（J. S. Schwinger）與費曼（R. P. Feynman）1947—1948 年的理論工作於 1965 年得獎。《第二次創生》對這些獲獎之經過有很詳盡的描述。

特別使我發生興趣的是書中對這方面早年實驗發展的討論。原來在 30 年代就有好幾個實驗組已經在研究氫原子光譜，與後來蘭姆在 1946—1947 年的工作是在同一方向。其中一組是加州理工學院的豪斯頓（W. V. Houston）和謝（Y. M.

Hsieh)。他們做了當時極準確的實驗，於 1933 年 9 月寫成了長文投到《物理評論》(*Physical Review*)，五個月以後發表。《第二次創生》對此文極為推崇，說文中作了一個“從現在看來是驚人的提議”：他們的實驗結果與當時理論結果不符合，他們說這可能是因為對於光子與原子的相互作用理論工作者沒有正確處理。

他們的實驗結果從今天看來是正確的。他們的提議也正是後來 1947—1948 年關於重整化的理論的主要發展方向。不幸的是與他們先後同時有幾個別的實驗組得出了和他們不同的結果，產生了混亂的辯論，沒有引起當時理論物理學界的廣泛注意。十多年以後，蘭姆用了新的技術研究氫原子光譜，得到了高度準確的結果，引起大震驚，才導致出來重整化的發展。

豪斯頓和謝的工作我從來沒有聽說過。看了《第二次創生》中對他們工作的推崇以後，我想到謝也許是現任復旦大學校長謝希德的父親謝玉銘教授。可是一時不能證實。非常湊巧，幾天以後，謝希德自美國西岸打電話來討論學術交流的事情，我趁機問她謝玉銘教授是否曾於 30 年代初在加州理工學院訪問，並曾與豪斯頓合作。她說：

“是的。你為什麼要問?”

我興奮地告訴了她書中的故事，并且問：

“你知道不知道你父親那時的工作很好，比蘭姆的有名的工作早了十幾年，而且蘭姆的結果證明你父親的實驗是正確的?”

“我從來不知道。當時他只告訴我，在從事很重要的實驗。”

“你們父女都是研究物理的，蘭姆的 1946—1947 年的工作引起震驚的時候你已經是物理學工作者了，他怎麼沒有和你談起他自己 30 年代的工作呢?”

電話那端沉默了一會兒，“說來話長。我們沒有機會。家父於解放前去了菲律賓，他寫信要我留在美國或英國。我沒有聽。我於 1952 年囘國。囘國後曾多次給他老人家寫信，都沒有收到囘信，我猜他對我不聽他的話很不高興。所以我們始終沒有機會討論他早年的工作。”

我本來知道謝希德在 50 年代培養中國半導體研究人才的功勞，也知道她在“文革”時期所受到的災難，和“文革”以後對復旦大學的貢獻。卻沒有知道她和她父親之間的這一段歷史。一時我不知應說什麼好。希德停頓了一下，接着說下去：

“前幾天，我剛自上海來到美國西岸，到芝加哥時突然接到消息，家父於 3 月 20 日在臺灣去世了。他大約是 10 多年前自菲律賓退休以後搬去臺灣的。”

又停頓了一下。

“我們父女 40 年沒有見面了。他一定很傷心。我也很傷心，因為我知道他一直特別喜歡我。”

在統計力學領域中的歷程

原文“Journey Through Statistical Mechanics”，載於 *Int. J. Mod. Phys.* **B2**，1325（1988）。中譯文載於《楊振寧談科學發展》，八方文化企業公司，1992 年。譯者：張美曼。轉載時對譯文略作修正。

第一次接觸統計力學時，我還是昆明西南聯大的學生，是在戰爭期間。那時王竹溪教授剛從英國的劍橋大學回國。在劍橋他是福勒（R. H. Fowler）的學生，他的論文討論相變，在那時是一個熱門的題目，今天，這個題目仍然很熱門。

在 30 年代中葉，人們對相變已經抱有極大的興趣。興趣主要是由冶金學引起的，人們發現合金的比熱，作為溫度的函數，表現了有特點的峰狀。具體地，例如人們發現 β 型—黃銅或紫銅—鋅合金的比熱，作為溫度的函數，有非常尖銳的峰。在那時有關這個現象佔支配地位的思想可以用平均場理論來描述。最有名的平均場理論是布拉格（Sir Lawrence Bragg）和威廉姆斯（Williams）理論。布拉格和威廉姆斯都是英國人，英國人在這個研究領域很活躍。正因為這個原因，王竹溪教授及他同時代的張宗燧教授在劍橋都做這個領域的博士論文。（我想聽衆中的許多人知道張宗燧，這位非常卓越的物理學家。）

但是很快地，大家認識到平均場理論在物理思想上很豐富，但在數學嚴格性上有缺陷。在那時，約瑟夫・邁耶（Joseph Mayer）是哥倫比亞的一位年輕研究者，他探索了這個問題，并發展了一套理論，這個理論後來被稱為邁耶凝結理論。這個理論在物理學界引起了極大的興奮。1937 年在荷蘭舉行的一個國際會議上，對邁耶理論是否是一個正確的理論進行了辯論。

在 19 世紀的熱力學的相變思想的基礎上，人們普遍相信，在這樣一個躍遷中，例如蒸汽—液態的躍遷中，存在蒸汽相的熱力學函數和液態相的熱力學函數。蒸汽和液態是不同的動力學系統，應當分別處理。邁耶的出發點與此不同，他只有一個動力學系統，從它得到兩個相的結果。物理上，它與熱力學的直觀感覺相抵觸。數學上，它與這樣的觀念相抵觸，即一個配分函數不能得出兩個不同的熱力學。關於 1937 年會議上的討論，後來玻恩和富契（Klaus Fuchs）寫道：

> 邁耶理論……用分子的分佈處理所有可能的分子排列，就像只存在一個相。氣體分子怎麽能知道什麽時候它們必須去凝結成液態或固態？［*Proc. Roy. Soc.*，London **A166**，391（1938）］

我是在下面的情形下知道邁耶理論的：在 1937 年會議後不

久，玻恩和富契、卡恩（B. Kahn）和烏倫拜克（G. E. Uhlenbeck）寫了著名的文章去分析邁耶的理論的正確或不正確。大約 1940 年或 1941 年，有關這些文章，王竹溪教授在聯大做了一系列講座，我作為大學生，聆聽了這些講座。在那時，它是超出我的知識水平的，然而出席這些講座對我後來的經歷有決定性的影響，因為通過這些講座，我知道了相變理論的重要性。

1945 年，我去了美國，成為芝加哥大學的研究生。在芝加哥大學，沒有人真正對相變理論有濃厚的興趣，包括邁耶本人在內。但是由於我早年在中國形成的對相變問題的強烈愛好，我作了種種努力去進入這個領域。

一個努力是去學懂昂薩格（Lars Onsager）1944 年的文章。這篇文章漂亮地、出人意料地解決了二維 Ising 模型。這篇文章很難讀懂，因為文章中沒有敘述求解的戰略思想，它僅僅詳細地敘述了一步步的步驟，讀這篇文章，我感到被牽着鼻子轉圈，直到解突然掉出來。這是一個使人沮喪的經歷。然而囬想起來，這個努力沒有白費，完全沒有白費，在後面，我們要囬到這一點。

另一個努力是去瞭解鐵磁性。我從布洛赫（F. Bloch）有關自旋波的重要文章開始。這篇文章導致了 1931 年貝特的文章，即現在大家知道的貝特假說。赫爾談（L. Hulthén）1938 年的文章發展了貝特的方法，貝特和赫爾談文章的結果是超越方程（transcendental equation），我曾去尋找這些方程的復解，結果完全搞糊涂了。這又是一次失敗的經歷，但是囬憶起來，這個努力仍然沒有白費。

在芝加哥，我主要的研究方向是粒子物理。1949 年秋天我去了普林斯頓高等學術研究所，在那兒我待了 17 年，1949—1966 年。在 1949—1950 年間，在這個研究所裏沒有人研究統計力學。但是很偶然地，有一天在從普林斯頓中心的派默廣場開往研究所的班車上，在大概 15 分鐘的車程中，路丁格（J. M. Luttinger），一位同我一樣的博士後研究員，向我敍述了考夫曼（Bruria Kaufman）的文章。這篇文章極大程度地簡化了昂薩格方法的代數，對整個思想給出了一個清晰的簡單的戰略方針。由於我對昂薩格的文章很熟悉，很快地領會了這個新觀點。到達研究所後，我導出了基本的步驟，并且非常高興完全理解了昂薩格方法[1]。

幾個月後，在完成了粒子物理方面的一些題目後，我回到昂薩格解上，并且認識到從昂薩格的方法出發，可以得到更多的結果。1951 年 1 月我開始在這個領域裏認真地工作，之後發生的事我曾在 1982 年敍述道：[2]

> 於是我做了漫長的計算，這是我的經歷中最長的計算。整個過程充滿了局部的戰術上的技巧，計算進行得迂迴曲折，有許多障礙，但總是在幾天後設法找到一個新的技巧，指出了一條新的途徑。麻煩的是，我很快感到像進入了迷宮，并且不能肯定在經過了這麼多曲折之後，是否確實在某種程度上比開始時靠近目標。這種戰略上的總的估價非常令我沮喪，有幾次我幾乎要放棄了，但每一次總有某種事情又把我拉回來，通常是一個新的戰術上的技巧使情況變得有希望，即使僅僅是局部的。最後，經過六個月斷斷續續的工作，所有的複雜部分，

> 導致了奇跡般的相消，我瞪眼看着令人驚奇的簡單的最後結果……

這個結果是 Ising 模型的自發磁化，這是我在嚴格的統計力學方面的第一個工作。所以在芝加哥的努力沒有白費，它為我能迅速吸收路丁格向我解釋的方法做了準備。

一年後，我建議張承修（C. H. Chang）將我的計算推廣到矩形格點，他的文章[3]的內容，可能是關於臨界指數普適性（universality）的最早的考慮。

在 1951 年秋天李政道來到研究所，他和我在芝加哥是親密的朋友[4]。他在芝加哥得到博士學位後在伯克利（Berkeley）待了一年（1950—1951），在那兒他不愉快，所以我建議奧本海默（J. R. Oppenheimer），研究所的所長，邀請他來研究所當博士後研究員。在他到達後我們開始進行下一個當然的題目，計算 Ising 模型的磁化率。為計算磁化我用了一次微擾，為計算磁化率我們要用二次微擾，不幸的是，在二次微擾中導出一個公式，計算這個公式與計算一次微擾中相應的公式相比，在難度上高一個數量級。在幾個星期的奮鬥後我們放棄了這個問題，把我們的注意力改放到格點氣體上，它在數學上與 Ising 模型一樣。具體地，在格點氣體的 P-V 圖上，昂薩格的解和我們的結果一起，能表現為一個二相區域的嚴格分界綫。在二相區域等温綫是平坦的，在液相和氣相等温綫變得彎曲。但是為什麼邁耶理論使等温綫在進入液態時保持平坦？沿着這個問題追究下去，我們引入了分配函數的零的概念，用這個概念，極大地澄清了與相變現象有關的結果，在這個研究中最優美的一步是單位圓定理，我把這個定理“喜歡地認為……是佳作”[5]。

回憶起來，在中國去聽王竹溪教授的演講為我在相變方面的工作做了準備，我猜想大多數的研究者有相似的經歷，在大學和研究生的年代裏受到的影響，容易成為後來的研究對象。

在1952—1953年，阿姆斯特丹的德波爾（de Boer）到研究所訪問，他對液氦理論有重要的貢獻。我請他就這個題目給一系列的講演，並對液氦超流性這魅人的現象產生了濃厚的興趣，特別是，我想去瞭解玻色—愛因斯坦（Bose-Einstein）凝結和超流性之間的關係。在那時，這個努力沒有得出有用的結果，但幾年之後，當黃克孫（Kerson Huang）1955年來到研究所，將費米和勃來特（Breit）的贋位勢方法介紹給我，我在液氦方面的興趣重新被激起。黃克孫、路丁格和後來李政道與我在1955—1959年期間的合作，對玻色（S. N. Bose）系統的性質作了一些探索。

1961年4月，我出發去斯坦福大學，在那兒訪問了幾個月。那時費爾班克（W. M. Fairbank）［和第弗爾（B. S. Deaver）］正開始在超導環上做磁通量量子化的實驗，當我訪問他的實驗室時，他提的第一個問題是，如果他們確實在超導圈裏發現了通量量子化，這會是一個新的物理原理嗎？（電磁場的一個新性質）或者是已知物理原理的結果嗎？他提出這個問題是因為昂薩格和倫敦的關於通量量子化早年的提議中，在這一點上很含糊[6]。我考慮了費爾班克的問題。和伯厄斯（Nina Byers）一起分析在有磁場的情況下超導的自由能。當第弗爾和費爾班克的實驗成功地得到結果時，伯厄斯和我也得出了結論，即他們的漂亮結果不是電磁場的新的性質，而是傳統量子統計力學的結果。這是對通量量子化第一次真正的瞭解。

這個工作引導我試圖去瞭解 BCS 理論及庫珀對之理論的準確涵義，換句話說，我想去瞭解費米對玻色凝聚的確切涵義，它是超導現象的基本解釋。這項研究的結果後來寫成一文《非對角長程序及液氦和超導體的量子相》，是我很喜歡的一篇文章。

我在統計力學方面下一階段的工作是和吳大峻以尋找表現出非對角長程序的動力學的系統為起點。這個努力不怎麼成功，但是我回到在芝加哥我曾研究過的貝特—赫爾談的工作上，和我的弟弟楊振平一起，發現在芝加哥曾失敗的超越方程裏極困難的一步，復解問題，能夠通過一個簡單的技巧避開：用$\frac{\pi}{2}-\tan^{-1}f$替代$\cot^{-1}f$！這個簡單的技巧[7]使我們能夠運用連續的變量去求解並達到數學上的系統化。這件事又一次地證明了我在芝加哥的努力不是白費的，雖然在那時看起來似乎是完全白費。

貝特在他 1931 年文章中採用的假設還有更廣泛的適用性，楊振平和我在我們 1966 年的一系列文章中決定接受貝特的見解，稱他的假設為“貝特假定”。

能夠從貝特假定着手的問題中的一個，是玻色子的一維 δ 函數問題，這個問題在 1963—1964 年間已經被李勃（Lieb）、林尼傑（Liniger）和麥克瓜謂（McGuire）解決。為了去解決相應的費米子問題，在 1967 年我抓住了更一般的波爾茲曼情況，并且證明了，即使對這非常一般性的問題，貝特假定仍然有效，其關鍵的一點是貝特假定引導出一組矩陣，而此矩陣 Y_{ij}^{ab} 滿足：

$$Y_{jk}^{ab}Y_{ik}^{bc}Y_{ij}^{ab} = Y_{ij}^{bc}Y_{ik}^{ab}Y_{jk}^{bc}$$

在 1972 年巴克斯特（R. J. Baxter）從統計力學中的一個完全不同的問題中得到一組同樣的方程，從此這組方程被命名為楊—巴克斯特方程。近年來，許多數學家和物理學家研究了這些方程的解和它們的應用，在這些工作中一個特別重要的工作是瓊斯（Jones）和其他人利用楊—巴克斯特方程和辮子群基本方程的相似點：

$$ABA = BAB$$

在繩結理論中得到新的不變量。楊—巴克斯特方程的這一應用和其他應用，似乎表明這些三次方程包含了一些基本結構，它們仍然有待探索研究。

注釋：

［1］C. N. Yang, *Selected Papers*（*1945—1980*）*With Commentary*（Freeman, 1983）（以下簡稱 *SP*）, p. 12.

［2］*SP*, p. 12.

［3］C. H. Chang, *Phys. Rev.* **88**, 1422（1952）.

［4］*SP*, p. 7, pp. 53—54.

［5］*SP*, p. 15.

［6］楊振寧在慶祝費爾班克六十五歲生日的 1982 年會議上的講演指出，倫敦的論點如果正確，將導致這樣一個結果，即所有的通量是量子化的，並與超導性無關；這當然是不正確的。昂薩格似乎相信通量量子化，如果發現，在某種意義上是電磁學的基本性質，像狄拉克磁單極（它與超

導性無關）。

［7］更詳細的請閱 *Phys. Rev.* **150**，321，注解 13（1966）。

後記（楊振寧）

這篇文章裏所提到的 1955—1959 年間所做的工作，主要是研究玻色硬球的低溫特性。當時這是一個純理論的研究，沒有任何實驗的可能。近十年來用了激光設施，超低温實驗變成了顯學，竟能研究玻色硬球系統中的聲速等性質［*Phys. Rev. Letters* 98 040401（2007）；93 200404－1（2004）］，所以沉寂了四五十年的理論工作又熱鬧了起來。

1992 年李炳安為了寫一篇關於我的文章，曾問我應該用什麼原則選擇研究的題目。我說："要找與現象有直接簡單關係的題目，或與物理基本結構有直接簡單關係的題目。"玻色硬球就是這樣的一個題目。

現代物理和熱情的友誼

原文“Modern Physics and Warm Friendship”，載於 *Lattice Dynamics and Semiconductor Physics*，ed. J. B. Xia et al，World Scientific，1990. 譯文載於《明報月刊》1991 年 8 月號。譯者：沈良。

1941 年到 1942 年，我是昆明西南聯合大學物理系四年級的學生。這個系比較小，共有約 10 位教員、10 位助教、幾位研究生和一些本科生。本科生每班不到 20 人。1941 年秋天開學的時候，一個新的面孔出現了，旁聽很多大學本部和研究院課程，也參加了所有的討論，那就是黃昆。那時，他已經從北平燕京大學獲得了物理學士學位，到聯大來做助教。開學不久，我們就熟識起來，開始了我們半個世紀的友誼。

我們所讀的課程裏，兩個是吳大猷教授教的經典力學和量子力學。量子力學是一個革命性的新發展。在 1925 年到 1927 年間起源於德國、瑞士、英國和丹麥。吳教授是中國的物理學家中，在 20 世紀 30 年代到 40 年代訓練了最多量子力學學生的教授。我記得當時許多關於量子力學的討論都是在吳教授的演講之後進行的。通過那些討論，我開始認識了黃昆的為人和他學物理的態度。

一年後，在 1942 年的夏天，黃昆和我都註冊為西南聯大的研究生。黃昆跟着吳大猷教授做有關天體物理學裏原子和分子問題的論文，我跟王竹溪教授做有關統計力學的論文。當時研究生的補助金是不夠的，所以我們都在找教學職位來增加我們的收入。我父親的朋友徐繼祖先生，是昆華中學的校長，他安排黃昆、我和張守廉——另一位物理研究生——到昆華中學教書。三個人分了一個教師的位置，而學校安排了一座新建築角落裏的一間房間給我們三人住。

那所中學距離聯大差不多三公里。我們三人白天經常在大學校園裏上課、喫飯、上圖書館，晚上才回到我們的房間睡覺。因為大學校園內沒有供應食水的設施，所以我們養成了一個習慣：每天晚飯後，回到中學以前，花一個或兩個小時在茶館裏喝茶。那些茶館集中於大學附近的三條街上。通過那些喝茶的時間，我們真正地認識了彼此。我們討論和爭辯天下一切的一切：從古代的歷史到當代的政治，從大型宏觀的文化模式到最近看的電影裏的細節。從那些辯論當中，我認識黃昆是一位公平的辯論者，他沒有坑陷他的對手的習慣。我還記得他有一個趨向，那就是往往把他的見解推向極端。很多年後，回想起那時的情景，我發現他的這種趨向在他的物理研究中似乎完全不存在。

茶館的客人們包括種種人物，有不少學生。可是大多數的茶客是鎮民、馬車夫和由遠處來的商人們。大家都高談闊論，而我們通常是聲音最大的。有時候，正當我們激烈地辯論時，會突然意識到我們的聲音太大，大家都在看着我們（這種意識並不一定使我們停止辯論）。可是一般來說，學生們與其他茶客之間並沒有不和的氣氛。

在茶館中，我們曾經目睹一些永遠不能忘記的情景和事件：好幾次坐在鳳翥街的茶館裏，我們看見一隊一隊的士兵押着一些犯人向北方走去，走向昆明西北郊的小丘陵地帶，那裏滿布着散亂的野墳。每一個犯人都背着一塊白色的板子，上面寫着他們的名字和罪行。大多數的罪犯都靜靜地跟着士兵走，有少數卻喊着一些口號，像："二十年後，又是一條好漢！"每一次當這種隊伍走過時，茶館裏的喧鬧聲就會突然止息。然後，遠處預期的槍聲響了，我們都靜靜地坐着，等待着士兵們走囘來，向南方囘到城裏去。

襯着這種背景，我們無休止地辯論着物理裏面的種種題目。記得有一次，我們所爭論的題目是關於量子力學中"測量"的準確意義。這是哥本哈根（Copenhagen）學派的一個重大而微妙的貢獻。那天，從開始喝茶辯論到晚上囘到昆華中學；關了電燈，上了床以後，辯論仍然沒有停止。

我現在已經記不得那天晚上爭論的確切細節了。也不記得誰持什麼觀點。但我清楚地記得我們三人最後都從床上爬起來，點亮了蠟燭，翻看海森堡（Heisenberg）的《量子理論的物理原理》來調解我們的辯論。

黃昆是一位英文小說迷。是他介紹給我 Joseph Conrad, Rudyard Kipling, John Galsworthy 和其他作家。這些作家的許多小說可以從大學圖書館裏借得到，其他的我們常常從那些賣美軍的“K—乾糧”、軍靴、罐頭、乳酪和袖珍本的書的地攤上買到，這些地攤當時在昆明到處都是。

我們的生活是十分簡單的，喝茶時加一盤花生米已經是一種奢侈的享受。可是我們並不覺得苦楚：我們沒有更多物質上的追求與欲望。我們也不覺得頹喪：我們有着獲得知識的滿足與快慰。這種十分簡單的生活卻影響了我們對物理的認識，[1]形成了我們對物理工作的愛憎，從而給我們以後的研究歷程奠下了基礎，這是我們當時所沒有認識到的。

1943 年的春天，我們三個人覺得每天在大學和昆華中學兩地來囘走是很不方便的，所以我們放棄了中學的工作，各自搬進了大學的研究生宿舍，但是一直到第二次世界大戰結束時，我們都常常見面。1945 年夏天，我們各奔前程：黃昆去了英國做固體物理的研究，張守廉去了 Purdue 大學做電子工程的研究，而我去了芝加哥做基本粒子物理的研究。

下一次我看見黃昆是在 1971 年的夏天，那是我第一次訪問中華人民共和國。在這以前，我們曾通過幾次信件，我知道他的一個重大貢獻是於 20 世紀 50 年代發展了中國半導體物理研究。在 20 世紀 60 年代的早期，普林斯頓大學出版了一本我的小書，名叫《基本粒子——原子物理上一些發現的簡史》。那是一本印刷得十分漂亮的書。收到最初幾本以後，我選了一本小心地題了辭，託人帶給黃昆。那本小書今天還在黃昆的書架上，但是我的題辭卻不見了——文化大革命的後果之一。——我們記得那題辭是這樣的：

給黃昆：

紀念我們共同瞭解現代物理秘奧的時日。當時形成的熱情的友誼沒有隨時空的隔離而消逝。

注釋：

［1］見楊振寧，《論文選集與評論（1945—1980）》（英文）（Freeman and Co.，1983），第3—6頁。楊振寧，《讀書教學四十年》（中文），（三聯書店，1985），第3—9頁。

後記（楊振寧）

這是1989年慶祝黃昆（1919—2005）七十歲壽辰國際會議上我的發言。

圖89c.1　黃昆（左）與楊振寧，1983年初攝於北京

2002年初黃昆與我的兩封來往信件，朱邦芬翻譯成中文如下：

附：黃昆與楊振寧的往來書信兩封

親愛的黃昆，

朱邦芬寄給我他寫的關於你的文章，文章寫得很好，從中我才第一次知道你在英國和過去20年在中國的物理研究的詳細情況，是令人印象深刻的故事。

祝賀中國今天授予你的巨大的榮譽。我知道你的朋友和學生都為此而高興，而你不會那麼樣的高興。但是慶祝典禮畢竟是重要的，是有意義的。

祝你和李愛扶新年快樂。

楊振寧
2002年1月21日

親愛的振寧，

謝謝你祝賀我獲獎的郵件，恐怕我這一致謝來得太晚了。

你已經正確地估計到我對這次獲獎的感覺，你的評論促使我這些日子一直在思考。我開始注意到無論是對我還是對我周圍的人，我應該對我們所能做的更高興一些。

我不知道這是否就是你腦中所想的，不管怎樣，想到這一點將有助於我。

你誠摯的，
黃昆
2002年2月25日

Bill Moyers 的訪問記

1988 年 Bill Moyers 為他的電視節目訪問了許多學者。訪問記後來出版成一本書 *A World of Ideas*, Double Day, 1989。本文譯自其中對楊振寧的訪問記錄。譯者：翁帆。

Moyers：不久之前美國教育考試服務中心公佈了全國學生成績報告書。報告說："美國學生的科學知識和運用知識的能力極為有限。"同時，某個機構把 17 個國家的青少年進行排行，結果顯示美國青少年在生物方面排名最後，化學排名第十一，物理第九。你對這些報導有什麼看法？

楊振寧：這反映了美國教育體制的真實狀態。我這樣說指的不僅是學校，還有社會對於教育的態度。這是一個嚴重而又非常複雜的問題。非常明顯的是從東方來的小孩——日本、中國、臺灣、香港、韓國，紀律性比較強。他們傾向於聽從父母和老師的教導，認識到只有通過努力工作才能得到享樂。在美國，整個體制非常不同。我注意到當我的小孩還很小的時候，我常說："也許你應該這樣做。"他們回答："不。我不想這樣做。""為什麼？""因為很悶。"東方的小孩沒有這種因為悶所以不做的想法。社會的模式不一樣，人的想法也不一樣。因此，東方的小孩不需要先有滿足感才開始做一件事。在美國，所有的小孩都想走捷徑，都需要被說服。可是通常那是不可能的。

Moyers：假如你的三個小孩不是在長島而是在中國長大，他們的教育會有什麼不同？

楊振寧：這個問題我思考過。我認為他們今天會是完全不同的人。他們會學到更多需要耐心才能掌握的東西。他們會願意被訓導。當然，我和我太太總是嘗試對他們說："看，這樣不行。你們必須努力學習。"我想他們雖聽我們的話，可是在這樣的環境下成長，他們有一套不同價值觀。在這個方面，東方的教育體制有很大的優越性。其中一個證明就是你剛才提到的報告——如果讓中學生參加科學或數學測試，美國的小孩總體上都做得不好。

Moyers：11 個紐約市的中學生進入了全國一項科學競賽的半決賽——11 個人都是東方人。

楊振寧：產生這種現象的最重要原因就是我們剛才所講的。東方的小孩從小就學會要安靜、坐下來，先學習再有進步。他們覺得理所當然就是這樣。

Moyers：這正是社會希望他們做的，而且他們也知道這一點？

楊振寧：是的。他們的父母、鄰居、朋友——所有人都說一樣的話。但不要曲解我的話。我並不是說那樣的體制對每一個小孩都有好處。另外一面是，接受東方教育的小孩傾向於比較膽小，他們會說：天哪，過去有這麼多聖人做了這、做了那，而我是誰？所以他們認為自己不能做出真正重要的事情。這種想法使得很多人後來不能跨越心理障礙做出重要的貢獻。這一點在我們的研究生身上看得很清楚。從東方來的學生安靜、願意努力，他們成績非常好，可是他們不善於做出有想象力的跳躍。

Moyers：你的意思是說如果你給他們一個問題，他們能夠解答。可是如果你讓他們自己去找問題，這比讓他們解答問題難？

楊振寧：是的，因為他們自然而然地、潛意識地告訴自己："規則在先，我必須守規則。"他們不想否認以前的人所寫的東西，也不想批評前人。

Moyers：他們從很小的時候就知道了中國歷史、哲學、文化和宗教的大師。

楊振寧：是的。一切，不僅是中國的。他們也知道有牛頓、Maxwell、愛因斯坦——你又是誰？怎麼可以挑戰這些人？這使得他們不易煩躁，可是也使得他們太過於膽小。這種膽小的態度在他們後來希望變得更有創造力或更有想象力時是一個障礙。

Moyers：因此這是一個公平的交換。東方社會有更守紀律更有毅力的學生，他們願意為了長久以後的薪水而努力工作，但是他們少了一種超越了常規的個人精神所具有的創新膽識。

楊振寧：是的。在這方面，東方的小孩並不是唯一的例子。如果你比較一下東方、歐洲與美國，歐洲處於其他二者之間，但比較接近於美國。歐洲的學生一般比美國的學生訓練有素，膽子也較小。

Moyers：你認為造成這種基本差異的原因是什麼？

楊振寧：我不是社會學家也不是歷史學家，可是我喜歡思考這類問題。我想美國是一個新國家，有着新文化。美國人仍有着開發西方的精神。這一點在四十多年前我初到美國時更加明顯。例如，當我來到美國時，我一些同班的美國研究生說他們的父母不贊成他們念研究生，我非常驚詫。為什麼呢？因為當時人們認為年輕人應該出去賺錢。這是美國長期以來就有的實用哲學，讀書多未必有用。可是美國在過去四十年成長了，也更看重學問了。我認為越古老的文化，越尊重學問，人們告訴小孩必須坐下來靜心學習前人所說過的極為正確的東西。

Moyers：你認為美國文化的問題在於哪裏呢？

楊振寧：我們之前提到的一個問題是：小孩沒有足夠的耐心去學習。另一個現象是：有吸毒的問題，還有偷盜。例如，圖書館老是丟書。所有這些現象都跟美國的個人主義極有關係，最終認為個人是至高無上的。在中國，人們會說最終社會才是重要的，而不是個人。這種基本的價值觀產生了兩個社會一切的差異。

Moyers：在美國的社會裏，人們告訴你你所做的非常重要，而且你必須自己想辦法去解決問題、取得成功，沒有人會幫助你。在中國則是相反。人們不會對小孩講這些話："嗯，你必須自己想辦法。你要大膽走出去，擺脱障礙，自己動手。"

楊振寧：對。事實上，不用別人告訴你，你自己骨子裏就感覺到，因為你是在這種環境中長大的。

Moyers：你自己又是怎樣的呢？你在中國中部一個貧窮的省份長大。你小時候那裏沒有電燈，然而你後來卻獲得諾貝爾物理學獎。誰能料到你會成名？

楊振寧：我非常幸運。我出生在一個落後的小城，可是我的父親在我一歲的時候到美國取得博士學位，又在我六歲那年回到中國。我隨着他去了他任職的幾個校園。特別是在北京，那時叫北平，我們住在清華園裏。校園美麗、安全、學術氣氛濃厚。在中國，在千千萬萬我的同齡人中，我肯定是最幸運的人之一了，能夠以最好的方式學習知識。1937 年戰爭爆發，我們搬到中國西南方，我報考了我父親任職的大學。我學到了中國教育體制能提供的最好的東西。後來我到美國後，又是非常幸運，因為我有機會接受美國最好的研究生教育。1946 年初我在芝加哥大學攻讀，著名的 Enrico Fermi 是我的老師。事實上，這就是我去芝加哥大學的原因——因為我得知他要到那裏教書。我發現在課程方面，芝加哥大學教的東西幾乎都是我已經學過的。但是我仍然學到了很多，因為芝加哥大學學習的重點並不是課本裏所講的內容，而是新發現的物理現象與應該如何解釋這些現象。它們是否能用已知的原理來解釋？還是不得不建立新的概念來解釋？這種不斷地力求把新得出的實驗結果與物理傳統知識對應起來就是一種學習方式，或者說一種竭盡全力的嘗試，這是我在中國沒有學到的。這激發我去思考前人沒有發現的東西，而不僅是學習老師讓我學習的東西。所以我想我受益於兩種體制。

Moyers：1957 年當你獲得諾貝爾獎時，你身在美國，而中國當時毫無疑問是一個共產主義國家。中國共產黨如何看待一個美國人成為第一個獲得諾貝爾獎的中國人?

楊振寧: 19世紀70年代末,美國議會有聽政會辯論是否應該限制中國移民,其間一個所謂的學者公開說中國人毫無疑問比較低能。他還提供了“科學證明”。他量了不同人種的腦的大小,證明中國人的確不如白種人。那時候許多人都相信中國人不能發展現代科學,中國人對此深有反感。因此如果你問我中國對於李政道和我獲得諾貝爾獎最主要的反應是什麼,我會說是非常自豪。

Moyers: 你認為我們應該怎麼學習東方的教育方法?他們又應該從我們這裏學習什麼?

楊振寧: 這兩個問題都非常重要。對於第一個問題,我不知道說什麼。我以前就想過了。我想它涉及面廣,是一個社會問題,不僅僅是教育問題。我不夠專業。至於第二個問題——中國應該從美國教育體制學習什麼?我跟在美國的中國研究生、跟中國領導人、跟中國大學的行政管理人員、教授、和學生多次討論了這個問題。這個問題比較容易回答。我試着鼓勵中國學生先擴大自己的知識面,而不是只學習書本上的東西。如果你閱讀期刊,你能夠找到更新的、有發展空間的知識。中國的教育體制偏向於過分訓導學生。你學完一本書,再學另一本書,然後又一本書。你的眼睛被蒙起來了,你不會嘗試去看別的東西。人們不教你要獨立思考,人們叫你做這個、做那個,說你如此就會得心應手。雖然在很多事情上的確如此,但結果往往是學生傾向於只學習,只等着別人告訴他們接下來做什麼。

Moyers：這對他們的心理產生了什麼影響？敬畏權威。還是按照老師的話走每一步？

楊振寧：二者都會出現。好的一面是，與美國的同齡人相比，他們學得更多，也懂得更多，他們受過更多的訓練。可是壞的一面是，在創新方面，他們常有障礙。不只一個從中國大陸和臺灣來的研究生對我說："楊教授，我覺得很奇怪，我原來在班上考試名列前茅，可是現在做研究工作，我發現美國同學更活躍，做得好得多。"我想很多人都有這種感受。我們從這裏看到了這種教育體制兩方面的影響。我告訴他們要盡量擺脱這種習慣，讀多些以前別人不曾讓他們讀的東西，要參加研討會，即使聽不懂也去。中國有句古老的格言："知之為知之，不知為不知，是知也。"這個哲理對中國體制和中國社會有深遠的影響。小孩如果假裝比實際懂得多就會受到批評，好處是你更受人尊重，不清楚的事不亂講話。壞處是你變得膽怯。碰到你不太瞭解的事，你傾向於覺得跟自己無關，因為你害怕如果跟它糾纏在一起，自己會陷入一個似懂非懂的狀態，這不太好受。我跟從中國大陸和臺灣來的學生說："你必須克服這點。你去一個研討會，即使大部分你不懂在講什麼，你也不用怕。我常常參加研討會，也不是完全懂在講什麼。可是一次不懂不一定是不好，因為只要你再去一次，就會發現你比以前懂得多了。"我稱它為潛移默化的學習。潛移默化的學習方法在中國被瞧不起。中國研究生為什麼比較膽小，因為他們不想陷入自己不完全懂的事情。可是在前沿的研究工作裏，你總是半懂半不懂。

Moyers：你是走到邊緣，然後跳躍。

楊振寧：是的，你跳躍，你可能只略知一二，可是你不應該膽怯。這是我來美國之後學到的，特別是從 Edward Teller 學到的，他是我論文的導師。他的主意層出不窮，可能一天就有十個想法，其中九個半是不對的。可是只要每天你有半個想法是對的，那就當然有很大的收穫。而且，他經常大膽講出自己的初步想法，這與我所說的中國的傳統態度是相反的。Teller 常常隨便抓住一人就說："看，我有一個聰明的想法。我們要討論一下。"這給我留下極深的印象，因為它是一個全新的研究方法。

Moyers：當然，西方科學整個發展史就是走進未知的領域，挑戰一切權威和假設，並打敗一切。

楊振寧：是的，正是如此。與西方相比，這種精神在中國體制裏不突出。

Moyers：可是照你說的，我會認為美國在科學方面是處於一個更強的位置。然而別人卻再三說美國人會變為科學盲，說只有 10% 的美國中學生選修過一門物理課程，而且只有 7% 的美國小孩的程度可以跟上大學水平的課程。這種膽識、這種實驗方法、這種創新和冒險的精神似乎沒有被美國小孩繼承，特別是在科學方面。

楊振寧：是的，這是個嚴重的問題，也被人從各個角度討論過，是一個棘手的問題。但在某些意義上，我更擔心一個相關的現象。你曉得，中學生缺乏科學知識是很危險的。當然即使這樣，美國科學仍非常出色。逐漸增加的知識與動力與大型研究中心的建立使得美國今天仍主導着科學研究的大多數領域。在數學方面確實這樣。在物理方面，西歐漂亮地跳躍到美國前面，可是美國至少在同速前進。重要的是美國體制能夠培養出夠多優秀的人才來繼續發展前沿的工作。我並不認為美國在大多數科學領域中的絕對優勢在接下來20年會嚴重削弱。可是總體上的教育水平和大衆的科學知識在下降——這才是令人擔心的地方。

我們看一下日本。日本今天是一個重要的工業國家、一個沒有資源的國家，也是一個戰後十分貧窮的國家。可是今天他們在許多方面脱穎而出。我並不是說他們的科學研究居於世界前列。他們非常令人欽佩，可是他們的基礎科學研究水平還不能跟美國競爭。那他們如何獲取今天強大的工業力量？是因為他們有更多受教育的人民。他們有更多真正懂得知識的人，而不只是空有文憑。他們有更多學習科學的人。而且，他們對於生活和工作態度和美國人不一樣。我從書上看過說8%的美國流水生產綫的產品不合格，而在日本相關的比例只有0.5%。假如你讓這兩個社會相互競爭，很明顯哪一個社會在銷售量上會勝出。這是我們今天有目共睹的。

Moyers：你是不是認為日本人一般的科學教育程度比我們高？

楊振寧：是的，特別是他們接受過更多的科學教育。這一點非常清楚。你看看剛才你指的所有這些測試。日本的小孩成績很好，因為他們在學校真真實實地在學東西。這裏的小孩在學校不讀書。有少數非常聰明的小孩在這種劣勢下仍能學到東西，他們確實非常出色，加上他們在美國注重個人成就的自由體制裏成長，他們後來居人之上，成為大機構的組織者，或者成為有成就的科學家。這一現象目前還支撐着美國，而且還會支撐一段時間。可是一個現代社會必須建立在有知識有正確觀念的人民大衆上。我認為這是美國的未來存在着隱憂的地方。

Moyers：所有的研究顯示了在美國大衆的科學教育正在走下坡路。不管有多少傑出的個人，總的來講社會的科學教育水平越來越差。因此你們這類科學家和我們這些人之間的差距就越來越大。

楊振寧：我認為這個差距不可能永遠繼續擴大，因為總會到要算賬的時候。看一下國家貿易逆差。逆差反映了美國不再能跟日本和臺灣的產品競爭，可是不會永遠是這樣的。這慢慢地會出現經濟危機。我不是一個經濟學家，可是我看得懂數據。我們講的不僅僅是教育問題，而是社會發展趨勢。你沒辦法使家長能讓小孩更願意坐下來學習。需要社會一起來討論美國教育的狀態，這不只是從學校教育上講，還要從出生就開始接受的大衆教育上講。

Moyers：文化所教育我們的，電影所教育我們的，教堂所教育我們的，鄰居所教育我們的，整個社會所教育我們的關於生活的價值和學習的目的。

楊振寧：當然，如果你去日本，你會看到他們永遠在討論這個問題。他們說今天的小孩不再跟過去的小孩一樣努力學習。這可能是真的。可是我想，相對於美國小孩的教育水平來說，日本小孩是截然不同的。

Moyers：日本人似乎把中西方的科學哲學混合起來，採用了最適合他們的方法。

楊振寧：很多年以前，一個哈佛的社會學家 Vogel 寫了一本書分析為什麼日本的工業產品處於領先的位置。他解釋的主要原因之一是日本人注重教育。這不是說“讓我們撥給學校更多錢”就可以解決的。

Moyers: 日本的人口只有我們的一半，每年培養出來的科學家和工程師卻是我們的兩倍。你對這件事有什麼看法?

楊振寧: 他們比美國社會更有秩序。我們知道戰後，在他們非常貧窮的時候，他們齊心協力——政府和人民一起——在一個接一個的行業中勝出。大概到了50年代中期，他們在造船業排名第一。然後他們又在電子、汽車工業中領先，如今又走進了計算機領域。

中國人跟日本人都信奉有幾千年歷史的儒家哲學——可是也存在很大的分別。日本人跟中國人就像德國人跟法國人。日本人有秩序得多，他們還知道最先要做的事情是發展經濟——而且他們就全力向此發展。現在我聽說他們意識到自己的經濟好了，至少與很多其他社會相比是更好，他們就想在基礎科學上勝出。可是他們在過去四十年裏對基礎科學不如應用科學那麼注重。

Moyers: 基礎科學一直是我們的強項。現在他們在追趕着我們。

楊振寧: 這是非常厲害的。如果你有一億二千萬人，那一定會有非常多聰明的年輕人，而且如果你有資金，又知道如何組織起來鼓勵這些年輕人走進他們能夠成功的領域，他們一定會做得很出色。日本的基礎科學跟美國的基礎科學今天還不是在同一個水平，可是他們提高得很快。

Moyers: 對於一個社會來講，基礎科學失去競爭力意味着什麼？

楊振寧：對於美國來講，這會非常糟糕。我想，說這個世紀是美國的世紀是不錯的。美國自然資源豐富、人口衆多，一直以來存在着一種美國精神。現在由於跟日本在工業上的競爭，這種美國精神不如以前那麼受到重視。可是在科學方面，大家仍相信美國是第一。美國失去這個地位的話會大大打擊整個國家的士氣。

拿生物工程作例子，從經濟角度上講，這是科學發展中一個既激動人心又最為重要的領域。目前美國排名第一，可是日本緊居第二，而且他們快速進步。生物工程有深厚的經濟內涵。許多人認為，再過 20 年，生物工程的經濟回報與計算機科學會一樣多。這也是日本不遺餘力地發展這個學科的道理。

Moyers：這是從應用方面講基礎科學的重要性。精神方面呢？在你研究的學科中有沒有任何關於人生的答案？

楊振寧：在日常生活中，最吸引基礎科學家的不大可能是他所做的研究的實際應用，而是他用某種方法瞭解了自然，瞭解自然是使人敬畏的。

Moyers：當你談及這個的時候，你的眼睛就閃爍着光芒。

楊振寧：是的，因為我們的工作就是想用少數的方程式概括出宇宙的基本結構。雖然這些方程式看上去非常簡單，可是它們包含了我們日常所見的大部分東西的基本規律。我們知道一切都是由原子和分子組成的，而原子和分子是由電子和核子組成的。現在我們已經成功地分裂核子，知道核子是由質子和中子構成的，等等。這些粒子之間存在着相互作用力，這些力就是我們日常所見的各種力的基礎。我們日常所見的這些力，包括男女之間的吸引力，原本是化學力，而化學力基本上是電力和磁力，我們對此十分清楚。上個世紀的 Maxwell 先生給我們寫了一些方程式，只有四行，可是它們全面地、準確無誤地描述了電磁力。隨着後來的發展，我們知道這些方程式準確度達到百億分之一。

如果你有一個極聰明的研究生，你可以把他關在房間裏說："你現在計算一下電子的磁矩。"如果他夠聰明，而你又傳授他足夠的知識，不用幾個月他應該就能得出一個 11 位小數點的數字，而且完全與測量到的數據一致。你想一想，他什麼都沒有，只用了少數幾個方程式。這證明人們會用無法想象的準確方法來看透自然的結構。很多年前古希臘人以為一些基本的和諧是宇宙的基本結構。我們現在才半懂得這種和諧是什麼。他們用了"對稱"一詞來描述和諧，可是現在我們比他們對對稱的理解要深得多。

Moyers：你覺得對稱是什麼意思？

楊振寧：對稱同時指兩個觀念。一是字面上的意思。當我們看見一道彩虹，我們說它非常對稱；當我們看見圓的東西，說它也是對稱的；當我們看見一個多次重復的圖案，我們也說它非常對稱。所以，對稱有一個日常用的意思。不可思議的是，對稱有另一個意思，而它卻是 Maxwell 方程式的基礎。我們現在知道，Maxwell 方程式實在起源於對稱。這種對稱與我們日常中對對稱的理解有相似的內涵，可是它是以抽象得多、成熟得多的數學形式來表現的。這種對稱解釋了原子的運動規律、分子的運動規律、為什麼有化學力——所以，這真是難以置信的發展。

Moyers：它怎麼解釋宇宙的根本結構呢？

楊振寧：它說宇宙的根本結構是建立在某種非常簡單的原理上，這些原理可以用極深刻、極微妙的對稱概念來描述。

Moyers：為什麼我要在乎這些？這與我作為一個市民還是作為一個個人有什麼關係呢？

楊振寧：回答這個問題最容易的方法是看我們周圍用電的照明燈。我們現在之所以能夠這樣運用電就是因為上個世紀有 Maxwell 這樣的人，還有 Maxwell 之前能理解電的結構的 Faraday。

Moyers：因此如果我們明白這些，我們就能夠控制它、引導它、運用它。

楊振寧：你說得對。如果上個世紀沒有瞭解電，20 世紀不可能是今天這個樣子。今天所有一切都依賴於電。想一想，如果你不能運用電，一切就都不靈了，世界會完全不同。當我們真正瞭解事物的基礎結構，根據經驗，我們將能夠大範圍地應用它。

你可能會問："那在 Maxwell 之後，接着是什麼？"接下來我們懂得了化學結構。化學結構在核子外面，它們很強，我們對它們的認識決定了我們今天所看到的一切。可是，還有比化學結構強大一百萬倍的力存在核子裏面，我們已開始瞭解其結構。你可能會問："我們是不是很快就可以運用我們在這裏面所獲得的知識？"我不知道怎麼回答這個問題。我只知道當我們徹底瞭解它的時候，既然它是強大得多的力，那麼就有可能駕馭它。可是我不能預測是什麼時候。

Moyers：你說核子比原子小，核子裏面的力——

楊振寧：我們已經知道的是原子彈和反應堆都是建立在對核子的認識上：核子裏有強大的力。然而，這並不足夠，因為40年代人們運用來釋放核子裏的能量的知識只是描述性知識，不是基礎知識。我們尋求的是真實的基礎結構，是核子的內部結構的 Maxwell 方程。

Moyers：在你有生之年我們能不能尋求到?

楊振寧：這是很好的問題。我不知道。也許不能，因為要做這件事，我們需要用非常高能量的加速器來打開核子裏面最小的區域。而這一切需要越來越多的資金。

Moyers：我採訪了 Steven Weinberg 博士，他講到你們物理學家如何尋找越來越小的粒子。之後，我收到一位觀衆的來信說："粒子物理學使我想到一個人用石子打窗户，然後把玻璃碎片分類，一直到他覺得有必要把每一片再摔成更小的碎片，指望着能知道窗户是什麼東西。"他又說："是不是有可能研究了碎片時卻失去了意義。"

楊振寧：先讓我來評價他所給的例子。這個例子完全錯誤。說我們用快速的粒子撞擊核子，核子被打成很多碎片是正確的。如果物理學僅僅對把這些碎片分類感興趣，那麼它會是一個毫無用處的領域，不能吸引我們。相反，我們發現這些非常複雜的現象裏有一些規律，它們可以歸納為一些方程式，而這些方程式與實驗出奇地吻合。因此，我們知道自然有一種秩序。而且我們可以瞭解這種秩序，因為過去的經驗告訴我們，當我們做更多的研究，我們會瞭解物理學裏許多新的和非常美妙的秩序。

Moyers：美妙？

楊振寧：是的，因為如果你能夠把許許多多錯綜複雜的現象概括成幾個方程式，那是非常美妙的。

詩是什麼？詩是思想的濃縮。你把非常複雜的思想用幾行文字來表達，你寫的就變成了一首非常美麗的詩、一首有強大感染力的詩。我們尋求的方程式其實就是自然的詩篇。

Moyers：你讓我覺得也許詩人比你們物理學家已搶先了一步。畢竟，以前有 Blake，他說自一顆沙看宇宙。

楊振寧：是的，那是一首非常美麗的詩。當我們面對着一個濃縮的自然秩序時，我們就有 Blake 的詩所描述的那樣感覺。而當我們意識到這是自然的秘密時，我們通常會深深感到敬畏，好像我們看到一些我們不應該看見的東西。

Moyers：不應該看見？禁地？

楊振寧：是的，因為它有一種神聖的、威嚴的氣氛。當你面對它的時候，你有一種這本不應該讓凡人看見的感覺。我經常把它形容為最深的宗教感。當然，這把我們帶到一個沒人能回答的問題：自然為什麼是這樣？怎麼可能把各種形式的力都捕捉於一條簡單、美妙的公式裏？這是一個人們經常討論的問題，但是沒有答案。可是我們確實有一些成功，而且能做的還更多，當然，這也是引誘我們繼續前進的東西。我們想建造這些大機器的原因並不是因為我們想花 40 億公共資金，也不是因為我們喜歡把粒子分類。這些根本不是原因。原因是這裏面有極美的、神秘的、可能有大威力的東西——同時也是非常美妙的。

Moyers： 隨着你們越來越深入的研究，是否有一些跡象向你暗示了在宇宙的某處存在着一位複雜的智慧，是這些美妙的結構的創造者，暗示了有一位藝術家或作曲家在譜寫這些詩篇？

楊振寧： 但願我知道怎麼回答這個問題。事物以這種方式出現不可能是偶然的。你有美麗的事物，有濃縮的事物，同時又有它們表現出來的無窮的複雜性。這是絕對奇妙的。為什麼是這樣呢？我不知道怎麼回答。

Moyers： 人們試圖去瞭解的是：人不只是一堆質子和中子，或一個夸克的旋渦。人們不願意相信人只是如此。

楊振寧： 這樣說當然有些對的地方。畢竟，什麼是電腦？一部電腦只是一堆電綫。可是一個電腦可以做許多事，比人們能做的要多得多。如果你問我這個問題："為什麼存在着人類？我們為什麼有大腦使得我們能夠做這些深入的研究？"——我不知道怎麼回答。這些是帶有濃厚的宗教味道的問題。

現在這種問題經常引向另一個討論。我們可能有一百億個神經元。每個神經元有大概一萬到十萬個神經鍵。因此人腦是非常複雜的東西——然而，它是有限的。我相信我們的理解能力是有限的，因為我們的神經元是有限的。所以，人類瞭解最微妙的、最美麗的、最複雜的方程式的能力最終有一個極限。然而，我覺得我們並不需要擔憂，因為要在很久以後才會到達這個極限。也許接下來的許多世紀，我們都不需要擔心這一點。

Moyers： 與此同時，我們如何點燃年輕人尋求你所經歷的，和你在談話中所表現出來的，激情和積極性？我們如何讓小孩對這種經歷也發生興趣?

楊振寧: 這需要大家一起努力。你顯然也在盡你的一份力量:通過採訪科學家,你可以讓別人看到科學行業的基本吸引力。在千千萬萬觀看你的節目的小孩當中,一小部分可能受到激勵,說:"這就是我想做的事情。"而且並不需要太多人來從事你這一行業。另外一方面是家長和社會應一起協力挑選能夠做重要研究工作的小孩並給他們機會——家長和社會要合作——以便小孩能夠意識到他們做科學研究的確能夠發揮自己的能力。通過這些努力,科學會繼續迅速發展。在過去兩個世紀裏,科學已經取得驚人的進步。

Moyers: 現在每個人遇到問題都求助於科學,即使他們並不懂科學,從如何治癒艾滋病,或者把人送上月球。科學是否已經成為一種宗教?

楊振寧: 我不如此認為。我認為科學只是變成了每一個人都知道必須注意的東西。可是並不是所有的人都相信科學,許多人對科學不滿意。在美國社會,有週期性的反科學情緒,說環境變壞了等等都是科學家所作所為。因此我不認為我們應該把科學與宗教等同起來。可是科學在每一個人的生活中在扮演着越來越重要的角色,這是非常明顯的。將來很可能還更明顯。

一篇訪問記

這是香港《鏡報月刊》1990 年 2 月號所刊登的一篇訪問記。訪問者是林文。

美籍華裔著名物理學家楊振寧教授最近走訪了中國北京、上海、南京、杭州、廣州、深圳等城市。一月十六日他在本港接受了本刊記者的訪問。楊教授說他此行獲得的總印象是，目前中國並不像海外傳聞那樣有極度動盪和不穩定的危機。他認為十年改革使中國經濟實力更加雄厚，而中國在五六十年代就已培訓出一大批基礎扎實、素質甚高的科技人才，只要善於將他們的潛能釋放出來，使科技成果轉化為財富，中國的富強是可望的。他又認為中國應當改變留學生學成後一定要回國的觀念，才能更好地發揮留學生的作用。

以下是訪問摘錄，未經被訪者過目，若有錯漏，由本刊記者負責。

六四造成的困難正在克服

楊振寧教授首先談了對六四事件後中國前景的總看法。

他說，六四後中國存在很多困難，我這次回國就發現許多旅館空空如也，據說都有較大的虧損，不過，從長遠觀點看，我對中國的前途還是有信心的。現在已經可以看到，外交上的困難、經濟上的困難，都在逐漸克服。

接着，楊教授以海外關注的經濟特區為例，來印证他的觀點。他說他一月十五日剛到深圳參加香港億利達工業發展集團有限公司獨資興建的深圳億利達大廈的開幕典禮，感到這個精密機械等多種外銷產品的工業集團大有發展前途，因為中國的人工實在太便宜了，且深圳與香港只有一水之隔，來往非常方便。他又說他看到李灝市長對深圳的發展前途有十足的信心。他們向他提供的一個例证是深圳飛機場八八年才修建，九一年就可啟用，修建速度之快說明中國只要決定做一件事，是一定可以做到的。

海外有些人在六四後對中國缺乏信心，認為中國處於動盪和不穩定之中。楊教授說他個人的感覺是，中國對海外有些東西不瞭解，海外對中國也有很多地方不瞭解。如果你到中國看一看，跟各階層人士談一談，你會發覺你得到的印象，和從海外報紙得到的印象很不一樣。六四以後海外報紙給我的印象正如有的人所說，整個中國處在動盪和不穩定之中，這和我六四後先後在北京、上海、南京、杭州、廣州、深圳等市所得的印象完全不同，我不覺得中國是在動盪和不穩定之中。有沒有問題？有。有些人甚至有種種不滿。但沒有海外報紙所說的那種動盪。

楊教授進一步說，香港人所說的信心有兩種：一種是香港人自己的信心；一種是香港猜中國人自己的信心。二者是兩回事，不能混淆。現在國內普遍的現象是物價下跌，尤其是一些電器等高級商品，跌幅更大。其中一個重要原因是人們沒有大量搶購儲存物資。人們沒有只要物資不要鈔票的恐慌，就是對政府的信心沒有動搖的最好說明。

談及在東歐劇變影響下中國的學運會不會再起的問題，楊教授說，就他所到的地方來看，學生遊行示威的現象少之又少，尤其是在北京以外的城市。一月十五日他在深圳見到從內地前來參加億利達大廈開幕式的五間大學的校長，包括中國科大的谷超豪、上海交大的翁史烈、浙江大學的路甬祥、東南大學的韋鈺和西安科大的保錚，向他們瞭解學生的動態。校長們都說不覺得學校要有動盪的事情發生。有些學生可能有情緒，但都是不成氣候的。楊教授認為，假如再有學生遊行示威，一定是在北京。他今次到北京只呆兩天，去過北大，但沒接觸到學生，表面上看，校園很平靜，校警也沒有荷槍，氣氛並不緊張。至於校園內是否有便衣，則不得而知。據說羅馬尼亞壽西斯古倒臺後，有些學生要求集會遊行慶祝，但不被允許。

楊教授着重指出，他今次去中國，所到之處，總的印象是一般人並沒有惶惶不可終日而覺得這個政府很快就要垮臺了。

經濟起飛無須民主促成

問及中國的物價下跌是否暫時現象，楊教授同意這個看法。他說他曾經問過中國商業部長胡平等領導人，他們都認為中國在本世紀末實現“翻兩番”的目標，是完全沒有問題的。不過，楊教授認為目前中國經濟仍未擺脱困境。他說，中國經濟要發展，必須採取一個很重要的措施，就是使相當多的企業朝私有化的方向走。因為今天在世界上已經看得很清楚，私有化企業效率高，公有化企業效率奇低。

至於民主與經濟的關係，楊教授同意新加坡李光耀總理最近接受香港記者訪問所表述的觀點，即經濟的成功並不意味着必須同時進行民主政制改革。他認為李光耀雄才大略，並非信口開河。他說，民主並非不好，但經濟起飛不一定要民主促成，不民主的國家經濟也能起飛，這樣的例子在世界上太多了。

楊教授接着說，美國是相當民主的囉，但它現在危機重重，雖還不能說病入膏肓，但它的黃金時代已經過去。美國社會有許多不治之症，如愛滋病、毒品、治安不好、年輕人不願努力等等。紐約、華盛頓、芝加哥等大城市都有一些窮人聚居的危險區，汽車駛過這些地區，若不關緊窗門，往往會遭搶劫。以前美國宗教約束力很大，現在宗教的力量瓦解了，父母對子女的道德影響也少之又少，這樣下去，再下一代人的素質會更差。

中國科技成果是歷史奇跡

中國在“五四”運動時期就提倡用“德”先生（民主）和“賽”先生（科學）救中國，七十年過去了，中國今天要富強，仍有賴於“德”先生和“賽”先生，使人感到中國的發展太慢了。楊教授則認為，“賽”先生在中國已有很大的影響，這是中國共產黨的功勞。

楊教授說，今天中國的科學是很進步的。也許香港有些人看不到這一點，所以很有點看不起中國。中國也許電梯沒有日本造得好，銀行沒有香港管理得好，可是，如果以中國開設的研究所和大學招收的研究人員數目之巨，研究方向之多，水平之高，訓練之扎實，和香港、臺灣比較，則完全屬於不同階層。而這一點又很容易被香港人忽視。

楊教授認為，中國科技的巨大成果可謂歷史上的一個奇跡。中共建國頭十五年，在物理、化學、地質等一切方面都培養了大批人才，包括每一學科各個環節的人才，終於在一九六四年成功地爆炸了第一顆原子彈。原子彈的爆炸，成功表明中國具有各種學科各個領域的人才。要爆炸原子彈，需要先探鈾礦，然後要會開採、提煉，還要有化學、冶金學、爆炸學、核物理等各方面的知識和技術……。這許許多多人才都是那十五年裏培訓出來的。去年美國史丹福大學教授路易斯出了一本名叫《中國製造原子彈》的書，就是講的中國在十五年內製造原子彈的歷史的。該書詳細介紹了中國怎麼動員了最高領導人、尖端科學家，怎麼讓這些科學家去訓練一批又一批的年輕科技工作者，怎麼組織各方面的力量，同心協力地為製造原子彈而作出貢獻。這是一項長期艱苦細緻的科學技術研究和創造工作，但中國終於成功了。其影響之大今天已日益顯現出來。

在原子彈爆炸半年前，當中國科學家們確信爆炸一定成功之後，遂即投入氫彈的研製工作，結果在原子彈爆炸之後兩年零八個月，即一九六七年，成功地爆炸了氫彈，轟動了全世界。那時全世界只有蘇、美、英能造氫彈，法國雖已有原子彈，但氫彈研製尚未成功，後來雖也爆炸了，但前後花了八年時間；那時中蘇關係惡化，赫魯曉夫還向西方保证蘇聯沒有向中國提供研製氫彈的技術秘密，中國不會爆炸氫彈，但是中國僅僅用了兩年零八個月的時間，就使氫彈爆炸成功。這個奇跡顯示中國已進入世界尖端科技行列，顯示中國已經培養出一大批有氣質肯努力的尖端科技人才，顯示中共領導人具有組織研製尖端科技項目的能力。正如路易斯在書中所說，當時的聶榮臻元帥為此所作的一系列戰略上的部署，現在看來都是對的。

楊教授也尖銳地指出，中共不懂得做的事情是，不會計算產品的成本。他說，中共一旦決定研製某件產品，總是不計成本，志在必得。原子彈的爆炸，氫彈的成功，火箭的上天，都是明证。可是從經濟觀點來看，要使一件產品打入國際市場，不僅要會製造，還要成本低，才能賺取利潤；如果只求製造不計成本，那就會虧本。中共長期以來都沒有計算成本的觀念，近幾年才逐漸懂得計算成本的重要性。中共建國初期有個“填補了一個空白”的名詞，凡是能夠研製出一件過去沒有的新產品或先進產品，就叫“填補了一個空白”，這是有道理的。但光會出產品還不夠，還要做到物美價廉能賺錢，這就非計算成本不可。這是中國現在最需要學的。

楊教授還認為，中國從爆炸原子彈的時候起，就有了一支能夠製造尖端科技產品的堅強隊伍，這是值得珍惜的。中國應當將發明原子彈、氫彈、火箭等各種尖端科技產品的科學家的名單公諸於衆，才能更好地激勵年輕一代為科技的發展作出貢獻。美國，甚至蘇聯對尖端科技發明家的名字是公開的，中國則予以保密，以致許多人對氫彈原理的發明家于敏的名字都很生疏，這不是好的現象。

十年改革經濟成就了不起

談到怎麽評價中國十年改革開放的問題，楊教授認為，十年改革開放獲得的經濟成就是了不起的。他說，美國的百貨公司五年前你很難找到一件中國產品，現在則多的是。比如中國的自行車（脚踏車），五年前在美國是鳳毛麟角，現在每年出口兩百萬輛，如果正常發展下去，出口很快就能達到八百萬輛，超過臺灣。臺灣的自行車，五十年代還很少出口，後來獨霸了世界，現在中國大陸漸漸要把臺灣取代了。像這樣的出口商品，如果來它幾百項，中國的經濟實力就雄厚了。中國的外貿現在每年已達到四百億美元。這個指數很重要，如果每年對外輸出的平均增長率能夠維持在百分之九，那就用不了十年，只需到一九九七年，“翻兩番”的目標就可實現。

派遣留學生

中國對外開放以來，留學生逐年增多，但不少留學生學成不歸，六四以後，不歸者更多，以致中國政府不得不檢討和修訂留學生政策。對此，楊教授認為，不要把留學生不願回國的問題看得太嚴重，他說幾年來他一再跟中國領導人談到，留學生多不願回國，是普遍現象，並非中國特有的。既然其他國家的留學生可以不回國，中國留學生就會想，為什麼我們要和人家不一樣？加以我們這些國民黨時代出去的留學生，不少還學有所成，無形中也給現在的留學生增添了不歸的理由。但這又有什麼可怕的呢？今天在留美的研究生中，以中國大陸和臺灣的最多，各有二萬七千人左右，臺灣每年留美的研究生數目也和大陸差不多，都有幾千人，但臺灣人口只有大陸的六十分之一，相形之下大陸留學生少之又少。五十年代、六十年代，臺灣報紙也經常討論人才外流的問題，但沒有作用。而實際上臺灣人才外流並不影響臺灣經濟的起飛。因為臺灣還有更多沒出去的人才，他們發揮了作用。至於大陸沒外流的人才就更多了，所以留學生不歸併非大問題，之所以變成一個大問題，是大陸自己拼命宣傳，自己吵起來的。

楊教授還認為，中國政府可以向留學生表示，不僅不反對他們留在美國，而且歡迎他們做中美貿易的橋樑。眼光放遠一點，對中國是有好處的。比如，舊金山的硅谷區，是美國研究和製造電子計算機的密集之地，中國在那裏的留學生也不少，由於他們瞭解美國市場的需求，如果其中之學而優者兼有企業能力的留學生能夠組織公司，對於開拓中國有關產品出口賺取外匯相信會有幫助。中國教育界很多人士都贊同這種設想。

楊教授說，他並非阻止中國留學生回國，而是覺得如果花了很大的力氣，弄得感情破裂，又沒能使留學生回來，豈不是做得很不聰明，何況留學生留在美國並不見得對中國不好，許多方面可能有很大的正面作用。臺灣留學生早年學成而歸的只佔百分之十至二十，其中有些人就是從硅谷回去的，他們把臺灣計算機工業搞上去了，現在臺灣計算機每年的銷售額已經達到三十多億美元。假如臺灣五十年代就將這批留學生拉回去，現在就不見得有這個成果。

楊教授又說，中國若要留學生按期回國，可將留學生派往英國、日本和歐洲，因為那些地方不大接納外國人。

總而言之，楊教授認為，中國領導層應當改變留學生學成後一定要回國的觀念。如果觀念上認為應有百分之九十的留學生回國，那當然會覺得現在失敗極了；如果把這個觀念放棄，從長遠觀點去看，就會覺得是件好事。

楊教授指出，中國雖然有幾萬人出國留學，但國內的人才仍然很多，中國有一大批基礎扎實、素質甚高的科技人才，關鍵在於怎樣將他們的潛能釋放出來，將科技成果轉化為財富。這是中共有關方面應當認真考慮的。

後記（楊振寧）

前些時候出版本書的簡體字版時，漏掉了這篇訪問記。現在補載於此。

對稱和物理學

原文 "Symmetry and Physics", 載於 *The Oskar Klein Memorial Lectures*, Vol. 1, ed. G. Ekspong, World Scientific, 1991. 譯文載於《二十一世紀》1991 年 8 月號, 總第 6 期。譯者: 李醒民。

早期階段

對稱概念像人類文明一樣古老。它是如何誕生的，也許是一個永恆的秘密。但是，生物世界（圖 90e. 1）和物理世界（圖 90e. 2）中的令人驚奇的對稱結構，必定給先民們留下了深刻的印象。人體的左右對稱也不會不激起先民們的創造天性。很容易想象，越過這一早期階段，對稱概念被抽象出來了，起初也許下意識地，後來便以比較明確的形式抽象出來。隨着文明的發展，對稱逐漸蔓延到人類活動的各個領域：繪畫、雕塑、音樂、建築、文學等等。圖 90e. 3 展示的是稱為觚的青銅器皿，其年代在距今約 3200 年的中國商代。它的雅致的外形揭示出藝術家對對稱形式之美已有周密的理解。圖 90e. 4 展示的是宋代大詩人蘇東坡（1036—1101）寫的一首詩，它由八個豎行組成，每行七個字，這是標準的中國詩的形式。這首詩可以豎直向下讀，從右邊第一行開始，接着讀第二行，依次類推。但是，它也能夠倒着讀，從最後一行（第八行）底部向上讀，接着按同樣的方式讀第七行，如此等等。用這兩種方式讀來詩都很美，都具有正確的音步和恰當的韻脚。

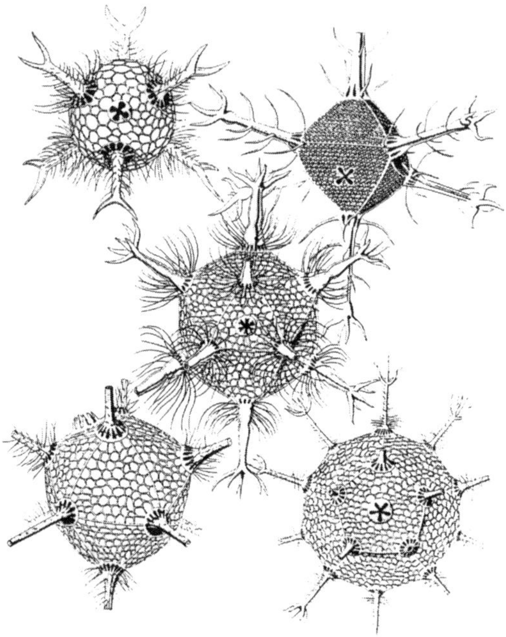

圖 90e. 1　放射蟲的骨骼

圖 90e. 5 是巴赫（J. S. Bach，1685—1750）的 Crab 輪唱曲，它是一個小提琴二重奏，其中每個小提琴的樂譜是另一小提琴樂譜的時間反轉的演奏。我們很難判斷，蘇東坡的詩或巴赫的樂曲二者之中哪一個更難創作。可以肯定的是，二者都起因於藝術家對於對稱概念的感染力的深刻鑒賞。

圖 90e. 2　雪花

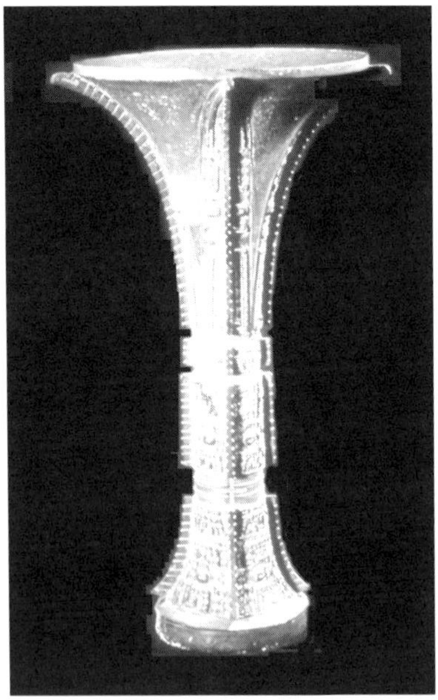

圖 90e. 3　青銅器觚

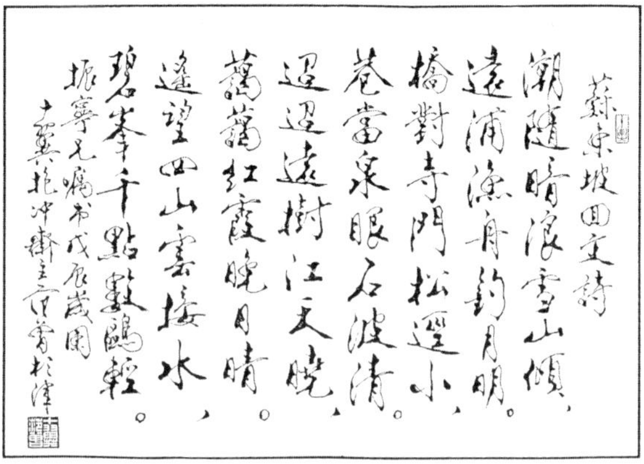

圖 **90e. 4** 蘇東坡的回文詩。這首詩既能倒讀也能順讀（作者感謝範曾先生的書法）

圖 90e. 5 Crab 輪唱曲，J. S. Bach

對稱概念最早進入科學，也許可以上溯到古希臘的數學家和哲學家。衆所周知，希臘人發現了五種規則立體，它們是高度對稱的（圖 90e. 6）。這使某些權威認為，歐幾里得（Euclid，約公元前 300 年）匯編《幾何原本》實際上就是為了證明這五種規則立體是僅有的規則立體。儘管這一理論可能正確，也可能不正確，但是我們的確知道，希臘人因這個發現，甚至於把宇宙結構的基本元素與這五種對稱的立體聯繫起來。以下我們將提到開普勒（Kepler，1571—1630）在科學時代的開始怎樣想把這些規則立體與行星的運行軌道聯繫起來。

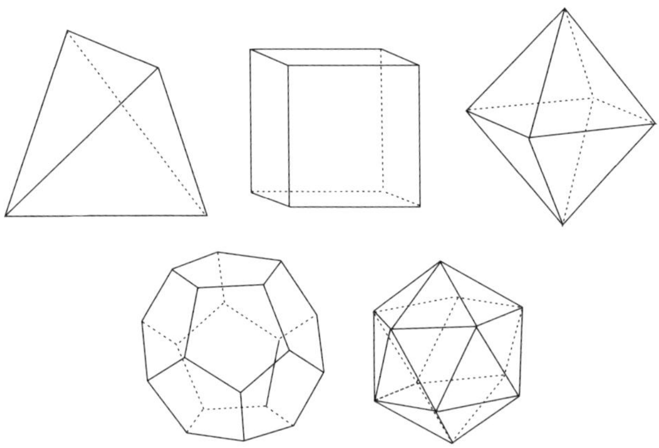

圖 90e. 6　具有最大對稱的五種規則立體

希臘人對對稱概念是如此着魔入迷，以致他們用“球之和諧”與“圓之教條”的觀念為主導思想，按照這種觀念，天體必須遵守最對稱的法則，而圓和球是最對稱的形式。然而，天體並非做簡單的圓運動。於是，他們力圖使天體的運動符合在圓運動上疊加的圓運動。當這樣想法沒有奏效時，他們又使叠加在圓運動上的圓運動，再一次叠加在圓運動上，如此等等。

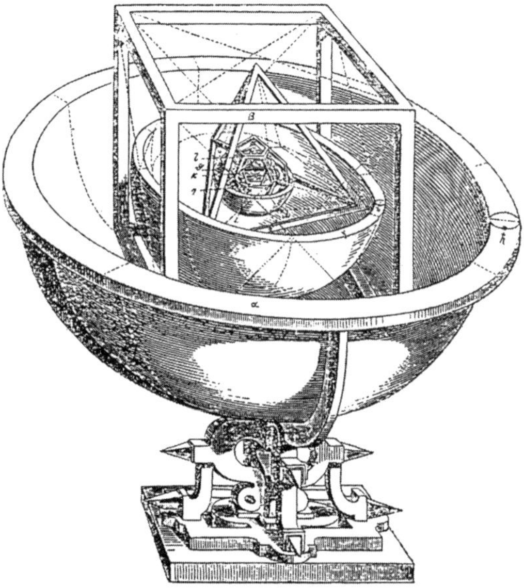

圖 90e. 7　開普勒的結構

“球之和諧”至少阻礙了天文學的進步一千五百年。不過，這種觀念的影響並不是完全消極的。當開普勒開始天文學家的生涯時，他繼承了希臘人對於對稱的迷戀，幷力求發展一種基於五種規則立體的行星軌道之直徑比的理論（圖 90e. 7）。他已對哥白尼（Copernicus，1473—1543）的日心體系深信不疑。當時已知有六個行星：土星、木星、火星、地球、金星和水星。開普勒設想土星是用一個大球描繪的，接着他構造的一個正立方體。在這個立方體內，且內切於立方體，他設置了另一個球描繪木星，在該球中內接着他構造了一個正四面體。在這個正四面體內，且內切於正四面體，他設置了下一個球描繪火星，依次類推。五種規則立體就這樣提供了六個球之間的內插物。他接着計算這些球的直徑之比，並把它們與觀察到的六個行星軌道直徑之比進行比較。這個步驟取決於五種立體——立方體、四面體、十二面體、二十面體、八面體——的次序。這種次序共有 120 種排列可能。開普勒一一試驗了它們，發現圖 90e. 7 所示意的次序最接近天文學數據。

當然，開普勒的理論是完全錯誤的：我們今天知道，在他的六個行星之外還有其他行星，而只有五種規則立體可用於內插。但是，按照他自己的看法，他後來發現的著名的開普勒三定律，卻是受到這早期的努力促動的。而大家都知道，開普勒三定律本身是牛頓（Newton，1642—1727）後來建立近代物理學整個大廈的基礎。

我們也應該強調，儘管開普勒在圖 90e. 7 所表現的思想是錯誤的，但是他的探究方法卻完全與當今基本粒子物理學中所使用的一種方法相似：為了解釋物理學中某些觀察到的規則性，理論家力圖使它們與起因於對稱觀念的數學規則性相匹配。如果有幾種匹配方式，理論家便一個接一個地試驗它們。這種努力通常是失敗的。但是，有時候在所使用的對稱意義或對稱類型中，發現了新穎的方面，從而取得進步。偶爾，這一進步竟能導致基本物理中意義深遠的新概念的產生。

19 世紀：群和晶體學

在 19 世紀，一個重要數學觀念逐漸形成，它後來成為數學中最深刻的概念之一。這就是群的觀念。雖然有些數學家早已有群的概念，卻是伽羅瓦（Galois，1811—1832）在1830年以其對五次多項式方程不可解性的出色解決，顯示了這一概念的威力。因此，人們一般都說伽羅瓦首創了群的概念。該概念在19世紀後期獲得了廣泛的發展。在19世紀80年代，索菲斯·李（Sophus Lie，1842—1899）推廣了群的思想，創造了連續群（或李群）理論。群和連續群的概念是對稱概念的最好數學表示。

在物理學方面，晶體學是一個重要的研究領域。按晶類把晶體分門別類是很自然的，同一晶類的晶體具有許多相同力學特性、熱特性和電特性。晶類與數學的群論的關係並不是一個顯而易見的思想，是經過了數十年的發展，才終於在1890年左右達到了晶體學家費多羅夫（Fedorov）以及數學家舍恩弗利斯（Schonflies）和巴洛（Barlow）的結論：每一個晶類都與一個空間群聯繫在一起，在三維中恰恰有230個不同的空間群。因此，存在着230個不同的晶類。

要詳細描述這一極其漂亮的、十分有用的發展，要用太多的篇幅。不過，我們可以闡明一下在二維中的同一數學問題的精神。圖90e.8（A）表示一個簡單的正方形格子，我們想象它向四面無限延展。它具有許多對稱：如果把圖形向右移一個單位，或向上移三個單位，或向下移一個單位接着向左移兩個單位等等，該格子依然保持不變。這些位移或它的組合稱為格子的“對稱元素”。還有其他的對稱元素：繞一個角旋轉90°或180°等，繞任何正方形的中心旋轉90°或180°等，這些都使得格子不變。這些元素也是對稱元素。人們也能夠相對於任一垂直綫或任一水平綫反映格子，或者相對於兩個垂直綫之間的任何中綫反映格子。所有這些元素也都是對稱元素。此外，如果人們相對於通過許多格子點的45°綫反映格子，那麼也能得到對稱元素。這一切對稱元素在一起搆成一個群，即二維空間群。我們說，圖90e.8（A）屬於這個空間群，反之亦然。

現在，讓我們轉向圖90e.8中的格子（B）。這個延展到無窮的格子也具有對稱元素。事實上，格子（A）的所有不包括反映的對稱元素也是格子（B）的對稱元素，這一點容易通過檢驗來證實。可是，任何反映卻不會使格子（B）保持不變，因為反映總是從字母d翻轉到字母b，而b在格子（B）中是找不到的。因此，任何反映都不是格子（B）的對稱元素。這樣一來，我們證明了格子（B）的空間群不同於而且小於格子（A）的空間群。

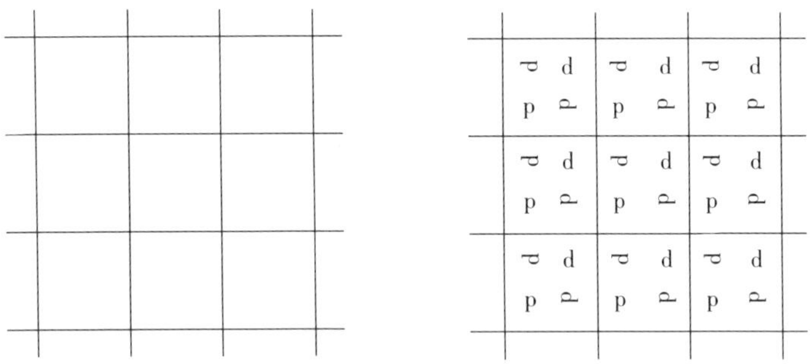

（A）　　　　（B）

圖90e.8　（A）簡單的正方形格子；（B）用字母d裝飾的簡單的正方形格子

圖90e.9展示了十七個不同的圖樣，其中每一個我們都想象延展到無窮。它們形成像浴室中的瓷磚鋪成的圖樣。每

一個圖樣都有它自己的空間群。第三排中心的圖樣與圖 90e. 8 的格子（A）具有相同的空間群。它的右邊的圖樣與圖 90e. 8 的格子（B）具有相同的空間群。容易證實，屬於這十七個圖樣的十七個不同的空間群都是不同的。這十七個空間群是在二維中僅有的空間群，這一點可以證明，但並非輕而易舉，是早先提到的定理——在三維中有 230 個空間群——的推廣。（在歷史上，三維中的問題首先被解決。推廣到二維中的比較容易的問題是後來解決的，這暴露了這些研究的物理實用起源。）

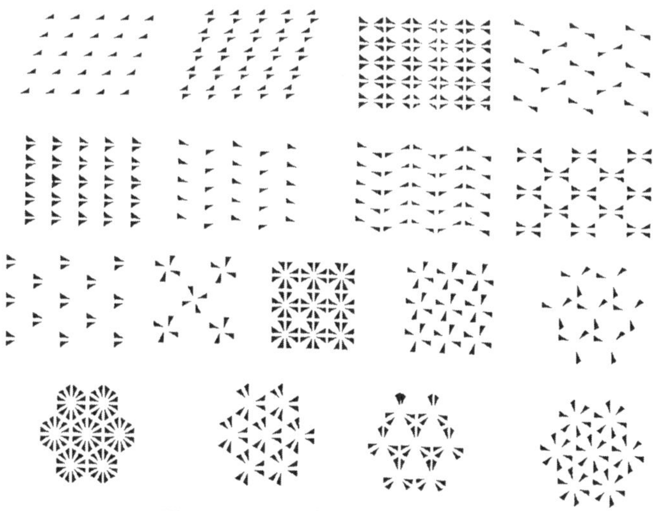

圖 90e. 9　十七個不同的二維圖樣

應用群論分析晶體學中的對稱概念，是向物理學家提供抽象數學中群的概念的雅致和威力的第一個例证。另外的例子在 20 世紀接踵而至，它們以深刻的方式影響了基本物理學發展的進程，我們緊接着將略述這一切。

20 世紀：擴大了對稱的作用

當愛因斯坦（Einstein，1879—1955）在 1905 年創立狹義相對論時，他也為空間和時間在抽象的數學涵義上是對稱的這一概念鋪設了道路。多年之後，1982 年在意大利埃利啟（Erice）的談話中，狄拉克（Dirac，1902—1984）問我，什麼是愛因斯坦對物理學的最重要貢獻。我回答說："1916 年的廣義相對論。"狄拉克說："那是重要的，但不像他引入的時空對稱的概念那麼重要。"狄拉克的意思是，儘管廣義相對論是異常深刻的和有獨創性的，但是空間和時間的對稱對以後的發展有更大的影響。的確，與人類的原始感受如此抵觸的時空對稱，今天已與物理學的基本觀念緊密地結合在一起了。這個對稱叫做洛倫茲對稱，是當時物理大師荷蘭物理學家洛倫茲（Lorentz，1853—1928）發現這一對稱的數學，而是年輕的愛因斯坦最早瞭解此對稱的真正物理含義。

與對稱有關的另一個重要進展是，在本世紀頭 20 年人們逐漸意識到，守恆律與對稱有聯繫。當然，從牛頓時代以來，守恆律已是人所共知的了。但是，只是在 20 世紀人們才認識到，動量守恆與物理定律的位移不變性（即位移對稱性）相關聯。角動量守恆也與物理定律的轉動對稱性相關聯。

在本世紀初之前的兩百年間，守恆律和對稱之間的關係未被人們發現，其原因何在呢？答案在於下述事實：在古典物理學中，這種關係儘管存在着，但不十分有用。當量子力學在 1925—1927 年間發展時，這種關係的重要性才實際上顯露出來。在量子力學中，動力學系統的態是用指明態的對稱性質的量子數標記的。與量子數一起，還出現了選擇定則，它支配着在態之間躍遷時量子數的變化。量子數和選擇定則是在量子力學之前通過經驗發現的，可是它們的意義只是在量子力學發展後藉助於對稱才變得一目了然的（圖 90e. 10）。於是在 1925 年後，對稱才開始滲入到原子物理學的語言中。後來，隨着物理學家深入研究核現象和基本粒子現象，對稱也滲入這些物理學新領域的語言中。

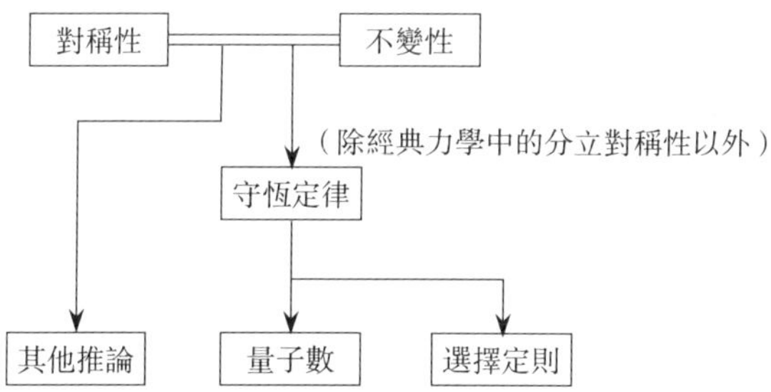

圖 90e. 10　基本物理學中運用對稱的示意圖

對稱在量子物理學中所以大大擴展了其作用，是因為量子力學的數學（希耳伯特空間）是綫性的[1]。由於這種綫性，在量子力學中存在着叠加原理。在古典物理學中，橢圓軌道沒有圓軌道對稱。在量子力學中，由於叠加原理，人們在與圓軌道（s 態）的對稱等同的立足點上討論橢圓軌道（p 態）的對稱性。事實上，所有軌道的轉動對稱在量子物理學中都是通過轉動群的表象理論——一個極其優美的數學分支——來同時進行分析的。

作為這些發展所給出的深入瞭解的另一個例子，是在 19

世紀發現的週期表的結構。週期表是一項偉大的發現，可是週期二、八、十八等是經驗數，這些數目是通過比較各種元素的化學性質而找到的。對於它們的來源當時沒有深刻的理解。在量子力學發展後，人們逐漸弄清楚，這些數目不是偶然的數目。它們可直接從庫侖（Coulomb）力的轉動對稱得出。這一發展中數學推理的雅致和完美，和物理結果的深度和複雜，大大地鼓舞了物理學家，增強了他們對於對稱概念的重要的認識。

在量子物理學中，對稱概念的意義深遠的結果的另一個例子是狄拉克預言反粒子的存在。我曾把狄拉克這一大膽的、獨創性的預言比之為負數的首次引入[2]，負數的引入擴大並完善了我們對於整數的理解，它為整個數學奠定了基礎。狄拉克的預言擴大了我們對於場論的理解，奠定了量子電動場論的基礎。

未曾料到的發展在1956—1957年間發生在下述發現[3]中：經過十分精確的觀察，發現左右對稱在弱相互作用中不是有效的。這在當時使所有物理學家大為驚異，是第二次世界大戰結束以來最激動人心的發現之一。它使對稱（和非對稱）概念在粒子物理學基礎中的重要性更增加了。

韋納爾·海森堡（Werner Heisenberg，1901—1976）和沃爾夫岡·泡利（Wolfgang Pauli，1900—1958）受到這一激動人心的場面的感染，開始在“具有高度對稱的場方程”方面合作。海森堡後來寫道[4]：

> 隨着沃爾夫岡在這個方向邁出的每一步，他變得更加熱情了——此前或此後，我從來也沒有看到他對物理

學這麼激動過。

在幾個月期間，他們是極為樂觀的，但是最後努力失敗了，結果以泡利向海森堡發起辛辣的、挖苦的攻擊而告終，這是 1958 年在歐洲研究中心（CERN）的一次會議上當着目瞪口呆的聽衆而進行的攻擊，這次會議的聽衆大多數是我這一代的物理學家。

對於對稱和非對稱的研究並沒有由於這次慘敗而減退。相反地在 20 世紀 50 年代末和 60 年代初，尤其是發現許多諧振之後，它變成了基本粒子物理學的佔統治地位的主題之一。圖 90e. 11 是從 1964 年的一篇文章中重印的，它表明了建立在李群 SU_3 基礎上的對稱，該對稱被命名為八重法（eightfold way）。

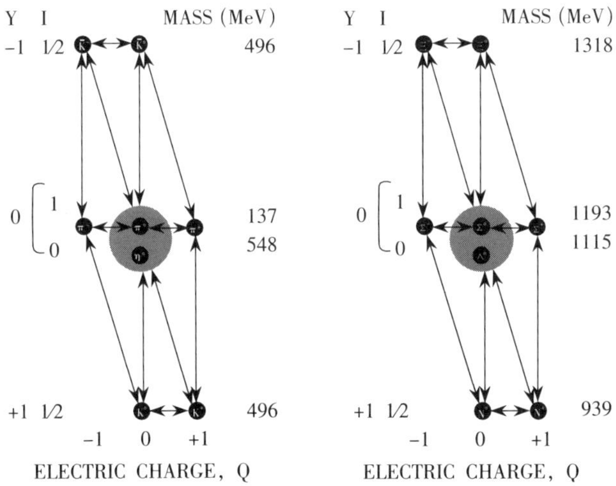

圖 90e. 11 粒子按照 SU_3 對稱的八重法分類

1964 年，由於關於時間反演與 *CP* 不守恆的發現[5]，另一個重大的激動席捲了物理學。這一微小的、難以察覺的效應在最近二十多年導致了許多極重要的發展。

20 世紀：規範對稱

圖 90e. 10 是在 1957 年為概括當時對稱觀念在基本物理學中的作用而作的示意圖。後來的發展大大地擴展了這種作用，以致在當今的 1991 年，那幅示意圖必須作重大修正，像圖 90e. 12 所示的那樣。其實，在基本物理裏面，對稱考慮起了根本的變化：從被動角色，變成了決定相互作用的主動角色——我把這一角色稱為[6]對稱支配相互作用。

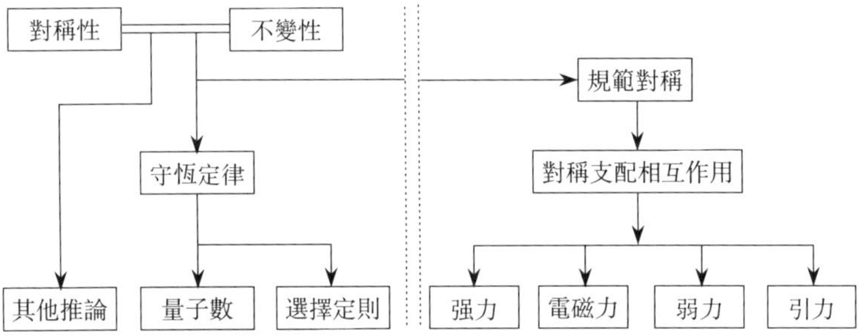

圖 90e. 12　1991 年修正了的圖 90e. 10

1954 年，由於注意到[7]，粒子的電磁相互作用僅僅由它的守恆量電荷來決定。這便產生了一個問題：其他守恆量也可以決定相互作用嗎？答案是肯定的，并且絕妙。它包含着從韋耳（Weyl，1885—1955）、倫敦（F. London，1900—1954）和福克（Fock，1898—1974）在 1918—1929 年間的工作中已發展的電磁規範對稱的推廣。電磁規範對稱建立在十分簡單的李群 $U(1)$ 的基礎上。推廣要求考慮比較複雜的李群，複雜的後果使得推廣的方程具有陌生的非綫性項，如下所示：

$U(1)$ 規範理論 推廣後的規範理論

（麥克斯韋理論）

$$f_{\mu v}=A_{\mu,v}-A_{v,\mu} \qquad f^i_{\mu v}=b^i_{\mu,v}-b^i_{v,\mu}-c^i_{jk}b^j_\mu b^k_v$$

$$f_{\mu v,v}=-J_\mu \qquad f^i_{\mu v,v}+c^i_{jk}b^j_v f^k_{\mu v}=-J^i_\mu \tag{1}$$

在這些方程式中，逗號表示微商。左邊的第一個方程是熟悉的高斯（Gauss）定律和法拉第（Faraday）定律的組合協變形式。左邊的第二個方程是熟悉的庫侖定律和安培（Ampere）定律的組合協變形式。右邊的兩個方程是它們的推廣。我們注意到電磁勢 A_μ 改成了 b^i_μ。上標從 1 到 n，這裏 n 是李群的維度。符號 c^i_{jk} 表示刻畫李群特徵的重要的結構常數。它們是整數，即正整數、負整數或零。

對於電磁現象而言，李群是 $U(1)$。關於這個群，$n=1$，從而我們能夠去掉上標。而且，$c^i_{jk}=0$，所有方程簡化為麥克斯韋形式。

就一般情況來說，$c^i_{jk}\neq 0$，所以一般規範理論方程含有非綫性項[8]。我們稍後將返回到這一點。

20 世紀 60 年代和 70 年代的發展趨向於這樣的觀點：強相互作用、電磁相互作用和弱相互作用都歸因於以不同李群為基礎的規範場；現在，這個觀點已被普遍接受了。人們也普遍同意，引力相互作用也歸因於一類規範場，不過由於規範自由度與自旋及坐標系統之間的微妙關係，以致引力作用今日還難以等價於規範場。這依然是物理學的一個十分突出的根本問題[9]。

在 1975 年發現[10]，物理學中的規範場概念與數學中的纖維叢概念有關。這一關係闡明了電磁固有的幾何意義，也闡明了阿哈羅諾夫—玻姆（Aharonov-Bohm）實驗和狄拉克磁單極的拓撲意義。

在 1975 年的這篇論文中草擬了一個術語翻譯表，它在表 90e. 1 被復製出來。這張表在數學家中間引起了濃厚的興趣。尤其是，數學家開始把注意力集中在源 J（參見表 90e. 1 中的“?”）概念上，他們先前沒有研究過這個概念，但是它在麥克斯韋方程和一般規範理論中對物理學家來說卻是如此根本和自然。源 J 在物理學中被定義為場強的散度。在數學家今天的記號中，這個定義變成

$$* \partial * f = J.$$

無源的情況滿足方程

$$* \partial * f = 0.$$

Translation of terminology

Gauge field terminology	Bundle terminology
gauge (or global gauge)	principal coordinate bundle
gauge type	principal fiber bundle
gauge potential b_μ^k	connection on a principal fiber bundle
S_{ba} (see Sec. V)	transition function
phase factor Φ_{QP}	parallel displacement
field strength f_μ^k v	curvature
source[λ] J_μ^k	?
electromagnetism	connection on a $U_1(1)$ bundle
isotopic spin gauge field	connection on a SU_2 bundle
Dirac's monopole quantization	classification of $U_1(1)$ bundle according to first Chern class
electromagnetism without monopole	connection on a trivial $U_1(1)$ bundle
electromagnetism with monopole	connection on a nontrivial $U_1(1)$ bundle

λ: I. e., electric source.

表 90e. 1　在規範場理論（物理學）和纖維叢理論（數學）中術語的翻譯

對這個方程的研究結果是極其富有成效的，它導致了拓撲學的驚人突破，唐納森（Donaldson）為此榮獲了 1986 年度的菲爾茲（Fields）獎。

我想就規範對稱作幾點附帶的討論：

（1）愛因斯坦的廣義相對論是對稱被用來主動地決定相互作用的第一個例子[11]。用今天的語言來說，愛因斯坦把切叢（the tangent bundles）用於他的對稱。切叢由於比其他叢更難以捉摸，因而難以用來推廣到其他叢。這就是薛定諤（Schrödinger，1887—1961）[12]、克萊因（O. Klein，1894—1977）[13]和其他許多人在本世紀 20 年代和 30 年代立足於廣義相對論的工作為什麼沒有導致一般規範理論的緣由。請比較一下注釋［9］。

（2）纖維叢是一個十分複雜的幾何概念。今天認識到它原來是基本場結構的必不可少的元素，這也許會使愛因斯坦感到高興，因為他曾多次強調（參見注釋［6］），基本場就其本性而言必須是幾何的。他也會因方程（1）的自然的非綫性而快慰，因為他曾強調指出[11]："真正的定律不可能是綫性的，而且也不可能從這樣的綫性方程中得到。"

（3）我在上面提到了克萊因的論文[12]，該文是他在 1938 年華沙會議上的報告。在今天這次奥斯卡·克萊因（Oskar Klein）紀念講演中，把讚頌之辭奉獻給這篇今日很著名的論文是恰如其分的，該文提出的場論其方程含有十分類似於上述方程（1）的非綫性項。克萊因是怎樣得到這些項的呢？答案在於，他從卡魯擦—克萊因（Kaluza-Klein）理論出發，該理論建立在廣義相對論的基礎上，具有非綫性項。

不幸的是，正如在討論（1）已經提到的，廣義相對論（即切叢）難以適用於推廣到其他規範場。這樣一來，克萊因沒有發現非阿貝耳（Abel）規範對稱，他的論文沒有產生多少影響。

（4）正如維格納（Wigner）強調的[14]，對稱一詞在通常用法中的意義比它在規範對稱中的意義截然不同。這一差異在圖 90e. 13 中顯示出來。我們將舉在古典力學和在量子力學中的氫原子方程轉動對稱作為對稱的例子。先看左圖：由該方程可得出一個橢圓軌道的解，通過圖 90e. 13 水平箭頭指示的轉動變換可以得到其他解。這些解表示不同的物理態。可是就右圖規範對稱而言，人們也能夠由方程的一個解通過圖 90e. 13 中水平箭頭指示的規範變換得到另外的其他解。可是所有這些解表示同一物理態。

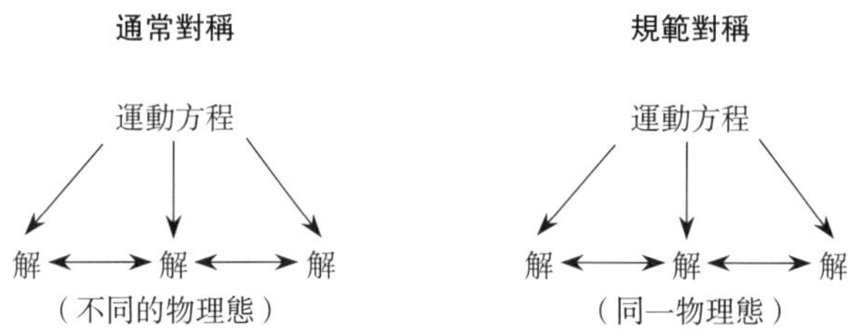

圖 90e. 13 通常對稱和規範對稱之間的差異的示意圖。水平箭頭表示聯繫各個解的對稱變換。對左列來說，這些解表示不同的物理態。對右列來說，它們表示相同的物理態

（5）當代基本物理學深奧的秘密之一是重正化概念。這裏不是詳細討論這一概念的地方。只要說說下述事實就足夠了：一方面它在預言基本粒子的根本性質時產生了不可思議

的精確度（達到 10^{11} 分之一），而另一方面它依然缺乏牢固的數學基礎。

在過去 40 年，我們習得的訓誡之一是，對稱對於重整化是極有效的：（i）對重整化的需求在本世紀 30 年代已經明顯了，但是重整化作為一種綱領只是在 40 年代末才被人們所理解。這是因為，直到 40 年代物理學家才充分使用洛倫茲對稱。（ii）一般規範理論由於是高度非綫性的，因而似乎很難重整化。通過 70 年代初的美麗的工作[15]，人們才弄清楚，一般規範理論是可以重整化的，因為它含有高度對稱。

為了使重整化不再神秘，我們可能需要對對稱概念更深入地瞭解。

（6）經過許多物理學家的工作，對稱破缺的概念在本世紀 60 年代和 70 年代被引入基本粒子物理學。用最簡單的語言來講，該觀念使數學形式保持對稱，而使物理結果保持不對稱。“標準模型”就是建立在具有對稱破缺的規範理論的基礎上，為此格拉肖（Glashow）、薩拉姆（Salam）和溫伯格（Weinberg）分享了 1979 年諾貝爾獎。這個模型是極其成功的。可是，對稱破缺在這個模型中被引入的方式卻不能令人滿意。大多數物理學家認為，在這個課題上還不能說已有定論。

（7）超對稱理論、超引力理論和超弦理論這些最近發展，都是在場論和場論的推廣中探索和開拓對稱的各種新方向的嘗試。

21 世紀：對稱的新方面？

分析物理學中對稱概念在許多世紀中的演進，我們不能不為下述諸事實而得到不可磨滅的印象：古希臘哲學家的直覺概念確是在正確的方向上，這個概念在數學和物理學中的演變導致在兩個學科中的深遠發展，而現在依然懸而未解的基本物理的最深奧的秘密與這個概念好像全都糾纏在一起，等待未來的進一步的發展。

在理解物理世界的過程中，下一個世紀會目睹對稱概念的新方面嗎？我的回答是，十分可能。

注釋：

［1］C. N. Yang，*Physics Teachers.* **5**，311（October，1967）.

［2］C. N. Yang，“Symmetry Principles in Modern Physics”，在 Bryn Mawr 學院所作的講演。載於 Chen Ning Yang，*Selected Papers*（*1945—1980*）*with Commentary*（Freeman，1983），p. 276.

［3］C. S. Wu，E. Ambler，R. W. Hayward，D. D. Hoppes and R. P. Hudson，*Phys. Rev.* **105**，1413（1957）.

［4］Werner Heisenberg，*Physics and Beyond*，Chap. 19（Harper and Row，1971）.

［5］J. H. Christenson，J. W. Cronin，V. L. Fitch and R. Turlay，*Phys. Rev. Letters* **13**，138（1964）.

［6］Chen Ning Yang，*Physics Today* **33**，42（June，1980）.

［7］C. N. Yang and R. L. Mills，*Phys. Rev.* **95**，631（1954）；**96**，191（1954）. 參見 Chen Ning Yang，*Selected Papers*（*1945—1980*）*with Commentary*（Freeman，1983），p. 19.

［8］在這裏，非綫性與早先提及的希耳伯特空間的綫性毫無關係。正如我們現在所瞭解的，量子力學建立在總是綫性的希耳伯特空間的數學基礎上。非綫性在這裏涉及像正文展示的規範理論方程這樣的方程，這些方程在希耳伯特空間是超結構。

[9] 請注意切叢在數學中也比其他叢難以捉摸。參見 *Hermann Weyl 1885—1985*，edited by K. Chandrasekharan（Springer-Verlag，1986）一書中我的文章，尤其是脚注 29。

[10] Tai Tsun Wu and Chen Ning Yang，*Phys. Rev.* **12**，3845（1975）.

[11] A. Einstein，*Autobiographical Notes in Albert Einstein*，*Philosopher-Scientist*，edited by P. A. Schilpp（Open Court，Evanstan，Ill.，1949）。也可參見注釋 [6]。

[12] E. Schrödinger，*Sitz. der Preuss. Akad der Wiss.*，1932，p. 105.

[13] O. Klein in *New Theories in Physics*（Warsaw Conference，May 30 to June 3，1938），（Nyhoff，Hague，1939）.

[14] E. Wigner in *Guage Interactions Theory and Experiment*，edited by A. Zichichi（Proceedings of the Erice School，Aug. 3—14，1982），pp. 725—733（Plenum，1984）.

[15] G. 't Hooft，*Nuclear Physics* **B33**，173（1971）；**B35**，167（1971）；G. 't Hooft and M. Veltman，*Nuclear Physics* **B50**，318（1972）.

楊振寧對我的教育

B. 塞兹蘭（Bill Sutherland）

原文載 C. S. Liu and S. T. Yan 編 *Chen Ning Yang—A Great Physicist of the Twentieth Century*（International Press，1995）. 譯文原載《楊振寧文集》，華東師範大學出版社，1998 年。譯者：程龍海。這裏重印的是原文的一段。

許多人去一所研究機構是為了尋訪著名教授。可我正相反，我於 1963 年就到紐約州立大學石溪分校，比楊教授到石溪還要早三年。T. A. Pond 教授那時正在為這所新大學籌建物理系。我是聽從他的建議來讀研究生課程的。由於蘇聯人造衛星的首先發射成功（美國大幅度資助基礎科學研究），因此我獲得了國家自然科學基金會的獎學金，當時石溪分校剛剛建成開放。在我來到的前一年，研究生宿舍還臨時地和物理系在同一幢樓上。當我是華盛頓大學的學生時，就已認識 Pond 教授。在我所學的物理課程中，他講得最好，尤為重要的是他給了我一份工作（給他的研究生幫忙，其中之一是我現在的姻兄）。我欽佩他的政治才幹，相信他能建成一個傑出的物理系。那時，石溪分校研究生的註冊人數幾乎每年都成倍增長，從 1967 年拍的照片來看，大約有 64 名研究生。

1965 年春天，我朦朧地感受到物理系的氣氛十分令人興奮，傳聞楊振寧極有可能離開普林斯頓高等研究所，準備接受最近設立的愛因斯坦教授席位，並在石溪建立自己的研究所。老實說，這不關我的事。部分原因是高等研究所和它的職位像神話一樣高不可攀，部分原因是我要處理個人生活，將在那年夏季結婚。當校方和楊教授磋商還在進行中時，我記得我正在幫着照看 Pond 的兒子 Ward。後來，楊教授果真來到石溪。他顯得真誠，比我預料中要年輕。他非常和藹，一點也不覺得可怕（他似乎一直是那個樣子）。楊教授很受系內同仁的尊重。當時大家都不知道楊教授有何計劃，而我最關心的是，他是否可以帶研究生。在楊振寧選集中，他用“躊躇（diffidence）”描述我當時的窘態，“躊躇”實際意味着“羞怯”。那時確實是這樣，一直到現在仍是如此。但我還是憑着足夠的勇氣走進楊教授的辦公室，要求他考慮接受我為他的研究生。

1966 年，我和楊教授在一起開始做畢業論文。像大多數研究生一樣，我對高能物理學感興趣，並渴望從紐約出版商那裏直接購買本傑明（Benjamin）出版社出的一套平裝本，其中包括像“雷傑（Regge）極點”這樣誘人的課題。但是，楊教授推薦我去研究統計力學。因為這方面的貢獻會更持久，而且眼下不是大家關注的熱門課題（我想他或許覺得我對人不夠強硬，不宜去攻高能物理學）。看來統計力學對我更合適。1966 年秋，他向我提出研究建議：閱讀他和他的弟弟楊振平合寫的有關海森堡—Ising 模型的論文，將海森堡反磁鐵體的各方面擴展到高温和低温情形；以及閱讀李勃（Elliot Lieb）發表在《物理評論通訊》（*Physical Review Letters*）關於冰熵的文獻，也許還有其他文獻，我只記得這些。

我對第一個和第三個課題感興趣，但我發現李勃的文章難讀。雖然下了不少工夫，但還是吃不透裏面的算法。1967年復活節，我和我的妻子 Veronica 去開普・哈特勒斯海灘，那裏是賴特（Wright）兄弟第一次試飛他們第一架飛機的地方，也是美國風力最大的地方之一，當狂風卷着沙子向我們襲來時，我們躲在沙丘後面。霎時，我一下子明白了李勃所採用的方法。如果再藉助楊氏兄弟關於海森堡— Ising 模型的工作，對任意 6 頂點模型，我都能解決！當時我興奮極了，問題的解答是如此清晰以致我囬石溪之前，都沒有把它們記下來。

那時，我還是一個缺乏經驗的研究生。例如，囬來後，我告訴楊教授，我能找到變換矩陣所有特徵值。但是我覺得很難把它們加起來計算矩陣的跡（由此獲得配分函數）！楊振寧在 5 分鐘內教會我只需計算最大的特徵值就行了。他顯得異常激動，我想他最初不相信我能做出我所說的那些問題。但我們幷排地用各自的方式去做，結果證明是對的。正當我着手整理這些結果時，李勃寄給楊教授一份預印本，內容是給出了 F—模型（6 頂點模型之一）的一個解。這樣，除我自己未發表的結果外，第一個有關在任何温度下的 6 頂點模型問題已被解決（冰問題是所有 6 頂點模型在無限大温度下的極限情形）。我急忙將我所得的結果寄往《物理評論通訊》

雜誌，這項工作後來成為我畢業論文的一部分。幾乎與此同時，李勃又將第二個 6 頂點模型（又稱 KDP 模型）的一個解寄給了《物理評論通訊》。

那年夏天，楊振平正在石溪訪問。他發現可以將解法推廣到具有水平和垂直場的完全一般的 6 頂點模型。於是，我們三人一道完成了這項工作的細節，並把楊振平作為我們的合作者發表了這篇論文。

1967 年秋，楊振寧在給出自旋空間中貝特（Bethe）假設系數下的精確波函數之後完全解決了具有 1/2—自旋相斥 δ 函數的一維費米子問題。依我看，這種波函數本質上符合空點相當於向下自旋，粒子相當於向上自旋的貝特假設，所以，下一步應是繼續地加以無限重復，人就能夠解決任何多元系統問題，同時還能避免使用我那時一無所知的楊氏圖（Young tableaux）。

現在讓我說一點我和楊教授在一起工作的往事。我是他在石溪——也許是包括其他地方在內——的第一個研究生，三年內一直和他在一起。他似乎有無限的時間花在我身上。有許多日子，我一早趕到學校，想看看楊教授能否抽幾分鐘和我一起討論一些觀點。我被邀進入後面的辦公室，這是一個令人愉快、誘人工作的地方。我們開始討論，很快各自進入工作狀態。他通常使用白色的拍紙簿，我則用黃色的拍紙簿，過了一段時間我們會比較一下記錄。楊的秘書偶爾來看看我們是否需要什麼東西或楊教授是否想要和人交談。他有時停下來幾分鐘去打電話，有時停很長一段時間去會見客人。這時，我總是離開去瀏覽一大堆新的預印本和一排排書架，或者去看歸檔的預印本，諾貝爾演講以及其他材料。他點的午餐是從當地熟食店購買的可口的三明治，並讓人送來。午餐期間以及飯後，我們總不停地討論，研究和比較結果，一直堅持到傍晚，我已是筋疲力竭了。就這樣日復一日，從來沒有如此努力工作，也從來沒有如此感到快活。辦公室的氣氛非常溫馨、安靜，連空氣也充滿着智力的亢奮。很多出色的工作得益於那種討論的氛圍，而且，說真的，那種氣氛一直到今天仍是出成果的源泉。

我要感謝楊振寧離開普林斯頓高等研究所這座象牙塔，走進一個更廣闊的天地。我想這是他一生中非常勇敢的行動。我衷心感謝他給予我比單純教育和友誼更多的東西。值此七十壽辰，我祝他萬事如意，健康長壽！

鄧稼先

原載《二十一世紀》1993年6月號，總第17期。此文曾被轉載於中學教材《語文》。

從"任人宰割"到"站起來了"

一百年以前，甲午戰爭和八國聯軍的時代，恐怕是中華民族五千年歷史上最黑闇最悲慘的時代。只舉1898年為例：

德國強佔山東膠州灣，"租借"99年。

俄國強佔遼寧旅順大連，"租借"25年。

法國強佔廣東廣州灣，"租借"99年。

英國強佔山東威海衛與香港新界。前者"租借"25年，後者"租借"99年。

那是任人宰割的時代，是有亡國滅種的危險的時代。

今天，一個世紀以後，中國人站起來了。

這是千千萬萬人努力的結果，是許許多多可歌可泣的英雄人物創造出來的，在20世紀人類歷史上可能是最重要的，影響最深遠的巨大轉變。

對這巨大轉變作出了巨大貢獻的有一位長期以來鮮為人知的科學家：鄧稼先（1924—1986）。

兩彈元勛

鄧稼先於 1924 年出生在安徽省懷寧縣[1]。在北平上小學和中學以後，於 1945 年自昆明西南聯大畢業。1948—1950 年在美國普渡大學（Purdue University）讀理論物理，得到博士學位後立即乘船回國，1950 年 10 月到中國科學院工作。1958 年 8 月被任命帶領幾十個大學畢業生開始研究原子彈製造的理論。

圖 93b. 1　1992 年出版的鄧稼先集。書名題字是張愛萍將軍的手跡

這以後 28 年間鄧稼先始終站在中國原子武器設計製造和研究的第一綫[2]，領導許多學者和技術人員，成功地設計了中國的原子彈和氫彈，把中華民族國防自衛武器引導到了世界先進水平：

1964 年 10 月 16 日中國爆炸了第一顆原子彈[3]。

1967 年 6 月 17 日中國爆炸了第一顆氫彈[4]。

圖 93b. 2　鄧稼先（左）和于敏。1984 年 10 月 16 日攝

這些日子是中華民族五千年歷史上的重要日子，是中華民族完全擺脱任人宰割時代的新生日子！

1967 年以後鄧稼先繼續他的工作，至死不懈，對國防武器作出了許多新的巨大貢獻[5]。

1985 年 8 月鄧稼先做了切除直腸癌的手術。次年 3 月又做了第二次手術。在這期間他和于敏聯合署名寫了一份關於中華人民共和國核武器發展的建議書[6]。1986 年 5 月鄧稼先再做了第三次手術，7 月 29 日因全身大出血而逝世[7]。

“鞠躬盡瘁，死而後已”正好準確地描述了他的一生。

鄧稼先是中華民族核武器事業的奠基人和開拓者。張愛萍將軍稱他為“兩彈元勛”，他是當之無愧的。

鄧稼先與奧本海默

抗戰開始以前的一年，1936 年到 1937 年，稼先和我在北平崇德中學同學一年。後來抗戰時期在西南聯大我們又是同學。以後他在美國留學的兩年期間我們曾住同屋，五十年的友誼，親如兄弟。

1949 年到 1966 年我在普林斯頓高等學術研究所工作，前後十七年的時間裏所長都是物理學家奧本海默（Oppenheimer，1904—1967）。當時他是美國家喻户曉的人物，因為他曾成功地領導戰時美國的原子彈製造工作。高等學術研究所是一個很小的研究所，物理教授最多的時候只有五個人，包括奧本海默，所以他和我很熟識。

奧本海默和鄧稼先分別是美國和中國原子彈設計的領導人，各是兩國的功臣，可是他們的性格和為人截然不同——甚至可以說他們走向了兩個相反的極端。

奧本海默是一個拔尖的人物，鋒芒畢露。他二十幾歲的時候在德國哥廷根鎮做波恩（Born，1882—1970）的研究生。波恩在他晚年所寫的自傳[8]中說研究生奧本海默常常在別人做學術報告時（包括波恩做學術報告時），打斷報告，走上講臺拿起粉筆說“這可以用底下的辦法做得更好……”。我認識奧本海默時他已四十多歲了，已經是家喻户曉的人物了，打斷別人的報告，使演講者難堪的事仍然不時出現，不過比起以前要較少出現一些。

奧本海默的演講十分吸引人。他善於辭令，聽者往往會着迷。1964 年為了慶祝他六十歲的生日，三位同事和我編輯了一期《近代物理評論》，在前言中[9]我們寫道：

> 他的文章不可以速讀。它們包容了優雅的風格和節奏。它們描述了近世科學時代人類所面臨的多種複雜的問題，詳盡而奧妙。

像他的文章一樣，奧本海默是一個複雜的人。佩服他、仰慕他的人很多。不喜歡他的人也不少。

鄧稼先則是一個最不要引人注目的人物。和他談話幾分鐘就看出他是忠厚平實的人。他誠真坦白，從不驕人。他沒有小心眼兒，一生喜歡“純”字所代表的品格。在我所認識的知識分子當中，包括中國人和外國人，他是最有中國農民的樸實氣質的人。

我想鄧稼先的氣質和品格是他所以能成功地領導許許多多各階層工作者為中華民族作了歷史性貢獻的原因：人們知道他沒有私心，人們絕對相信他。

“文革”初期他所在的研究院（九院）成立了兩派群衆組織，對吵對打，和當時全國其他單位一樣。而鄧稼先竟有能力說服兩派[10]，繼續工作，於 1967 年 6 月成功地制成了氫彈。

1971 年，在他和他的同事們被四人幫批判圍攻的時候[11]，如果你和我去和工宣隊軍宣隊講理，恐怕要出慘案。鄧稼先去了，竟能說服工宣隊軍宣隊的隊員。這是真正的奇跡。

鄧稼先是中國幾千年傳統文化所孕育出來的有最高奉獻精神的兒子。

鄧稼先是中國共產黨的理想黨員。

我以為鄧稼先如果是美國人，不可能成功地領導美國原子彈工程；奥本海默如果是中國人，也不可能成功地領導中國原子彈工程。當初選聘他們的人，錢三強和葛若夫斯（Groves），可謂真正有知人之明，而且對中國社會，美國社會各有深入的認識。

民族感情？友情？

1971 年我第一次訪問中華人民共和國。在北京見到闊別了 22 年的稼先。在那以前，於 1964 年中國原子彈試爆以後，美國報章上就已經再三提到稼先是此事業的重要領導人。與此同時還有一些謠言說 1948 年 3 月去了中國的寒春（中文名字，原名 Joan Hinton）曾參與中國原子彈工程。[寒春[12]曾於 40 年代初在洛斯阿拉姆斯（Los Alamos）武器試驗室做費米（Fermi）的助手，參加了美國原子彈的製造，那時她是年輕的研究生。]

1971 年 8 月在北京我看到稼先時避免問他的工作地點。他自己說“在外地工作”。我就沒有再問。但我曾問他，是不是寒春曾參加中國原子彈工作，像美國謠言所說的那樣。他說他覺得沒有，他會再去證實一下，然後告訴我。

圖 93b. 3　1949 年攝於芝加哥大學。左起楊振寧、鄧稼先、楊振平

1971 年 8 月 16 日，在我離開上海經巴黎回美國的前夕，上海市領導人在上海大廈請我喫飯。席中有人送了一封信給我，是稼先寫的，說他已證實了，中國原子武器工程中除了最早於 1959 年底以前曾得到蘇聯的極少“援助”以外，沒有任何外國人參加。

此封短短的信給了我極大的感情震盪。一時熱泪滿眶，不得不起身去洗手間整理儀容。事後我追想為什麼會有那樣大的感情震盪，為了民族的自豪？為了稼先而感到驕傲？——我始終想不清楚。

“我不能走”

青海、新疆、神秘的古羅布泊、馬革裹屍的戰場。不知道稼先有沒有想起我們在昆明時一起背誦的《弔古戰場文》：

> 浩浩乎！平沙無垠，夐不見人。河水縈帶，群山糾紛。黯兮慘悴，風悲日曛。蓬斷草枯，凜若霜晨。鳥飛不下，獸鋌亡群。亭長告余曰：“此古戰場也！常覆三軍。往往鬼哭，天陰則聞！”

稼先在蓬斷草枯的沙漠中埋葬同事，埋葬下屬的時候不知是什麽心情？

“粗估”參數的時候，要有物理直覺；籌劃晝夜不斷的計算時，要有數學見地；決定方案時，要有勇進的膽識，又要有穩健的判斷。可是理論是否夠準確永遠是一個問題。不知稼先在關鍵性的方案上簽字的時候，手有沒有顫抖？

戈壁灘上常常風沙呼嘯，氣溫往往在零下三十多度。核武器試驗時大大小小臨時的問題必層出不窮。稼先雖有“福將”之稱，意外總是不能免的。1982 年，他做了核武器研究院院長以後，一次井下突然有一個信號測不到了，大家十分焦慮，人們勸他回去。他只說了一句話：

> 我不能走。

假如有一天哪位導演要攝製鄧稼先傳，我要向他建議背景音樂採用五四時代的一首歌，我兒時從父親口中學到的。

我父親誕生於 1896 年，那是中華民族仍陷於任人宰割的時代。他一生都喜歡這首歌曲：

圖 93b. 4 《中國男兒》詞曲

永恆的驕傲

稼先逝世以後，在我寫給他夫人許鹿希的電報與書信中有下面幾段話：

——稼先為人忠誠純正，是我最敬愛的摯友。他的無私的精神與巨大的貢獻是你的也是我的永恆的驕傲。

——稼先去世的消息使我想起了他和我半個世紀的友情。我知道我將永遠珍惜這些記憶。希望你在此沉痛的日子裏多從長遠的歷史角度去看稼先和你的一生，只有真正永恆的才是有價值的。

——鄧稼先的一生是有方向、有意識地前進的。沒有彷徨，沒有矛盾。

——是的，如果稼先再次選擇他的途徑的話，他仍會走他已走過的道路。這是他的性格與品質。能這樣估價自己一生的人不多，我們應為稼先慶幸！

注釋：

[1] [2] [6] [10] 葛康同、鄧仲先、鄧槜先、許鹿希著：《兩彈元勛鄧稼先》(新華出版社，1992)。關於鄧稼先的生平可參閱《中國現代科學家傳記》(科學出版社，1991) 第一輯第 178 頁胡思得所撰：《鄧稼先》。

[3] [4] 關於中國原子彈與氫彈研製工作描述得最詳盡的是 J. W. Lewis and L. Xue：*China Builds the Bomb* (Stanford University Press，1988)。此書(第 201 頁) 把中國的氫彈設計稱為“鄧于方案”。鄧是鄧稼先，于是于敏。國際上稱美國的氫彈設計為“Teller-Ulam 方案”，蘇聯的為“Sakharov 方案”。

[5] 鄧稼先逝世三年以後，於 1989 年夏，中國政府再頒發給他一次特等獎 (見 [1])，表彰他的貢獻。

[7] 鄧稼先的醫生和他的夫人都認為他的疾病與他工作期間曾受到的大量輻射可能有關。

[8] Max Born: *My Life* (Scribners, 1975).

[9] F. Dyson, A. Pais, B. Stromgren and C. N. Yang: *Reviews of Modern Physics* **36**, 507 (1964).

[11] 于敏:《悼念鄧稼先同志》(《光明日報》, 1986 年 8 月 24 日)。

[12] 寒春和我在 1946—1948 年間在芝加哥大學物理系同為研究生, 且同一實驗室。她 1948 年以後在中國居住。近年來時常訪問美國。我多次勸她寫她的自傳, 希望她有一天會寫出來。

後記(楊振寧)

(1) 許多人說我的這篇文章寫得很好。我想原因是鄧稼先的貢獻和他的精神確能動天地泣鬼神。

(2) 2006 年夏, 翁帆和我有機會去青海旅行。去了神奇的青海湖(圖 93b. 1), 也去了半小時車程即到達的湖東北的原子城(圖 93b. 2)。那是稼先他們於 20 世紀 60 年代工作的地方。好多年來這黯兮慘悴、風悲日曛的荒漠, 地下的砂粒, 空中的飛鳥, 和烈日照耀下的蒼黃色的遠山, 我都曾夢見。到了現場, 現實比想象還要淒涼。

為了保密, 每個試驗區、工作區, 都距離很遠, 有一兩公里。我們參觀了一個試爆試驗室——一座堡壘樣的建築, 水泥牆, 沒有窗戶。試爆在堡壘外二三十尺的地方進行, 堡壘的鐵牆裏坎藏着各種測試器(圖 93b. 3)。堡壘內有七八間工作室, 裏面展示了一些當時的儀表和發電機等。都顯得很原始粗糙。也展示了稼先、周光召和于敏等人的大照片。都是那麼年輕! 他們就曾在這堡壘裏, 在陰闇的燈光下, 用計算尺一次一次地, 年復一年地計算爆炸的細節。

從而改寫了中華民族的歷史。

圖 93b. 1　2006 年夏攝於青海湖畔

圖 93b. 2　2006 年夏攝於青海舊基地

圖 93b. 3 2006 年夏攝於青海舊爆炸實驗場

近代科學進入中國的回顧與前瞻

本文係 1993 年 4 月 27 日在香港大學的演講，原譯文載《明報月刊》1993 年 10 月。譯者：沈良。

一、公元 1400 年至 1600 年——中國落後於西方

古代許多重要的發明都起源於中國，這是人所共知的。其中最著名的是印刷術、火藥、指南針和造紙。極力推崇這些重大發明的不是別人，正是歐洲近代科學啟蒙時代的哲學家培根（Francis Bacon，1561—1626），雖然他並不知道它們是源自中國的：

> 縱觀今日社會，許多發明的作用和影響是顯而易見的，尤其是印刷術、火藥和磁鐵。這些都是近代的發明，但是來源不詳。這三種發明改變了整個世界面貌和一切事物。印刷術使文學改觀，火藥使戰爭改觀，磁鐵使航海術改觀。可以說，沒有一個王朝，沒有一支宗教派別，沒有任何偉人曾產生過比這些發明更大的力量和影響。[1]

科學史學家普遍同意，公元1400年以前，科技轉讓主要是由中國傳向歐洲的。中國科技直到1400年前後比歐洲科技優秀，可見於李約瑟（Needham）的巨著[2]中對明朝三保太監鄭和（1371或1375—1433或1435）在1405年至1433年間七次下西洋，遠及非洲海岸的描述。根據中國史書記載，鄭和遠征航隊的一些船隻長達440英尺，是在南京建造的。曾有一些歷史學家懷疑，當時能不能造這樣大的船（圖93c.1）。但1962年在南京發掘出的一件36英尺高，1.25英尺直徑的舵，消除了這種懷疑。

圖93c.1　李約瑟書中的示意圖。鄭和的大船比圖中的船還要大（Joseph Needham, *Science and Civilization in China*, Vol. IV：3, p. 510, fig. 986, Cambridge University Press, 1954）

雖然中國古代技術如此進步，可是，到1600年中國科技卻已遠遜於歐洲。舉一個例子：17世紀初，明朝政府要由葡萄牙人所佔領的原屬廣東的澳門引進火砲技術（圖93c.2）。

圖 93c. 2　1993 年 8 月 19 日作者攝於澳門大砲臺（又名三巴砲臺）。背景所見的遠山是屬於珠海的。撫今思昔，感慨良多。火藥是中國人發明的，但是到了 17 世紀初，明朝政府為了抵抗清軍卻要自葡萄牙人佔領了的澳門引進火砲技術

到底中國在公元 1400 至 1600 兩個世紀裏為什麼如此落後呢？

我並不想對這已有許多書籍和文章研究過的問題加以詳細分析。概括講來，公元 1400 年前好幾個世紀，文藝復興在歐洲崛起，產生了巨大的文化與知識的進展。在公元 1400 年至 1600 年兩百年間，幾乎人類各項活動在歐洲都有了長足的進展。從長遠的角度來看，事實上技術領域的進展可能相對是最不重要的。在藝術、建築和文學方面的進展都有更大的影響，它們使歐洲文化邁入了新的時代。但是如果就影響來看，“自然哲學”的進展恐怕是最重要的，因為它為近代科學的萌芽準備了肥沃的土壤。只須列舉這兩百年間歐洲一些偉大思想家的名字已足夠看出這些進展的氣勢與其長遠的影響：

達芬奇（da Vinci，1452—1519），哥白尼（Copernicus，1473—1543），馬丁·路德（Luther，1483—1546），加爾文（Calvin，1509—1564），納皮爾（Napier，1550—1617），培根（Bacon，1561—1626），伽利略（Galileo，1564—1642），開普勒（Kepler，1571—1630），哈維（Harvey，1578—1657），笛卡兒（Descartes，1596—1650）。

相反地，在中國，1400年至1600年這200年是一段知識停滯不前的時期。這時期中最著名的哲學家是王守仁（即王陽明，1472—1528）。他的學說，我認為沒有對中國思想或中國社會產生什麼真正的長遠影響。比起上面列舉的歐洲大思想家對後世的影響，王守仁的影響是望塵莫及的。他的部分思想可以被解釋為反科學的。可是，即使是這一部分，在以後的幾個世紀中亦沒有產生多少影響。

二、公元1687年——近代科學在歐洲誕生

到17世紀初，文藝復興在歐洲已為近代科學的萌芽準備了肥沃的土壤。近代科學是人類的一種新活動、新精神、新方法，有人認為是新宗教。如果要給它的誕生一個確定的日期，我會選擇1687年，即牛頓（Newton，1642—1727）發表他的《自然哲學的數學原理》（*Principia*）（以下簡稱《數學原理》）的一年。《數學原理》使人類第一次對“世界系統”[3]（即太陽系）有了定量的瞭解，而太陽系的運轉是任何一個古文明中一項最神奧的秘密。更重要的是這個瞭解是

基於一種純理論的思考體系，用準確的數學語言，既簡單又凈潔，既精密又包羅萬象。可以說，在公元1687年誕生了的是一種革命性的新世界觀：宇宙具有極準確的基本規律，而人類可以瞭解這些規律。(圖93c. 3)

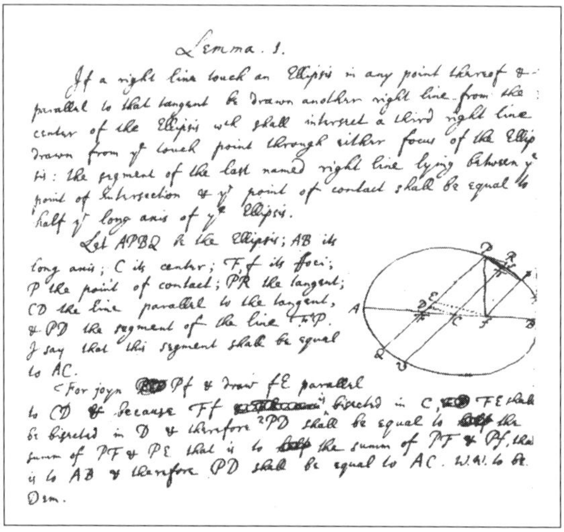

Lemma. 1.

If a right line touch an Ellipsis in any point thereof & parallel to that tangent be drawn another right line from the center of the Ellipsis wch shall intersect a third right line drawn from ye touch point through either focus of the Ellipsis: the segment of the last named right line lying between ye point of intersection & ye point of contact shall be equal to half ye long axis of ye Ellipsis.

Let APBQ be the Ellipsis; AB its long axis; C its center; F, f its foci; P the point of contact; PR the tangent; CD the line parallel to the tangent, & PD the segment of the line FP. I say that this segment shall be equal to AC.

For joyn Pf & draw fE parallel to CD & because Ff is bisected in C, FE shall be bisected in D & therefore 2PD shall be equal to the summ of PF & PE that is to the summ of PF & Pf, that is to AB & therefore PD shall be equal to AC. W.W. to be Dem.

圖93c. 3　牛頓的《數學原理》手稿的一段。請注意牛頓倚重幾何推理方法（Isaac Newton, *The Preliminary Manuscripts for Isaac Newton's 1687* Principia, 1684—1685, p. 243, Cambridge University Press, 1989）

必須強調的是，雖然在《數學原理》發表了三百多年後的今天，我們可以充分看到它的深遠影響，但牛頓自己卻不能在出版這書時即對其長遠意義有着同樣的評價。當然他知道自己完成了一個極漂亮的工作，但他卻不可能意識到自己的工作將會改變人類對物理和生物世界基本結構的理解，會永遠地改變人類與環境的關係。

查看牛頓的手稿，就會發現其中摻雜着許多許多哲學、神學、煉金術等等玄虛的思考。牛頓在這麼衆多紛擾的思考中竟能集中注意力完成了他的科學工作，是一個奇跡。20 世紀有名的經濟學家凱因斯（J. M. Keynes，1883—1946）曾經說：

> 自 18 世紀起，牛頓便被認為是近代第一個，也是最偉大的科學家，一位理性論者，一位教導人們機械推理法的先驅。但是我不同意此看法。……牛頓不是理性時代的先行者，他是最後一個魔術師，最後一個巴比倫人和蘇美爾人，一萬年以前我們的遠祖開始創建人類思維文化，發展了對周圍世界的看法，牛頓是他們之中的最後一位偉人。[4]

三、公元 1600 年至 1900 年——中國抗拒引入西方思想

查看《數學原理》，就會發現古希臘幾何學在牛頓身上的深遠影響。《數學原理》全書的結構完全是以歐幾里得（Euclid，約公元前 300 年）的《初探》（*Elements*）為樣本的：兩本書都從定義（definition）開始，然後是公理（axiom），牛頓稱其為“普通的意見”（common opinion），再是引理（Lemma）、命題（proposition）和證明（proof）等等。

歐幾里得對牛頓的《數學原理》的影響是明顯的，是人所共知的。不是那麼為人所共知的是在《數學原理》發表約 80 年前，在 1607 年，利瑪竇（Matteo Ricci，1552—1610）

和徐光啟（1562—1633）即已將歐幾里得的《初探》的前一半翻譯成中文，取名為《幾何原本》(圖 93c. 4)。

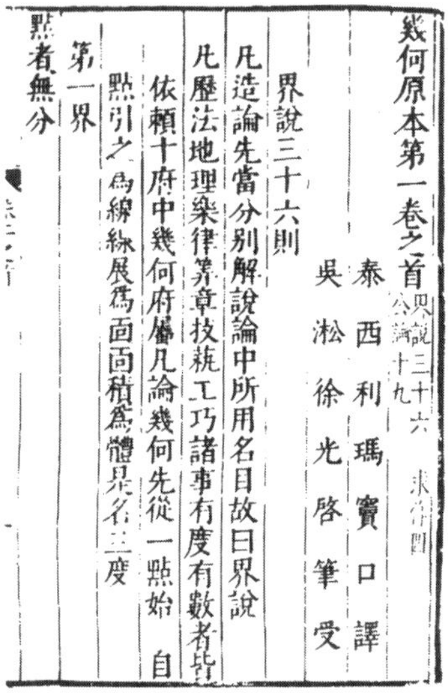

幾何原本第一卷之首 界說三十六 求作四 公論十九
泰西利瑪竇口譯
吳淞徐光啓筆受
界說三十六則
凡造論先當分別解說論中所用名目故曰界說
凡歷法地理樂律筭章技藝工巧諸事有度有數者皆
依賴十府中幾何府屬凡論幾何先從一點始 自
點引之為線線展為面面積為體是名三度
第一界
點者無分

圖 93c. 4 《天學初函》第 4 卷，p. 1949

利瑪竇是一位意大利耶穌會傳教士，亟欲在中國傳播天主教教義。他於 1582 年抵澳門，1583 年到達廣東的首府肇慶。他幾次嘗試去北京都沒有成功，最後於 1601 年正月纔到達。他的計劃是憑藉他的科學知識獲得明朝朝廷的注意，從而擴大他在中國的傳教事業。

徐光啟是一位來自上海的大臣，也是一位大學者，1604 年進入翰林院。在這一年以前，他在南京受浸洗禮入了天主教。他穌利瑪竇翻譯《幾何原本》的前一半是他將歐洲科學引進中國的許多工作中的一項。此譯文的初版至今仍能見於中國的一些圖書館。我聽說梵蒂岡也仍存一本。

讀了徐光啟自己對其譯作的描述，就會意識到他是多麼清楚地明白歐幾里得和中國學者在邏輯思考方面的基本分別。他這樣描述歐幾里得的思考系統："似至晦，實至明；似至繁，實至簡；似至難，實至易。"他認為歐幾里得的理論是"欲前後更置之不可得"，就是說在演繹推論中，各個步驟有一定的邏輯順序。

徐光啟是一位重要的明朝高官。他擔任過多種任務：政治、經濟、國防、農業、天文、測量、治水等等。他一直強調數學在這些領域中的重要性和《幾何原本》在數學中的重要性。他感到惋惜的是利瑪竇和他未能完成全書的翻譯："續成大業，未知何日？未知何時？書以俟焉。"

這一等就等了 250 年，直到 1857 年，李善蘭（1811—1882）和偉烈亞力（A. Wylie，1815—1887）才譯出《幾何原本》中剩下的篇章。在這 250 年中，近代科學在歐洲誕生了，工業革命開始了，歐洲殖民擴張政策亦到達了其頂峰。人類的歷史正加速演變，給世界所有民族帶來了多種不同的命運。

這些年間中國依然停滯不前。那些阻礙中國萌生近代科學的多種原因仍然存在：缺乏獨立的中產階層，學問就只是人文哲學的觀念，教育制度裏缺匱"自然哲學"這一項，束縛人們思想的科舉制度，以及缺少準確的邏輯推論的傳統，凡此種種都沒有因為耶穌會傳教士引入了少許西方思想而有所改變。

傳教士東來之時，正是中土為滿洲人蹂躪與征服的時代。滿洲人建立了清朝政府以後，許多中國學者強烈地表達了他們的憤怒和不合作態度。康熙（1662—1722 年在位）是清朝早年的一位皇帝，是一個非常精明聰敏的人。他對付當時夷夏之辯所採取的政策是務求將清廷納入中國古代偉大的文化傳統中。此一政策雖頗為成功，但漢族之反抗情緒仍然存在。在這樣一個充滿種族對抗/妥協的社會中，傳教士們極力推行其基本政策——將中國官員變成天主教徒。可是天主教對漢文化來說，比滿洲文化更要“夷”一些。所以傳教士的活動之引起反抗是不可避免的。

楊光先（1597—1669）是一個典型的、強烈反對傳教士和他們引進的所有科學知識的例子。他寫過以下一段有名的文字：

> 寧可使中夏無好曆法，
> 不可使中夏有西洋人。

今天，我們會認為楊光先的見地既狹窄，又愚昧。但是有清一代，他都有無數的景仰者。譬如在 1846 年，差不多是他死後 200 年，錢綺[5]說楊光先是：“正人心息邪說，孟子之後一人而已。”

另一阻礙西方科學在中國發展的原因，是劉鈍[5]和 Sivin[6]所強調的：傳教士們沒有將開普勒和牛頓的工作全部帶入中國，以致他們介紹的天文學裏有前後不相容之處，引導出了極大的混亂。直到 19 世紀中期，當李善蘭和艾約瑟（Joseph Edkins，1823—1905）翻譯了一本 19 世紀的教科書，取名為《重學》以後，牛頓的力學才首次被引進中國。

傳教士們在 17 世紀為中國打開的知識窗口沒有留下真正長遠的影響。它沒有使近代科學在中國“本土化”［用撒布若（Sabra）教授的名詞］。它只在這個古老而驕傲的，長久以來自以為是世界中心的民族中，引導出了一個理論，叫做“西學中源”，就是說西方的學問原來是自古中國傳去的。在康熙的支持和慫恿下，這個理論直到 19 世紀中葉曾廣泛地被中國數學家和天文學家們接受與支持。表 93c. 1（劉鈍制）[5] 列舉了支持西學中源說的一些例子。

表 93c. 1　西學中源理論舉例（節錄自注釋［5］所列劉鈍的第三篇文章）

領域	西　學	中　源	提倡者
天文	水晶球宇宙模型	《楚辭・天問》：“圓則九重”	王夫之
	行星運動	“天道左旋” / “盈縮遲疾”	王夫之/王錫闡
	諸曜異天	郤萌“宣夜說”	阮元
	太陽高卑	《考靈曜》“地有四游”	阮元
	地圓	《黃帝內經・素問》“地之為下” /曾子	梅文鼎/阮元
	地動	張衡地動儀	阮元
	蒙氣差	要茇“地有遊氣”	阮元
	寒暖五帶	《周髀》“七衡六間”	梅文鼎
	渾蓋通憲儀、簡平儀	蓋天古法	梅文鼎
數學	數學理論	《易經》	玄燁
	代數學	東來法/天元術/四元術	玄燁/梅珏成/戴震、阮元
	幾何學	《周髀》/勾股術	黃宗羲/梅文鼎
	三角學	《周髀》“用矩之道”	玄燁/梅文鼎
	冪級數	祖冲之“綴術”	阮元
	微積分	招差垛積	諸可寶

看到梅文鼎（1633—1721）和戴震（1724—1777）等極端聰明的大學者都全力支持並傳佈西學中源說，就令人體會到當深厚的文化出現鬥爭衝突的時候，要轉移觀點而接受外來文化中的優點是多麼困難的事。

四、公元 1840 年至 1900 年——引入現代科學舉步維艱

1840 年是中國人不會忘記的年頭。這一年，英國用砲艇

強迫中國割地賠款，並開放商港以便利其販賣鴉片的勾當，從而開始了這個古老而驕傲的民族被剥削凌辱的時代。也正是這些痛苦的年月最後迫使這個民族認識到過去的社會秩序不能繼續下去，必須自西方引進新的思想，新的社會與政治體制和新的教育哲學。這些年月間，似乎每一次大災難都曾導致清廷嘗試少許現代化的措施，然而，通常都會遇到極大的阻力，然後總是因為短期內不見成效而被放棄。例如[7]自1872年起每年皆送了30名男孩去美國康涅狄格州的哈特佛（Hartford）鎮上小學和中學。可是在1876年，這項措施遭到了抨擊，終使全體學生在1881年被召回國。

列強的凌辱所產生的精神創傷使中華民族有了複雜的自卑感：東方人是否天生不適宜於做現代科學工作呢？在19世紀末當達爾文的進化論被用來佐证白種人的帝國主義侵略政策時，許多中國知識分子在靈魂深處曾為這樣的問題所困擾。這不只發生在中國，在日本，長岡半太郎（1865—1950），後來成為第一個在國際上出名的日本物理學家，也早在1883年進入東京大學之前便曾考慮過這個問題。他經過仔細的研究，認識到中國古哲學家如莊子（約公元前369—286）的深入的識見以後，才得出東方人同樣有能力研究現代科學的結論。

另外還有一種說法是，中國語言是科學思想發展的主要障礙。這種理論曾被推至極端，以致有人曾建議中國語言必須被廢除。自此可以看出中國知識分子當時的極度絕望的心理狀態。

五、公元 1900 年至 1950 年——急速引進現代科學

標誌中國真正開始引進現代科學的有下列三項事件：

- 1898 年，京師大學堂（北京大學的前身）的成立；
- 1905 年，科舉制度的廢止；及
- 1896 年到 1898 年間開始[7]派遣學生東渡日本留學。

到 1907 年，大約已有一萬名中國學生在日本留學。幾年後，留學浪潮蔓延至美國和歐洲。這些早期的留學生在出國前沒有機會接觸現代科學。到了外國以後，絕大多數沒有攻讀較高的學位。但是，就是這批學生才真正地開展了引進近代科學的工作：他們回國後，很多做了教師。而這些教師的學生們就有機會在出國前接觸到一些近代科學知識。到這些學生們去外國留學時，他們便有能力學習前沿的科學，取得碩士與博士的學位。

首批的中國物理學博士大多是在美國取得學位的。見表 93c. 2。[8]

表 93c. 2　（a）最早四位中國實驗物理學博士和取得學位的學校
（b）最早三位中國理論物理學博士和取得學位的學校

（a）	李復幾（1885—?）	1907 年	德國波恩大學
	李耀邦（1884—?）	1914 年	芝加哥大學
	胡剛復（1892—1966）	1918 年	哈佛大學
	顏任光（1888—1968）	1918 年	芝加哥大學
（b）	王守競（1904—1984）	1927 年	哥倫比亞大學
	周培源（1902—1993）	1928 年	加州理工學院
	吳大猷（1907—2000）	1933 年	密歇根大學

上面講到，引進近代科學在中國是一個爭辯了幾百年才達到的決心。可是在下了決心以後，進度卻是驚人地快速。最早三位中國理論物理學博士可見於表 93c. 2（b）。他們都是我父親楊武之（1896—1973）的同代人。他們這一代在取得學位後都回國擔任教職。其中周培源和吳大猷兩位先生是我在昆明上大學和上研究院時（1938—1944）的老師。那幾年我在昆明學到的物理已能達到當時世界水平。譬如說：我那時念的場論比後來我在芝加哥大學念的場論要高深，而當時美國最好的物理系就在芝加哥大學。可見兩代先輩引進了足夠的近代科學知識，令我這代人可以在出國前便進入了研究的前沿！

六、公元 1950 年至 2000 年——中國開始加入國際科技競賽

上面講到，這個世紀的頭 50 年，近代科學的精神與內容都急速地滲入中國，在中國社會產生了巨大的和歷史性的影響。但是在 20 世紀中葉以前，我們仍不能說近代科學在中國已經“本土化”了（用撒布若教授的觀念）。滲入的程度不夠，可見於下列各因素：

- 涉及科學的人數仍然不多；
- 涉及科學的層面仍然不多；
- 缺乏工業基礎支持研究與發展；
- 連年的戰禍：軍閥混戰，抗日戰爭和國共內戰等等，不能為研究工作提供一個穩定的社會、政治和經濟環境。

隨着1949年中華人民共和國的成立，這些因素都被一掃而清。文化大革命前的17年裏（1949—1966），中國的土地上有了驚人的發展。現代科學終於在中國"本土化"了：數以百萬計的科學家和工程師被訓練出來了，複雜的研究與發展架構被建設起來了，巨大的科技成果完成了。見表93c.3。

20世紀也目睹了中國人對自己的重新認識。上面說過，這世紀初，中國人對自己追求近代科學的能力有過懷疑。但是今天中國人已相信近代科學並不只是白種人才能做的。這種信念的起因有很多因素，表93c.3所列的種種成就當然是其一，但是還有其他的因素：日本利用科技發展驚人地成長為世界經濟強國；東方人在各種科技領域中獲得了許多燦爛的成就；在歐美院校裏中國學生傑出的表現；這些都為這一影響深遠的自我重新估價扮演了重要的角色。

表93c.3　中國與其他強國重要科技成就的時間比較

第一次制成	年份					
	美國	蘇聯	英國	法國	日本	中國
反應堆	1942	1946	1947	1948	—	1956
原子彈	1945	1949	1952	1960	—	1964
氫彈	1952	1953	1957	1968	—	1967
衛星	1958	1957	—	1965	1970	1970
噴氣機	1942	1945	1941	1946	—	1958
M2飛機	1957	1957	1958	1959	—	1965
試製計算機	1946	1953	1949	—	1957	1958
計算機（商品）	1951	1958	1952	—	1959	1966
半導體原件	1952	1956	1953	—	1954	1960
集成電路	1958	1968	1957	—	1960	1969

From N. Bloembergen: *Science in Contemporary China*, ed. L. A. Orleans (Stanford Univ. Press, 1980).

七、21 世紀

概括說來，我們可以這樣總結：公元 1600—1900 年的三個世紀裏，儒家保守思想所產生的文化和知識方面的慣性抗拒了西方近代科學的引進。其中最後的 60 年裏，先是英國，繼而其他歐洲列強，然後日本和美國都先後以現代武器欺凌落後的中國人。割地賠款之外，更留下了靈魂深處的心理創傷。只到最後忍無可忍的關頭，中國才在公元 1900 年真正開始引進西方近代科學。此後的進步卻是驚人地神速，所以在 20 世紀的後半部，可以說近代科學已在中國“本土化”了。

那麼下一個世紀又會怎樣呢？

要準確地預測未來的事情是不可能的。可是歷史長流卻必然有長遠的因素。下面列舉的中國社會特徵我相信將對下一個世紀的中國科技發展起決定性的作用：

（甲）人口衆多的中國擁有千百萬極聰明的青年。只講一下我個人的經驗：我在中國念小學、中學和大學時，都曾有許多十分聰明的同學。如果能獲得適當的機會，相信他們裏面很多位都會在科技領域中嶄露頭角。

（乙）儒家文化注重忠誠，注重家庭人倫關係，注重個人勤奮和忍耐，重視子女教育。這些文化特徵曾經，而且將繼續，培養出一代又一代勤奮而有紀律的青年。（與此相反，西方文化，尤其是當代美國文化，不幸太不看重紀律，影響了青年教育，產生了嚴重的社會與經濟問題。）

（丙）儒家文化的保守性是中國三個世紀中抗拒吸取西

方科學思想的最大原因。但是這種抗拒在今天已完全消失了。取而代之的是對科技重要性的全民共識。

（丁）自 1978 年起，中國經濟猛進，每年都有超過百分之九的增長。一些經濟學家[9]相信中國將在 2010 年左右變成世界上國民生產總值最大的國家。即使這個推測過於樂觀，中國也必會在那時成為世界工業強國之一。

也許有人會說中國將會有政治問題：領導更替的危機，意識形態的危機，貧富不均的危機，外交危機等等。不錯，無可避免很多這類問題都會發生。但是試看一下 20 世紀的中國：兩次大革命、軍閥混戰、日本入侵、朝鮮戰爭、災難性的文化大革命等等，都是大危機。可是這些危機都沒有阻止了中國在這個世紀科技上的卓越飛躍。為什麼？因為做科學工作其實[10]並不困難。必要的條件只是上面所講的四項，可以概括為才幹、紀律、決心與經濟支援。中國在這個世紀已經具備了前三項條件，到了下一個世紀將四者具備。

所以我的結論是，到了 21 世紀中葉，中國極可能成為一個世界級的科技強國。

注釋：

[1] Francis Bacon, *The New Organon and Related Writings*, p. 118 (Library Arts Press, 1960).

[2] J. Needham and Collaborators, *Science and Civilization in China* (Cambridge University Press, 1954).

[3]《自然哲學的數學原理》第三卷的標題是《世界系統》。

[4] J. M. Keynes, *Essays and Sketches in Biography* (Meridian Books, N. Y. 1956).

［5］見劉鈍，《自然辯證法通訊》第8卷1期，第52頁（1986）；第11卷3期，第55頁（1989）；第13卷3期，第42頁（1991）。

［6］N. Sivin，*Science and Medicine in Chinese History in Heritage of China*，ed. P. S. Ropp，p. 164（University of California Press，1990）.

［7］見姚蜀平，《中國留學運動初探》（預印本）。

［8］製作此表時，作者曾與張奠宙教授討論，並從他發表於《二十一世紀》總第7期，第72頁（香港中文大學，1991年）的文章，以及從錢臨照教授、孟大中教授兩位的信件，取得不少有用的資料。

［9］"The Titan Stirs"，〈*Economist*〉，November 28，1992.

［10］徐光啟的"三似三實說"（見上文）已經道破了科學研究其實不難的真諦。

丘成桐：世界級數學家

原載《明報月刊》1994 年 7 月。1994 年 1 月瑞典皇家科學院宣佈 1994 年克日阿福德（Crafoord）獎將由兩位微分幾何學家平分：丘成桐（哈佛大學）與西蒙・唐納德森（Simon Donaldson）（牛津大學）。這是國際獎金數額最大的數學獎（今年將為三十餘萬美元）。

克日阿福德基金獎簡介

克日阿福德基金於 1980 年由 Holgar Crafoord（1908—1982）與 Anna-Greta Crafoord（1914—　）捐款設立。Holgar Crafoord 是瑞典大工業家，曾獲經濟學與醫學榮譽博士。克日阿福德獎每年頒發一次，在四個領域中循環：數學、地學、生物、天文。但四個領域比重不同：第一年數學，第二年與第五年地學，第三年與第六年生物，第四年天文，第七年開始下一循環。第一循環自 1982 年開始。第二循環自 1988 年開始。第三循環自今年開始。

克日阿福德獎的提名辦法與諾貝爾獎不同。諾貝爾獎每一學科（如物理學）每年的候選人是由數百位被邀請的提名人所提出的。克日阿福德獎則每年由瑞典皇家科學院先就該學科內當時各專業的發展情況決定該年應注重其中哪一專業，再由皇家科學院的獎金委員會提名該專業的候選人。1994 年第三循環開始，輪到數學，瑞典皇家科學院於 1993 年秋認定微分幾何在近年有重要發展，是 1994 年應頒獎的專業，然後經過審慎的考慮，最後於今年 1 月間決定丘成桐與唐納德森為得獎人。

由香港走向科學高峰

丘成桐的父親丘鎮英是哲學家，曾任教於香港崇基書院與中文大學。丘成桐說他幼年受父母親影響極大（請參閱 1992 年 2 月 24 日北京《科技日報》所載丘成桐的一篇極動人的文章《母親》）。丘成桐於 1949 年 4 月 4 日在汕頭出生，後來隨父母遷居香港，兄弟姊妹七人之中他排行第五，曾在元朗某小學讀過一年級，然後轉到沙田公立小學讀了五年。

圖 94d. 1 丘成桐在普林斯頓高等學術研究所（1981）

中學是在九龍培正中學讀的，大學則是在中文大學數學系讀的。1969 年入美國加州大學柏克萊（Berkeley）分校，於 1971 年獲博士學位，導師是陳省身教授。

圖 **94d. 2** 丘成桐夫婦在蘇聯喬治亞共和國（**1990**）。身後的火車廂是斯大林的專車

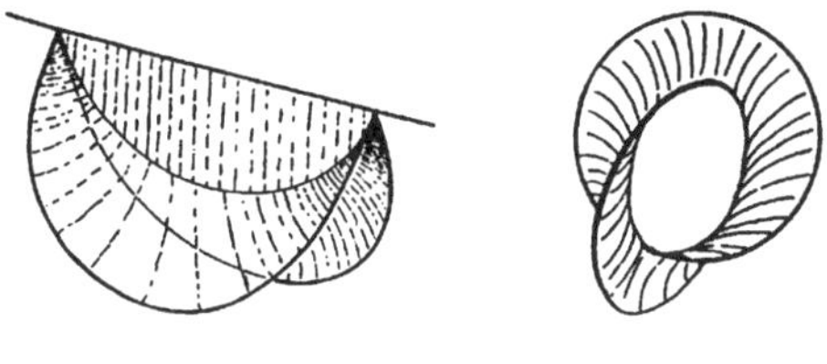

（甲）　　　　（乙）

圖 **94d. 3** 肥皂膜的形狀。肥皂膜是"極小曲面"，意思是：局部改動曲面則面積會增大。肥皂膜的形狀視邊界而定。（甲）邊界是一條直綫，與兩個圓弧。肥皂膜形成三塊，中間一塊是平面。兩邊是曲面。（乙）邊界是兩個一樣大小的圓環，二者扣在一起，像一串鏈子的兩個環節。肥皂膜形成一個極有趣的曲面

（原載 **R. Courant and H. Robbins**，***What is Mathematics?*** **Oxford University Press，1941**）

丘成桐的數學工作十分重要，曾因而獲得許多榮譽與學術獎。最重要的包括 1981 年的務愛布倫（Veblen）幾何獎，1982 年的費爾兹（Fields）獎章，1985 年的麥克阿瑟（MacArthur）獎，與今年的克日阿福德獎。他曾獲得中文大學榮譽學位，近年來兼任該校數學研究所所長。

丘成桐對微分幾何的貢獻

微分幾何是數學的重要的一支，發源於 19 世紀中葉。用通俗的話來講，可以說是研究各度空間裏的種種曲面與曲綫的幾何學。19 世紀發展出來的微分幾何學大家稱為黎曼幾何（Riemannian Geometry）。到了 20 世紀，法國數學家嘉當（E. Carton）引進了許多重要的新觀念，對微分幾何的發展有重大影響。可是到了 40 年代中葉微分幾何的發展似乎出了高峰已過的現象，亟待新的觀念的注入。正是這個時候陳省身發表了一篇文章，把一個曲面上的各個點附近的某些幾何性質與曲面整體的拓撲（Topology）聯繫了起來，這樣就大大推動了整體微分幾何學（Global Differential Geometry）。

整體微分幾何學是研究曲面整體拓撲性質與局部幾何性質之間關係的微分幾何學。什麼叫做局部幾何性質？舉一個例子：在三維空間中（見附圖）一個肥皂膜的表面有一種局部幾何性質，叫做極小曲面（Minimal Surface），這性質可以寫成一個微分方程，是肥皂膜的基本方程式。要決定附圖中肥皂膜的形狀就要研究這個微分方程的解——它的以圖中所示鐵絲為邊界的解。

局部幾何性質是以微分方程來表示的。愛因斯坦的廣義相對論就是建築在這樣一組微分方程式上的關於萬有引力的理論。要研究這一類微分方程（如極小曲面方程，或愛因斯坦的微分方程）的解的整體性質就要發展整體微分方程學(Global Differential Equations)。

近四五十年來整體微分幾何學與整體微分方程學都有了長足的進展，當然相互影響極大。可是其中有不少極基本、看起來很簡單的猜想，雖然多半數學家認定是對的，但是許多年來都得不到證明或反例，以致產生了各種的懸案。其中兩項就是卡拉比猜想（Calabi Conjecture）與愛因斯坦方程中的正質量猜想(Positive Mass Conjecture)。

二十幾歲的丘成桐在70年代中期發展出了強而有力的新方法來研究整體微分方程，從而使上面兩個猜想都得到了證明。他的方法和結果大大影響了近20年來數學界的許多分支：微分幾何、微分方程、拓撲學、代數幾何學、表示理論等等。此外，也影響了物理學中的廣義相對論。

世界級數學家

1982年丘成桐所得的費爾茲獎是於1983年在波蘭華沙國際數學大會（International Congress of Mathematics）上頒發的。介紹丘成桐的工作的數學家是紐約大學的尼潤柏格（Nirenberg)。尼潤柏格是克日阿福德獎1982年首次頒獎時的兩位得獎數學家之一。他在介紹丘成桐的演說中有下面一段話：

> 丘的工作涵蓋了整體微分幾何的全部，展現了強而有力的技巧、深度與廣度；也展現了丘的勇氣與視野。

今天大家公認丘成桐是五十歲以下最具影響力的世界級數學家。

《邵逸夫先生贈款項目專刊》前言

原載中華人民共和國國家教育委員會出版的專刊。

唐朝上元二年（761 年）秋，杜甫在成都寫了《茅屋為秋風所破歌》，其中有下面兩句：

安得廣廈千萬間，大庇天下寒士俱歡顏。

詩句是有名之極，可是詩人的願望卻只是一個遙不可及的夢想。

今天，一千二百多年以後，邵逸夫爵士已使杜甫的夢想逐漸實現。過去十多年間，邵爵士在一系列慷慨捐贈中，給了中國許多大學與研究所超過一百座大廈，給了中國許多中小學超過三百座大樓。今天大陸每一省，每一都市，都有至少一座邵逸夫大樓，許多農村都驕傲地展示它們嶄新的邵逸夫校舍。

邵爵士畢生致力於電影與電視事業，起源於他對教育與藝術的興趣，這是衆所周知的。鮮為人知的是他多年來對紅十字會和醫療界所作出的貢獻。中國人一向對捐血有極大的誤解。邵爵士能夠從在學的小孩子開始，透過漫長的教育工作，從而把香港人對捐血的看法改變過來，這是他的一大成就。另一個反映邵爵士對醫療界的貢獻的實例，是他創建了杭州的一家醫院，這是他多年來極關注的事業。

我認識邵爵士已十餘年，在他那溫厚儀容的背後，我看到堅強的意志。他多年如恆地對中國教育界與醫療界各階層的慷慨捐贈是史無前例的壯舉。他的慈善心腸和溫文而堅定的高尚情操是我們的永恆的榜樣。

接受香港電臺訪問的記錄

楊振寧於1995年1月28日接受香港電臺曾智華先生訪問的談話全文。

曾智華: 大家都知道最近兩日西昌發射中心長征二號火箭發射的亞太二號通訊衛星，昇空不到一分鐘即爆炸了。其實十年前我有一次在加拿大逛商場的時候，忽然間人聲鼎沸，人人奔走相告，面露驚惶之色，原來電視上直播肯尼迪中心的昇空火箭發生爆炸，所有人都嚇呆了。今次中國同樣發生火箭爆炸事件，令人對中國的科技水平極為關注，楊教授，你作為蜚聲國際的華人科學家，對此事件有何看法?

楊振寧: 中國的科技水平是很高的，當然在很多地方比起西方最進步的國家仍有不足之處，但在火箭技術方面，全世界都認為中國的技術是很進步的。這次爆炸並不是很稀奇的事情，因為這種沒有人的火箭，在國際上爆炸的例子多得很，過去11個月裏，日本的火箭就已經爆炸了2個，原因是想用最少的錢把最大的重量打上去，所以設計的時候不能花太多的錢。這件事情對於香港的電視廣播事業當然有些影響，我想也許要拖慢一兩年了。

曾智華：這次事件，會否大大打擊外國對中國發射衛星技術的信心，或者拖慢中國在這方面的科技發展？

楊振寧：不然，因為國際上對中國的火箭技術是很佩服的。比如說美國的 Hughes（休斯）衛星公司就特別要讓中國來替它製造，原因是中國造得比較便宜，而且過去幾年的成績很好。這次爆炸事件一般人講起來以為是很大的失敗，其實在內行人看起來並不是那麼稀奇的事情。

曾智華：講起科技，大家都知道它對於國家富強非常重要，你前年曾經公開估計 21 世紀中葉，中國極可能成為世界級科技強國。近日人人在談論鄧小平的健康，雖然他並沒有實在的職務，但他實際上是控制着中國的。假如他逝世後，中國會變成怎樣，無人能夠預知，也許會出現政治混亂的局面，這樣會否進一步拖慢中國的科技發展，因而令你的預測無法實現？

楊振寧：中國的科技發展跟世界各國的科技發展是一樣的，當然會受到政治的影響。假如鄧小平逝世後，中國發生大亂，對於科技的發展當然不利，不過我認為大亂不見得會發生，小亂恐怕不能避免，但小亂亦不見得會影響科技的發展。最好的例子，是過去從 1949 年至今，大陸發生過種種的動亂，比如說 1957 年開始有反右的事情，在 60 年代有很大的災荒，到了"文革"的時候，又有很大的動亂。這些動亂對於科技發展當然都有影響，可是你從長期的發展來看，中國這 40 年來是有長足的進展，中國能夠把火箭發射上去，正是一個很好的證明，今天中國的科技是相當進步，中國的火箭技術還要比日本來得先進。政治動亂會影響科技發展，不過總體的發展，從長遠的角度來看，你會發現這些政治動亂是不能阻止科技的遠程發展。

曾智華：為什麼你認為鄧小平逝世後不會有大亂？

楊振寧：因為中國這 15 年來通過改革開放，人民的生活都提高了，不只是在大城市里，在鄉村里人民的生活也提高了，這是所有到中國去看過的人都同意的看法，在這種情況下，大家都不願意動亂得太厲害。鄧小平逝世後，中國現在的幾位領導人，如江澤民、李鵬、喬石、朱镕基等，以及比他們年輕一些的領導人，我認為他們目前都有一個共識，就是維持一個穩定的狀態對於中國最有好處，而且對於他們每一個人的工作亦有最大的好處，所以我想兩三年之內不會發生很嚴重的問題，但兩三年之後會發生什麼問題則現在很難預料。大家必須要注意，今天中國的情形跟 1975 年、1976 年毛澤東快要去世的時候是完全不同的，那時情況很不穩定，而且沒有一個已經行之好幾年又有成績的領導班子，當時的"四人幫"、華國鋒等，都未被證明是有能力的領導人。今天的情況並不是這樣，所以我想今天不會出現像 1976 年"四人幫"倒臺時的狀態。

曾智華：從歷史來看，中國人似乎先天上是比較優秀的，在古代已發明印刷術、火藥、指南針、造紙術等等，而西方人當時並沒有這些發明。

楊振寧：先天優秀說我覺得沒有根據。一切發展都受當時社會的結構與社會的思想影響。中國古時候的發展對於實用比較注意，比如說你需要一個東西可以爆炸，所以中國就發明了火藥；你需要一個東西可以告訴你往哪一個方向走，所以中國就發明了指南針。可是對於理論的結構，中國以前不夠注意，西方則承繼了希臘人的傳統，對於理論的結構非常注重，例如歐幾里得的幾何學，就鑽研到非常深入的邏輯系統裏去，這方面中國從前沒有發展。另一方面，西方在文藝復興以後，它們的政治、社會、經濟結構跟中國明朝、清朝時候的結構完全不一樣，這許多原因都使得近代科學沒有在中國萌芽。

曾智華：楊教授，本來中國是比較進步的，但在某一個時期科技卻停止了發展，是否因為中國人一直生活在獨裁和高壓的統治下，欠缺了培育思想的環境，因而經歷了數百年的科技黑闇期？

楊振寧：中國在明朝、清朝的時候，因為種種的緣故，科技不能夠發展，從科技的歷程來說，整個中國都裹足不前。不過到了民國初年，通過五四運動，中國有了改變，就是願意接受西方的科技思想，以及一些政治思想。我想你也知道五四運動時提出了賽先生與德先生，賽先生者就是Science（科學），德先生者就是Democracy（民主），這以後中國的科技有了長足的進展。我1945年到美國，是中國派人到西方吸取西方科技思想的第三代。第一代人到日本去的時候，他們在國內沒有念過科技，所以他們到國外通常只念到學士，或者是碩士就回國了。他們回國之後教授出來的便是第二代，即我父親那一代，他們在中國已經學到了一些近代科技，所以當他們到美國、日本、歐洲留學時，很多人都取得了博士學位。他們回來後教授出來的便是第三代，就是我這一代，我們第三代的人很多在國內已經達到了科技的前沿，比如說 40 年代我在昆明西南聯大念大學時所念的課，已經跟國際上的課可以看齊了。

曾智華：其實 1900 年左右，中國開始認識到西方科技的發展對中國的重要性，所以派留學生出國。剛才你提到，中國目前有尖端的科技，但為何人民不能在日常生活中享受到成果？

楊振寧：實際上中國的一般老百姓已經享受了科技發展的成果。大家都知道這 15 年改革開放以來，中國經濟大大地發展，能夠發展得那麼快，一部分是因為中國現在懂得做生意，但單單懂得做生意還不夠，還需要有人知道怎樣運用及修理從外面引進來的科技設備，所以另一部分原因是在改革開放以前中國對科技發展方面做了些準備工作。中國在 1949 年以後，訓練了幾百萬科技人才，這些人才現在發揮了作用，所以我認為中國的科技發展對於今天中國的經濟成長已經發揮了作用，而且以後還會發揮更大的作用。

曾智華：那麼是否目前的制度使得中國的尖端科技未能為普通的人民帶來利益？

楊振寧：我想一定會受益的。過去這 15 年，中國的經濟增長率是差不多每年 10%，以後要繼續維持這個增長率的話，必須要有科技的貢獻，例如中國現在大大發展的生物工程，將來能夠給國家賺來的財富是數不清楚的。中國現在有很多生物科技的人才，所以我相信在 10 年之內中國在這方面一定能創造出很多的財富，而這些財富是建築在科技發展上面的。

曾智華： 過去一個世紀，中國飽受西方列強欺凌，為何仍然派學生去如美國等不太友好的國家留學，是否有政治目的？

楊振寧： 我想不能講政治目的，實在目的是很簡單。比如說戰時重慶的政府，非常清楚中國的科技太落後，不止是科技落後，整個學術水平都落後，所以就派人去留學。像我們一起於 1945 年出去的二十幾個人是取得第六屆清華留美公費的，這二十幾個人後來有很多人在學術方面都有成就。

曾智華： 你 1945 年離開中國，到 1971 年才第一次回國，整整 26 年都沒有回國，是否被人禁止，不準把科技帶回中國？

楊振寧： 我是 1945 年到美國的，至 70 年代初之間，我一直跟我在上海的父母親經常通訊。那時有許多去美國唸書的同學，不敢跟他們家裏的人通訊，因為他們怕美國政府干涉，怕中國政府對他們的父母不利，可是我採取的態度是我跟我父母、兄弟姊妹通訊是天經地義的，沒有人能夠說不好，所以我們繼續通訊。到了 1970 年、1971 年的時候，我看得出美國和中國政府瞭解到兩個國家不通消息對兩個國家都不好，那時候兩個國家都認為蘇聯是最大的敵人，因此兩個國家彼此都在想辦法嘗試可不可以有接觸，大家都知道有所謂乒乓外交的事情。我就利用這機會，我認為這好像是關起來的門打開了一點，我想趕快回去，看看我父母。當時有一些美國朋友，無論是華裔或不是華裔的都說你要小心，你回去可能被中國扣住，不讓你出來。我說不會的，因為我對於中國政府有些瞭解，假如我回去以後跟中國政府說我願意留在中國，中國一定會說歡迎，假如我不說這句話，他們是不會扣住我的。結果我是對的。

曾智華： 其實是否美國也不想你們囬去中國？

楊振寧： 美國起先不希望像我這樣的人囬去，因為他們怕中國人在美國學了科技囬去幫助中國，所以在朝鮮戰爭發生的時候，杜魯門下了一個命令，在美國得到科學技術博士學位的中國人不可以囬中國。

曾智華： 你是飲"美國科技奶水"長大的人，50、60 年代中美處於敵對狀態，你一方面是中國人，受公費留美，一方面在美國被扣住不準走，後來你更入了美籍。我想知道你當時有沒有身份的危機？

楊振寧： 曾先生，你的問題很中肯。我個人的情形是這樣，因為我學的是物理，裏頭有一部分是核物理，也是我所學的，而核物理跟原子武器有很密切的關係。由於我深深知道這一點，所以在 50、60、70 年代，一直到今天，我都不跟這個方向接近。美國製造原子彈的基地叫 Los Alamos，我在 50、60、70 年代都不去這個地方，因為我怕如果我去這個地方，即使我沒有在裏面工作，美國的密探就會對我注意，受到注意以後，將來如果我想要到中國去探親，可能會發生困難，所以我把這地方推得遠遠的。

曾智華： 即是說你自己從沒有試過自願或被迫加入美國的國防部去發展軍事裝備，即等於攻打自己的同胞？

楊振寧： 我跟他們完全不發生關係，我是 keep it at arm's length。

曾智華： 你自己本身是中國人，受公費留學美國，獲得諾貝爾物理學獎，令許多華人都感到光榮，50 年代很多年輕人都視你為偶像，包括我的長輩。但很奇怪，在節目開始時，我說你是中國人之光，取中國人的錢留學美國，為什麼你要入美籍？為何要放棄中國人的身份？我看過你寫的書，知道你以身為中國人為榮，為何你要辜負你的親人、長輩、朋友、同胞的期望？

楊振寧：曾先生，這個問題問得很好，因為這個問題確實是很多像我這樣的中國人在美國很多年以後一個切身的問題。你可以這樣講，我的父母是中國人，我的子女是美國人，因為他們都是在美國出生的，所以我是介乎於美國與中國之間。中國跟美國發生很嚴重的衝突時，當然我的處境是比較困難，這個處境困難其實最主要是來自心理上的。因此我採取的態度是：(1) 我跟我在中國的父母親不斷絕聯繫，(2) 美國關於武器的工作，我跟它不發生關係。這樣並沒有發生大問題，美國政府對於我和中國政府對於我父母都沒有發生大問題。

剛才你問我 1971 年回中國，美國政府對這事的態度怎麼樣。也許你會覺得很奇怪，在我通知了美國政府我要回中國探親，美國政府的回答是由美國白宮裏的科學顧問告訴我的，他們說很歡迎我回去，為什麼呢？因為那時美國跟中國想要接近，他們覺得像我這樣的人到中國，對於促進中國和美國的交流有好處，所以他們說歡迎，不過他們說不能幫我拿到簽证，我說這不成問題，我可以自己去弄。在那以前我已寫了一封信給我的父親，說我想到中國去探親，我父親就寫了一個報告給國務院，後來國務院通知我父親說歡迎你的兒子來探親，你叫他到加拿大或法國的中國大使館去拿簽证，所以我就去了。

曾智華： 其實我剛才問你為何在1964年入美籍，放棄你的中國籍？有否後悔這樣做？

楊振寧： 這個在當時是一件很複雜，而且很困難的事情。我始終知道我父親對於我放棄中國國籍是不太滿意的。我剛才跟曾先生講過，我在美國已經住了很多年，已經扎下根來了，我的子女是美國人，他們對於中國的瞭解很少，而我在美國的朋友也很多了，所以假如說我是一棵樹的話，這棵樹在美國的根已經很壯大了。另外當然還有一些實際的問題，比如說我當時拿的是國民黨的護照，拿這個護照去各個地方做學術訪問之類的事情很困難，像我這樣的人在60年代，因為這緣故而去換成美國護照的有很多人。

曾智華： 你35歲獲得轟動世界的諾貝爾物理學獎，獲獎後有否覺得像背起大包袱，無法再突破自己？

楊振寧： 說是大包袱就不見得，因為我自己覺得我的研究工作還可以做，所以我主要的工作仍是做研究。是不是有一點的包袱感呢？有一點點，不過不是剛才曾先生所講的方向。我得到諾貝爾獎金以後，發現全球所有華裔的人，不管是在大陸的、在臺灣的、在香港的，甚至比如說有一年我到巴西去，巴西的華僑有幾百人到飛機場去歡迎我，令我感覺到，因為我在科學上有了一些成就，在世界上有一點名氣，使得全球華裔的人都高興，這一點使我覺得我有一個責任，而這個責任有一點點的壓力。

假如今天曾先生問我，你覺得你這一生最重要的貢獻是什麼？我會說，我一生最重要的貢獻是幫助改變了中國人自己覺得不如人的心理作用，我想我在科學工作的成就幫助中國人的自信心增加了，這個恐怕是我一生最重要的貢獻。

曾智華：根據記錄顯示，華人得到諾貝爾獎的少之又少，而且全部都在科技領域，為何在和平、文學、醫學、經濟等等全都沒有華人得獎？

楊振寧：是這樣的，曾先生，目前華裔的人得到物理學獎的已經有 3 個人，化學獎有 1 位，生物學獎到現在還未有華裔的，不過我覺得 10 年之內一定有，為什麼呢？因為現在你看科學雜誌，在生物研究方面的中國人多得很，而且有很重要成績的人也很多，所以我預言在 10 年之內會出現華裔的生物學諾貝爾獎得獎人。

文學獎是一件很麻煩的事情，它跟瑞典皇家文學院裏幾位先生的看法有關係，不過我預言在 20 年之內華裔一定會得到諾貝爾文學獎。

曾智華：其實一直拿不到獎，會不會跟語言有關？例如他們看慣英文，不懂中文，不懂得欣賞我們的文學呢？

楊振寧：這個有關係，不過不是決定性的關係，你看日本人已經得到兩個文學獎。

和平獎呢，這個獎比較複雜，因為和平獎更是主觀的成分多。你要問我，我可以開玩笑地講，假如華裔的人想得到和平獎，最好是當臺灣跟大陸的關係很緊張，將要打起來的時候，有一個人出面把這件事情調停了，那麼按照他們現在的辦法，那個人便可能得到諾貝爾和平獎。

曾智華：假如是這樣，你根本不希望看見這個獎出現。

楊振寧：當然。

曾智華：聽說有人提名民運人士魏京生得諾貝爾和平獎，你的看法如何？

楊振寧：諾貝爾和平獎委員會的成員是一些理想主義者，對於實際的情況往往不清楚。如果魏京生得到諾貝爾和平獎，對於中國的經濟成長和 12 億人民的生活都不利，所以我希望魏京生不要得到和平獎。

曾智華：目前你不停地奔走於大陸、港、臺，以及美國之間，你認識那麼多領導人，就你的經驗看，你估計中國人什麼時候可以完成統一的大業？

楊振寧：這個問題很複雜，不是我能夠給一個準確的回答。近年來大陸和臺灣，尤其是有香港處於其中，交往多了很多。我自己在香港、大陸及臺灣認識的人很多，做了很多幫助兩岸交流的工作。現在像我做這方面事情的人很多，做生意的人也在做這樣的事情，做學術的人也在做這樣的事情，長久以後，我想會增加臺灣和大陸之間的瞭解，對於最後和平解決兩岸分開的問題是有好處的。

曾智華：這是否是你人生之中剩下來的日子最大的願望？

楊振寧：我最大的願望是在我有生之年能夠看見兩岸的統一和平實現。

後記（楊振寧）

接受香港電臺的訪問前，我並不知道曾智華先生是有名的常會問敏感問題的主持人。今天重讀此訪問記錄，再度感受到他那天對中國的不太友善的態度。

施温格

原文是楊振寧於 1995 年 4 月 20 日在美國華盛頓 APS－AAPT 會議中紀念施温格集會上的演講。載於 *Julian Schwinger*, ed. Y. Jack Ng, World Scientific, 1996. 譯者：張奠宙。

1946 年，當我在芝加哥大學做研究生時，朱連・施温格（Julian Schwinger）已是一位傳奇性人物了。我聽到過許多有關他的故事，諸如戰時在麻州劍橋的無綫電實驗室的令人敬佩的工作，以及在別人吃晚飯之前從不到辦公室工作等等。

我也有機會讀他的一些引人入勝的論文。至今我還能生動地記起在圖書館閱讀他的論文時的情景。第一篇是他和泰勒合作的有關正氫和仲氫的中子散射［*Phys. Rev.* **52**, 286 (1937)］。我也記得曾仔細研讀過他和 W. Rarita 合寫的關於中子—質子相互作用的論文［*Phys. Rev.* **59**, 436（1941)］。

此後發生了重整化的大事。讓我們回顧一下這一段歷史。在 Shelter 島會議上，Lamb 和 Retherford，還有 Foley 和 Kush 報告了令人興奮的結果，那是 1947 年 6 月的事。值得關注的是，此後只在幾個星期之内，Bethe 就提交了一篇論文［*Phys.*

Rev. **72**，339（1947）]，計算了 Lamb 的"位移"。他得到了 1040 MHz。同樣令人關注的是，幾個月之後，施温格在 1948 年初發表了重要論文［*Phys. Rev.* **73**，416（1948）]。我記得這篇論文在 1947 年底完成，1948 年初刊出。對電子的超磁矩量給出了著名的常數（$\alpha/2\pi$）。他在紐約的 APS 會議（1948 年 1 月 29—31 日）上報告了這一結果。

接着是著名的 Pocono 會議（1948 年 3 月 30 日—4 月 1 日）。我那時只是一名研究生，沒能參加這一會議。芝加哥大學的泰勒、費米、文策爾去了。費米通常在會議上沒有作筆記的習慣，但這次卻帶回了長篇的筆記，因為在他聽施温格報告時已意識到這將是一個歷史性的事件。當他回到芝加哥時，怎麼消化這些筆記呢？費米把泰勒、文策爾和四個研究生（Geoffery Chew，Murph Goldberger，以及 Marshall Rosenbluth 和我）找到他的辦公室，我們打算用幾星期時間把費米所記錄的施温格演講內容弄清楚。這樣，我們從 1948 年的 4 月一直工作到 5 月。Murph 做記錄，至今我還保留着一份複本，共 49 頁。在費米的辦公室裏，我們一周碰頭幾次，每次約兩小時。六個星期之後，大家都覺得很累，而且我們七人中沒有一個感到真正弄明白了施温格的工作。我們只知道施温格完成了一些輝煌的工作，例如他已得到（$\alpha/2\pi$），以及他已經進入具體計算 Lamb 位移的階段。

在六星期工作的末尾，四個研究生中有人問："是不是費曼也說過話？"三位教授都說："是的，是的，費曼確實說過。""那麼費曼說了些什麼？"沒有人說得清楚。大家只記得費曼的奇怪記號：帶有斜杠的 P。

現在讓我們來再次回顧重整化理論的歷史。上面我已提到，第一篇論文是施温格完成的。第二篇則是日本人 H. Fukuda，Y. Miyamoto，和 S. Tomonaga 的論文［*Prog. Theo. Phys.* **4**，47，121（1949）］。然後，施温格在 1949 年又回到這一問題，得到了 1051 MHz［*Phys. Rev.* **75**，898（1949）］，從理論觀點來看，這是 Lamb 位移的正確值。接着是費曼［*Phys. Rev.* **76**，749，769（1949）］。所以，這三篇由 Tomonaga，施温格、費曼分別完成的論文，給出了有關 Lamb 位移正確的相對論的公式和計算。在那前後的另外重大事件是 Freeman Dyson 發表的兩篇論文［*Phys. Rev.* **75**，486，1736（1949）］，它向人們，像我這樣的剛做博士後的年輕人，解釋了正在發生的事情，並幫助他們克服學習那些複雜論文時的困難。在對重整化理論作出過貢獻的人們中，從理論研究方面說，還應當包括 Bethe，Kramers，Lamb，Oppenheimer，Weisskopf 以及其他人。

從歷史的觀點來看，我認為，重整化在理論上和實驗上的進展，是第二次世界大戰以後第一個最激動人心的事件。它也標誌着歐洲在基礎物理學上一統天下的時代的結束，顯示一個新時代，美國時代的開始。

打個比方，重整化是本世紀基礎物理學發展中的一座高峰。攀登這一高峰是一樁困難的工作。它要求熟練的技術、巨大的勇氣、精確的判斷和頑強的毅力。許多人為此做出了貢獻。今天非常多的人能夠爬上這座山峰。但是，第一個征服這座山峰的人，則是施温格。

戰後在美國建立了許多夏季研討班。1948 年在著名的密歇根夏季研討班上，我第一次見到施温格。但是我其實並沒有認識他。他非常靦腆，一個和他不認識的人能和他討論物理是很難的。我真正認識他是在 1958 年，我們都應 Bob Sachs 的邀請訪問位於麥迪遜的威斯康星大學。在那個夏天，施温格和他的太太 Clarice，我的妻子致禮和我，大家常在一起。我漸漸懂得施温格不僅是一位偉大的物理學家，而且是一位高尚的人。

施温格能夠極好地運用英語，即使在非正式場合的談話中，他也說完美的、精緻的、流暢的語句。在費米實驗室 1980 年舉行的關於粒子物理的會議論文集裏可以找到一個很好的例子：施温格在會議上做了《重整化和量子電動力學——個人的見解》的演講。這是一篇十分引人入勝的文章。他一步一步地給出了重整化理論發展的詳細過程。同時也清楚地證明了他運用英語的高超能力。我極力向各位推薦這篇文章。

文章中最動人的句子是："恰如晚近以來的硅片那樣，費曼圖把場論計算推廣了給大衆（like the silicon chip of more recent years, the Feynman diagram was bringing computation to the masses）。"

我覺得施温格有理由感到不愉快：由於費曼是一位令人眼花繚亂的表演家，年輕一代已經忘記，第一個征服重整化高峰的人是施温格。

費曼和施温格是我們時代的兩位偉大的物理學家。他們各自都做出了許多深刻的貢獻。他們都出生於 1918 年。但就個人舉止而言，他們之間的差異極大。我常常在想，人們可以寫一本書，題為《一項比較研究：施温格和費曼》，小標題為：

> 百分之二十天生的馬戲班丑角，百分之二十專門的違規者，百分之六十偉大的物理學家，費曼為了成為偉大的表演家和成為偉大的物理學家做出了同樣的努力。
>
> 腼腆、博學，講精緻而流暢的英語，施温格是文化完美主義者的代表，一位十分內向的學者。

我於 1966 年從普林斯頓高等研究院移往紐約州立大學石溪分校。和石溪的行政領導一起，我作了許多努力，想把施温格吸引到石溪的物理研究所。我在給施温格的一封信中着重談了這一點（日期是 1968 年 4 月 18 日）：

> 還想說的是我們希望很快會聽到你的回復（我希望是肯定的答復）。
>
> 請允許我補充說一點我一直有的意見：即使像哈佛大學這樣最負盛名的地方，也不能給您增加榮耀。而是您會給您選擇加入的任何研究機構帶來榮耀。

我們很不走運，施温格去了加州大學洛杉磯分校（UCLA）。許多年以後，我收到 UCLA 物理系系主任的一封來信，要我支持聘請施温格為大學講座教授。以下是我的回復（日期為 1978 年 6 月 13 日）：

> 朱連・施温格教授是當今最偉大的物理學家之一。他的工作覆蓋了廣闊的領域，從核物理到基本粒子物理，到場論；從同步加速器到群論，到微波輻射。在過去 30 年間，他對這些領域所貢獻的重要而本質的思想，已經

影響了每個領域。

施温格最重要的工作是他對重整化的貢獻。它屬於20世紀中葉物理學最偉大的進展之列。

施温格是一位成績卓越的教師。他所培養的有廣泛影響的理論物理研究生，比其他在世的理論物理學家所培養的恐怕都要多。他的演講總是精緻修飾的、漂亮的，而且具有施温格對物理學處理的個人特徵的特殊風格。

施温格是一位靜思的人物，在物理科學之外的許多智力領域中具有敏鋭的直覺和深刻的洞察力。

我毫無保留地支持聘請施温格作為加州大學“大學講座教授”的提案。我唯一感到驚訝的是他當初加入UCLA時沒有被聘任這一職位。

與 Lars Onsager 的過往

原載 *The Collected Works of Lars Onsager with Commentary*, ed. P. C. Hemmer, et al, World Scientific, 1996. 譯者：翁帆。

我在中國昆明的時候，從碩士論文導師王竹溪先生口中第一次聽到 Onsager 這個名字。20 世紀 30 年代，王先生在英國劍橋跟 R. H. Fowler 學習有序—無序躍遷。1944—1945 年的一天他告訴我，Onsager 已經找到了二維空間伊辛模型的嚴格解。王先生是一位安靜、保守的人，那天他卻顯得非常興奮。半個世紀後的今天，我仍然能夠記得他告訴我 Onsager 的論文時那種仰慕與興奮的口氣。後來我找了那篇論文來細讀，可是始終不明白 Onsager 的方法。他似乎總是喜歡計算對易式（commutator），而從不解釋為什麼要這樣做。

幾年後，當我在芝加哥大學做研究生時，再次閱讀了 Onsager 的論文，並花了大量時間仔細研究，可是又一次毫無進展。

1949 年秋天我成為普林斯頓高等研究中心一員（用今天的名詞即博士後）。奧本海默為了幫助我應付美國移民局，把我名義上調為 Pais 的助理，可是我沒有真正幫 Pais 做過什麼事情。那一年高等研究中心的所有人員，包括我在內都在研究場論和基本粒子，統計力學當時並不是一個熱門題目。可是偶然地在 1949 年 11 月裏的一天，通過與 Luttinger 的談話[1]，我得知一個新的 Onsager-Kaufman 方法極大地簡化了 Onsager 的論文。更重要的是，這新方法建立於許多“反對換”矩陣的表示論上，而我在學習 Dirac 方程時就曾充分瞭解此表示論。就這樣，我終於明白了 Onsager 的方法。我曾描述這件事如何使得我後來在 1951 年計算[2]出 magnetization，稱此計算為“我一生最漫長的計算”。

我所做的是用轉移矩陣的兩個最大本征態，來計算二者之間的一個矩陣元。Onsager-Kaufman 已經算出了這兩個本征態，可是矩陣元的計算卻是漫長和曲折的。我在計算的時候，Bruria Kaufman（當時在高等研究中心）告訴我她跟 Onsager 已經計算出這個系統的短程序。其極限，即長程序，是 magnetization 的平方。比較他們的結果與我的計算結果，正好吻合，這讓我在長時間的掙扎後極為高興。（請參考［2］中第 I 節末的討論。）我始終不知道為什麼，Onsager 跟 Kaufman 從未發表他們的長程序計算。

我也一直不明白為什麼 Onsager 在 1944 年的論文裏做了那麼多 commutator 的計算。最後於 1965 年 3 月在肯塔基州的 Lexington 機場從 Onsager 自己的口中才得知其秘密：通過對角化 2x∞，3x∞，4x∞，5x∞，6x∞ 晶格的轉移矩陣的經驗，他看清楚了轉移矩陣隱蔽着一個乘積結構。那些 commutator 計算就是為了尋找此乘積。（參考［1］，第 11—13 頁。）

回顧 20 世紀 50 年代，我第一次遇見 Onsager 是在 1953 年的東京—京都國際會議上，那次我聽了他一個演講。他聲音很低，而每當他認為聽衆應該已懂了他的要點時，他就做出高興的微笑。（然而，大多數時候，聽衆完全莫名其妙。）那一天，他沒有講伊辛模型，而我完全沒有從他的演講裏得到什麼收穫。

Onsager 和我的道路的下一個交叉點是 1963 年春天我訪問斯坦福大學時。那年 Bill Fairbank 跟 Bascom Deaver 正在做艱難的磁通量量子化實驗。就是那個時候我得知 1948 年在 Shelter Island 舉行的低温物理的會議上，Onsager 已經預言到超流氦中的旋渦量子化。這是一個大膽而聰明的猜想，很可能影響了 F. London 後來關於磁通量量子化的猜想[3]，這同時也是 Onsager 有深遠的物理洞察力的另一個好例子。

我們的道路再一次交叉是當我在尋求瞭解磁通量量子化，以及 Bose 凝聚時，閱讀了 Penrose[4]的、和 Penrose 跟 Onsager[5]合寫的論文。這些都是重要的文章，他們用比 London 的模糊的“平均動量的長程序”更廣義的說法闡述 Bose 凝聚。我推廣了他們的結果到費米子的情況，寫了一篇文章[6]。在文章裏我創造了“非對角長程序”（ODLRO）這個新詞，這是我現在仍然非常喜歡的一篇文章。

注釋：

［1］Chen Ning Yang，*Selected Papers*（*1945—1980*）*With Commentary*（Freeman，1983）.

［2］C. N. Yang，*Phys. Rev.* **85**，808（1952）.

[3] See my article in *Near Zero*: *New Frontiers of Physics*, eds. J. D. Fairbank, B. S. Deaver, Jr., C. W. F. Everitt, and P. F. Michelson (Freeman, 1988), p. 252.

[4] O. Penrose, *Phil. Mag.* **42**, 1373 (1951).

[5] O. Penrose and L. Onsager, *Phys. Rev.* **104**, 576 (1956).

[6] Chen Ning Yang, *Rev. Mod. Phys.* **34**, 694 (1962).

後記（楊振寧）

Onsager（1903—1976）是 20 世紀一位大化學家，於 1968 年獲諾貝爾化學獎。他對物理學也有許多獨創性的貢獻，尤其是他 1944 年的那篇文章引導出後來統計力學裏面的許多發展。我一生得過許多獎項，1999 年獲得的美國物理學會頒發的 Onsager 獎使我特別高興。

一封關於鄧小平的唁電

1997 年 2 月 20 日楊振寧發出一封唁電。電文如下。後來刊登於《人民日報・海外版》1997 年 3 月 1 日。

江澤民主席先生:

一九七三年七月十八日周總理介紹我見鄧小平先生，至今已二十三年。這二十三間鄧小平先生神奇地改造了二十世紀的歷史:

他以扭轉干坤的魄力改變了中華民族的精神面貌，解放了十二億人民的生產力，創建了嶄新的中華人民共和國的未來。

他是二十世紀世界各國領袖中數一數二的真正偉人。

楊振寧
九七年二月二十日

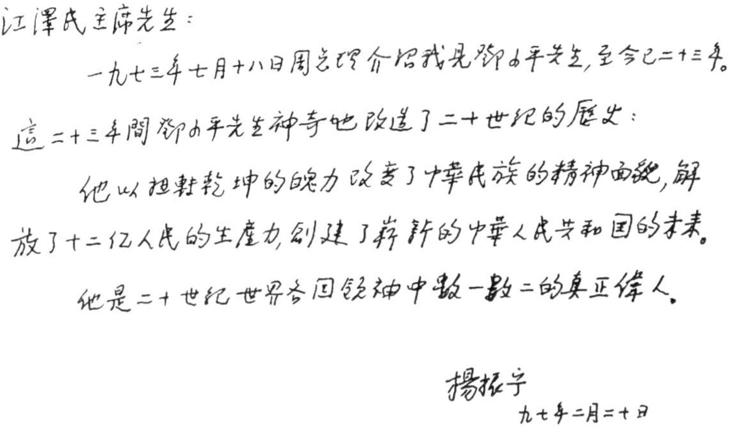
江澤民主席先生：

一九七三年七月十八日周总理介绍我见鄧小平先生，至今已二十三年。這二十三年間鄧小平先生神奇地改造了二十世紀的歷史：

他以扭轉乾坤的魄力改变了中華民族的精神面貌，解放了十二亿人民的生產力，創建了崭新的中華人民共和国的未來。

他是二十世紀世界各国領袖中數一數二的真正偉人。

楊振宁
九七年二月二十日

圖 **A97d. 1**　楊振寧致江澤民主席先生的信

美與物理學

1997 年 1 月 17 日在香港中華科學與社會協進會與香港中文大學主辦的演講會上的講詞，講題原為《科學工作有沒有風格?》。載於《二十一世紀》1997 年 4 月號，總第 40 期。

19 世紀物理學的三項最高成就是熱力學、電磁學與統計力學。其中統計力學奠基於麥克斯韋（J. Maxwell，1831—1879）、波耳茲曼（L. Boltzmann，1844—1905）與吉布斯（W. Gibbs，1839—1903）的工作。波耳茲曼曾經說過[1]：

> 一位音樂家在聽到幾個音節後，即能辨認出莫扎特（Mozart）、貝多芬（Beethoven）或舒伯特（Schubert）的音樂。同樣，一位數學家或物理學家也能在讀了數頁文字後辨認出柯西（Cauchy）、高斯（Gauss）、雅可比（Jacobi）、亥姆霍茲（Helmholtz）或克爾期豪夫（Kirchhoff）的工作。

對於他的這一段話也許有人會產生疑問：科學是研究事實的，事實就是事實，哪裏會有什麼風格？關於這一點我曾經有過如下的討論[2]：

> 讓我們拿物理學來講吧。物理學的原理有它的結構。

這個結構有它的美和妙的地方。而各個物理學工作者，對於這個結構的不同的美和妙的地方，有不同的感受。因為大家有不同的感受，所以每位工作者就會發展他自己獨特的研究方向和研究方法。也就是說他會形成他自己的風格。

今天我的演講就是要嘗試闡述上面這一段話。我們先從兩位著名物理學家的風格講起。

一、狄拉克

狄拉克（P. Dirac，1902—1984）（圖 97a. 1）是 20 世紀一位大物理學家。關於他的故事很多。譬如：有一次狄拉克在普林斯頓大學演講，演講完畢，一位聽衆站起來說："我有一個問題請回答：我不懂怎麼可以從公式（2）推導出來公式（5）。"狄拉克不答。主持者說："狄拉克教授，請回答他的問題。"狄拉克說："他並沒有問問題，只說了一句話。"

圖 97a. 1 狄拉克 **1969** 年在美國紐約州石溪（**L. Eisenbud** 攝）

這個故事之所以流傳極廣是因為它確實描述了狄拉克的一個特點：話不多，而其內涵有簡單、直接、原始的邏輯性。一旦抓住了他獨特的、別人想不到的邏輯，他的文章讀起來便很通順，就像“秋水文章不染塵”，沒有任何渣滓，直達深處，直達宇宙的奧秘。

狄拉克最了不得的工作是 1928 年發表的兩篇短文，寫下了狄拉克方程[3]：

$$(pc\alpha + mc^2)\psi = E\psi \qquad (D)$$

這個簡單的方程式是驚天動地的成就，是劃時代的里程碑：它對原子結構及分子結構都給予了新的層面和新的極準確的瞭解。沒有這個方程，就沒有今天的原子、分子物理學與化學。沒有狄拉克引進的觀念就不會有今天醫院裏通用的核磁共振成像（MRI）技術，不過此項技術實在只是狄拉克方程的一項極小的應用。

狄拉克方程“無中生有、石破天驚”地指出為什麼電子有“自旋”（spin），而且為什麼“自旋角動量”是 1/2 而不是整數。初次瞭解此中奧妙的人都無法不驚嘆其為“神來之筆”，是別人無法想到的妙算。當時最負盛名的海森伯（W. Heisenberg，1901—1976）看了狄拉克的文章，無法瞭解狄拉克怎麼會想出此神來之筆，於 1928 年 5 月 3 日給泡利（W. Pauli，1900—1958）寫了一封信描述了他的煩惱[4]：

> 為了不持續地被狄拉克所煩擾，我換了一個題目做，得到了一些成果。（按：這成果是另一項重要貢獻：磁鐵為什麼是磁鐵。）

狄拉克方程之妙處雖然當時立刻被同行所認識，可是它有一項前所未有的特性，叫做“負能”現象，這是大家所絕對不能接受的。狄拉克的文章發表以後3年間關於負能現象有了許多複雜的討論，最後於1931年狄拉克又大膽提出“反粒子”理論（Theory of Antiparticles）來解釋負能現象。這個理論當時更不為同行所接受，因而流傳了許多半羨慕半嘲弄的故事。直到1932年秋安德森（C. D. Anderson，1905—1991）發現了電子的反粒子以後，大家才漸漸認識到反粒子理論又是物理學的另一個里程碑。

20世紀的物理學家中，風格最獨特的就數狄拉克了。我曾想把他的文章的風格寫下來給我的文、史、藝術方面的朋友們看，始終不知如何下筆。去年偶然在香港《大公報》“大公園”一欄上看到一篇文章，其中引了高適（700—765）在《答侯少府》中的詩句：“性靈出萬象，風骨超常倫。”我非常高興，覺得用這兩句詩來描述狄拉克方程和反粒子理論是再好沒有了：一方面狄拉克方程確實包羅萬象，而用“出”字描述狄拉克的靈感尤為傳神。另一方面，他於1928年以後四年間不顧玻爾（N. Bohr，1885—1962）、海森伯、泡利等當時的大物理學家的冷嘲熱諷，始終堅持他的理論，而最後得到全勝，正合“風骨超常倫”。

可是什麼是“性靈”呢？這兩個字聯起來字典上的解釋不中肯。若直覺地把“性情”、“本性”、“心靈”、“靈魂”、“靈感”、“靈犀”、“聖靈”（Ghost）等加起來似乎是指直接的、原始的、未加琢磨的思路，而這恰巧是狄拉克方程之精神。剛好此時我和香港中文大學童元方博士談到《二十一世紀》1996年6月號錢鎖橋的一篇文章，才知道袁宏道（1568—1610）［和後來的周作人（1885—1967），林語堂（1895—1976）等］的“性靈論”。袁宏道說他的弟弟袁中道（1570—1623）的詩是“獨抒性靈，不拘格套”，這也正是狄拉克作風的特徵。“非從自己的胸臆流出，不肯下筆”，又正好描述了狄拉克的獨創性！

二、海森伯

比狄拉克年長一歲的海森伯（圖97a.2，97a.3）是20世

圖97a.2　海森伯1924年前後在德國格廷根（Göttingen）（原刊於D. C. Cassidy，*Uncertainty，The Life and Science of Werner Heisenberg*，W. H. Freeman，1992）

紀另一位大物理學家，有人認為他比狄拉克還要略高一籌[5]。他於 1925 年夏天寫了一篇文章，引導出了量子力學的發展。38 年以後科學史家庫恩（T. Kuhn，1922—1996）訪問他，談到搆思那個工作時的情景。海森伯說[6]：

圖 97a. 3　狄拉克與海森伯 1930 年前後在美國劍橋（原刊於 D. C. Cassidy，*Uncertainty*，*The Life and Science of Werner Heisenberg*，W. H. Freeman，1992）

爬山的時候，你想爬某個山峰，但往往到處是霧……你有地圖，或別的索引之類的東西，知道你的目的地，但是仍墮入霧中。然後……忽然你模糊地，只在數秒鐘

> 的工夫，自霧中看到一些形象，你說："哦，這就是我要找的大石。"整個情形自此而發生了突變，因為雖然你仍不知道你能不能爬到那塊大石，但是那一瞬間你說："我現在知道我在什麼地方了。我必須爬近那塊大石，然後就知道該如何前進了。"

這段談話生動地描述了海森伯 1925 年夏摸索前進的情形。要瞭解當時的氣氛。必須知道自從 1913 年玻爾提出了他的原子模型以後，物理學即進入了一個非常時代：牛頓（I. Newton，1642—1727）力學的基礎發生了動摇，可是用了牛頓力學的一些觀念再加上一些新的往往不能自圓其說的假設，卻又可以準確地描述許多原子結構方面奇特的實驗結果。奧本海默（J. R. Oppenheimer，1904—1967）這樣描述這個不尋常的時代[7]：

> 那是一個在實驗室裏耐心工作的時代，有許多關鍵性的實驗和大膽的決策，有許多錯誤的嘗試和不成熟的假設。那是一個真摯通訊與匆忙會議的時代，有許多激烈的辯論和無情的批評，裏面充滿了巧妙的數學性的擋駕方法。
>
> 對於那些參加者，那是一個創新的時代，自宇宙結構的新認識中他們得到了激奮，也嘗到了恐懼。這段歷史恐怕永遠不會被完全記錄下來。要寫這段歷史需要有像寫奧迪帕斯（Oedipus）或寫克倫威爾（Cromwell）那樣的筆力，可是由於涉及的知識距離日常生活是如此遥遠，實在很難想象有任何詩人或史家能勝任。

1925年夏天，二十三歲的海森伯在霧中摸索，終於摸到了方向，寫了上面所提到的那篇文章。有人說這是300年來物理學史上繼牛頓的《數學原理》以後影響最深遠的一篇文章。

可是這篇文章只開創了一個摸索前進的方向，此後兩年間還要通過玻恩（M. Born，1882—1970）、狄拉克、薛定諤（E. Schrödinger，1887—1961）、玻爾等人和海森伯自己的努力，量子力學的整體架構才逐漸完成[8]。量子力學使物理學跨入嶄新的時代，更直接影響了20世紀的工業發展，舉凡核能發電、核武器、激光、半導體元件等都是量子力學的產物。

1927年夏，二十五歲尚未結婚的海森伯當了萊比錫（Leipzig）大學理論物理系主任。後來成名的布洛赫（F. Bloch，1905—1983，核磁共振機制創建者）和特勒（E. Teller，1908— ，"氫彈之父"，我在芝加哥大學時的博士學位導師）都是他的學生。他喜歡打乒乓球，而且極好勝。第一年他在系中稱霸。1928年秋自美國來了一位博士後，自此海森伯只能屈居亞軍。這位博士後的名字是大家都很熟悉的——周培源。

海森伯所有的文章都有一共同特點：朦朧、不清楚、有渣滓，與狄拉克的文章的風格形成一個鮮明的對比。讀了海森伯的文章，你會驚嘆他的獨創力（originality），然而會覺得問題還沒有做完，沒有做乾凈，還要發展下去；而讀了狄拉克的文章，你也會驚嘆他的獨創力，同時卻覺得他似乎已把一切都發展到了盡頭，沒有什麼再可以做下去了。

前面提到狄拉克的文章給人"秋水文章不染塵"的感受。海森伯的文章則完全不同。二者對比清濁分明。我想不到有什麼詩句或成語可以描述海森伯的文章，既能導出他的天才的獨創性，又能描述他的思路中不清楚、有渣滓、有時似乎茫然亂摸索的特點。

三、物理學與數學

海森伯和狄拉克的風格為什麼如此不同？主要原因是他們所專注的物理學內涵不同。為了解釋此點，請看圖 97a. 4 所表示的物理學的三個部門和其中的關係：唯象理論（phenomenological theory）（2）是介乎實驗（1）和理論架構（3）之間的研究。（1）和（2）合起來是實驗物理，（2）和（3）合起來是理論物理，而理論物理的語言是數學。

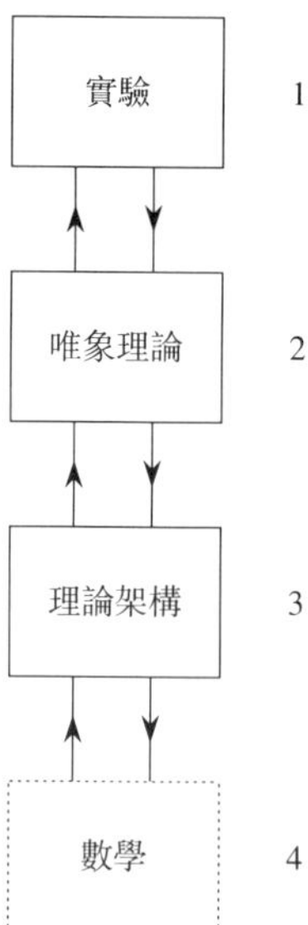

圖 97a. 4　物理學的三個領域

物理學的發展通常自實驗（1）開始，即自研究現象開始。關於這一發展過程，我們可以舉很多大大小小的例子。先舉牛頓力學的歷史為例。布拉赫（T. Brahe，1546—1601）是實驗天文物理學家，活動領域是（1）。他做了關於行星軌道的精密觀測。後來開普勒（J. Kepler，1571—1630）仔細分析布拉赫的數據，發現了有名的開普勒三大定律。這是唯象理論（2）。最後牛頓創建了牛頓力學與萬有引力理論，其基礎就是開普勒的三大定律。這是理論架構（3）。

再舉一個例子：通過 18 世紀末、19 世紀初的許多電學和磁學的實驗（1），安培（A. Ampère，1775—1836）和法拉第（M. Faraday，1791—1867）等人發展出了一些唯象理論（2）。最後由麥克斯韋歸納為有名的麥克斯韋方程（即電磁學方程），才步入理論架構（3）的範疇。

另一個例子：19 世紀後半葉許多實驗工作（1）引導出普朗克（M. Planck，1858—1947）1900 年的唯象理論（2）。然後經過愛因斯坦（A. Einstein，1879—1955）的文章和上面提到過的玻爾的工作等，又有一些重要發展，但這些都還是唯象理論（2）。最後通過量子力學之產生，才步入理論架構（3）的範疇。

海森伯和狄拉克的工作集中在圖 97a. 4 所顯示的哪一些領域呢？狄拉克最重要的貢獻是前面所提到的狄拉克方程（D）。海森伯最重要的貢獻是海森伯方程[9]，是量子力學的基礎：

$$pq - qp = -i\hbar \tag{H}$$

這兩個方程都是理論架構（3）中之尖端貢獻。二者都達到物理學的最高境界。可是寫出這兩個方程的途徑卻截然不同：海森伯的靈感來自他對實驗結果（1）與唯象理論（2）的認識，進而在摸索中達到了方程式（H）。狄拉克的靈感來自他對數學（4）的美的直覺欣賞，進而天才地寫出他的方程（D）。他們二人喜好的，注意的方向不同，所以他們的工作的領域也不一樣，如圖 97a. 5 所示。[此圖也標明玻爾、薛定諤和愛因斯坦的研究領域。愛因斯坦興趣廣泛，在許多領域中，自（2）至（3）至（4），都曾做出劃時代的貢獻。]

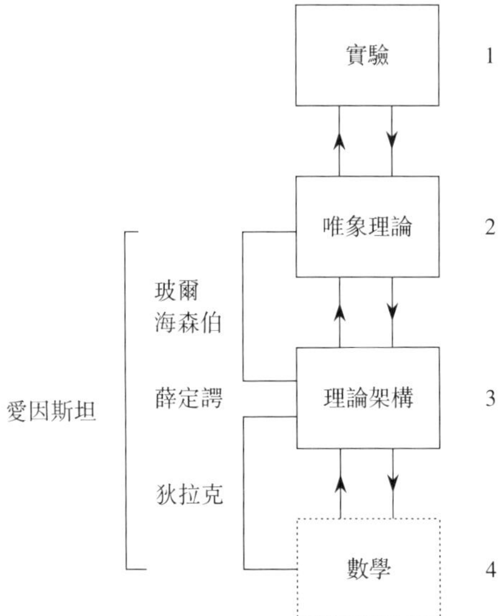

圖 97a. 5　幾位 20 世紀物理學家的研究領域

海森伯從實驗（1）與唯象理論（2）出發：實驗與唯象理論是五光十色、錯綜複雜的，所以他要摸索，要猶豫，要嘗試了再嘗試，因此他的文章也就給讀者不清楚、有渣滓的感覺。狄拉克則從他對數學的靈感出發：數學的最高境界是結構美，是簡潔的邏輯美，因此他的文章也就給讀者“秋水文章不染塵”的感受。

讓我補充一點關於數學和物理的關係。我曾經把二者的關係表示為兩片在莖處重疊的葉片（圖 97a. 6）。重疊的地方同時是二者之根，二者之源。譬如微分方程、偏微分方程、希爾伯特空間、黎曼幾何和纖維叢等，今天都是二者共用的基本觀念。這是驚人的事實，因為首先達到這些觀念的物理學家與數學家曾遵循完全不同的路徑，完全不同的傳統。為什麼會殊途同歸呢？大家今天沒有很好的答案，恐怕永遠不會有，因為答案必須牽扯到宇宙觀、知識論和宗教信仰等難題。

必須注意的是在重疊的地方，共用的基本觀念雖然如此驚人地相同，但是重疊的地方並不多，只佔二者各自的極少部分。譬如實驗（1）與唯象理論（2）都不在重疊區，而絕大部分的數學工作也在重疊區之外。另外值得注意的是即使在重疊區，雖然基本觀念是物理與數學共用，但是二者的價值觀與傳統截然不同，而二者發展的生命力也各自遵循不同的莖脈流通，如圖 97a. 6 所示。

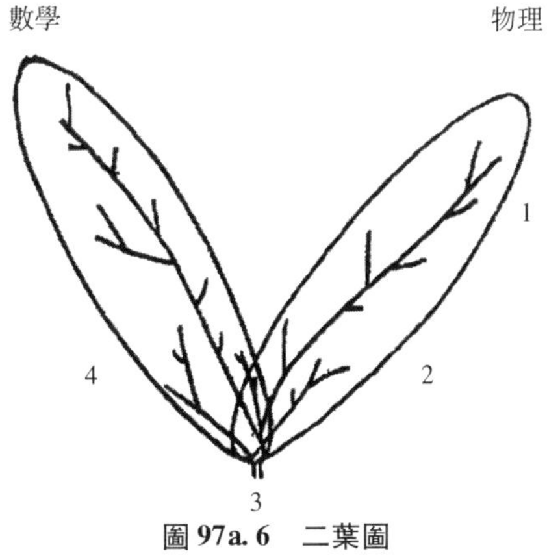

圖 97a. 6　二葉圖

常常有年輕朋友問我，他應該研究物理，還是研究數學。我的回答是這要看你對哪一個領域裏的美和妙有更高的判斷能力和更大的喜愛。愛因斯坦在晚年時（1949 年）曾經討論過為什麼他選擇了物理。他說[10]：

> 在數學領域裏，我的直覺不夠，不能辨認哪些是真正重要的研究，哪些只是不重要的題目。而在物理領域裏，我很快學到怎樣找到基本問題來下工夫。

年輕人面對選擇前途方向時，要對自己的喜好與判斷能力有正確的自我估價。

四、美與物理學

物理學自（1）到（2）到（3）是自表面向深層的發展。表面有表面的結構，有表面的美。譬如虹和霓是極美的表面現象，人人都可以看到。實驗工作者作了測量以後發現虹是42°的弧，紅在外，紫在內；霓是50°的弧，紅在內，紫在外。這種準確規律增加了實驗工作者對自然現象的美的認識。這是第一步（1）。進一步的唯象理論研究（2）使物理學家瞭解到這42°與50°可以從陽光在水珠中的折射與反射推算出來，此種瞭解顯示出了深一層的美。再進一步的研究更深入瞭解折射與反射現象本身可從一個包容萬象的麥克斯韋方程推算出來，這就顯示出了極深層的理論架構（3）的美。

牛頓的運動方程、麥克斯韋方程、愛因斯坦的狹義與廣義相對論方程、狄拉克方程、海森伯方程和其他五六個方程是物理學理論架構的骨幹。它們提煉了幾個世紀的實驗工作(1)與唯象理論(2)的精髓，達到了科學研究的最高境界。它們以極度濃縮的數學語言寫出了物理世界的基本結構，可以說它們是造物者的詩篇。

這些方程還有一方面與詩有共同點：它們的內涵往往隨着物理學的發展而產生新的、當初所完全沒有想到的意義。舉兩個例子：上面提到過的 19 世紀中葉寫下來的麥克斯韋方程是在本世紀初通過愛因斯坦的工作才顯示出高度的對稱性，而這種對稱性以後逐漸發展為 20 世紀物理學的一個最重要的中心思想。另一個例子是狄拉克方程。它最初完全沒有被數學家所注意，而今天狄拉克流型（Dirac Manifold）已變成數學家熱門研究的一個新課題。

學物理的人瞭解了這些像詩一樣的方程的意義以後，對它們的美的感受是既直接而又十分複雜的。

它們的極度濃縮性和它們的包羅萬象的特點也許可以用佈雷克（W. Blake，1757—1827）的不朽名句來描述[11]：

To see a World in a Grain of Sand
And a Heaven in a Wild Flower.
Hold Infinity in the palm of your hand
And Eternity in an hour.

它們的巨大影響也許可以用蒲柏（A. Pope，1688—1744）的名句來描述[12]：

Nature and nature's law lay hid in night：
God said，let Newton be！And all was light.

可是這些都不夠，都不夠全面地導出學物理的人面對這些方程的美的感受。缺少的似乎是一種莊嚴感，一種神聖感，一種初窺宇宙奧秘的畏懼感。我想缺少的恐怕正是籌建哥德式（Gothic）教堂的建築師們所要歌頌的崇高美、靈魂美、宗教美、最終極的美。

注釋：

［1］見 *Ludwig Boltzmann*，ed. E. Broda（Oxbow Press，1983），p. 23.

［2］楊振寧：《讀書教學四十年》（香港：三聯書店，1985），第 116 頁。

［3］此方程式中 p 是動量，c 是光速（$c = 300\ 000$ 公里/秒），m 是電子的質量，e 是能量，ψ 是波函數。這些都是當時大家已熟悉的觀念。α 和 β 是狄拉克引進的新觀念，十分簡單但卻影響極大，在物理學和數學中都起了超級作用。

［4］譯自 A. Pais，*Inward Bound*（Oxford University Press，1986），p. 348。海森伯是當時最被狄拉克方程所煩擾的一位物理學家，因為他是這方面的大專家：1913 年玻爾最早提出了量子數的觀念，這些數都是整數。後來於 1921 年還不到二十歲的學生海森伯大膽地提出量子數是 1/2 的可能。1925 年兩位年輕的荷蘭物理學家把 1/2 的量子數解釋成自旋角動量。這些發展都是唯象理論（2），它們得到了許多與實驗（1）極端符合的結果，十分成功。可是它們都還只是東拼西凑出來的理論。狄拉克方程則不然，它極美妙地解釋了為什麼自旋角動量必須是 1/2。由此我們很容易體會到當天才的海森伯看了狄拉克方程，在羨佩之餘，必定會產生高度的煩惱。

［5］諾貝爾獎金委員會似乎持此觀點：海森伯獨獲 1932 年諾貝爾獎，而狄拉克和薛定諤合獲 1933 年諾貝爾獎。

［6］譯自 A. Pais，*Niels Bohr's Times*（Oxford University Press，1991），p. 276.

［7］譯自 J. R. Oppenheimer, *Science and the Common Understanding* (The Reith Lectures 1953, Simon and Schuster, 1954)。引文最後一句是說荷馬(Homer, 古希臘詩人）和喀萊爾（T. Carlyle, 1795—1881）都恐怕難以勝任。

［8］緊跟着海森伯的文章，數月內即又有玻恩與約爾丹（P. Jordan, 1902—1980）的文章和玻恩、海森伯與約爾丹的文章。這三篇文章世稱“一人文章”、“二人文章”及“三人文章”，合起來奠定了量子力學的數學結構。狄拉克和薛定諤則分別從另外的途徑也建立了同樣的結構。但是這個數學結構的物理意義卻一時沒有明朗化。1927 年海森伯的“測不準原理”和玻爾的“互補原理”才給量子力學的物理意義建立了“哥本哈根解釋”。

［9］事實上海森伯並未能寫下（H）。他當時的數學知識不夠。（H）是在注［8］所提到的二人文章與三人文章中最早出現的。

［10］節譯自愛因斯坦的“Autoblographlcal Notes”，原文見 *Albert Einstein, Philosopher-Scientist*, ed. P. A. Schllpp, Open Court, Evanston, Ill. (1949).

［11］陳之藩教授的譯文［見他所寫的《時空之海》（臺北：遠東圖書公司，1996），第 47 頁］如下：

一粒沙裏有一個世界，
一朵花裏有一個天堂。
把無窮無盡握於手掌，
永恆寧非是剎那時光。

［12］我的翻譯如下：

自然與自然規律為黑闇隱蔽；
上帝說，讓牛頓來！一切遂臻光明。

從國恥講起

本文為1997年7月16日在香港高等教育界慶回歸晚宴上的講詞。原載《明報》1997年7月20日。

香港回歸是世紀級的歷史大事，躬逢盛典，感慨良多。今天只講其一端。

中國人常說鴉片戰爭是國恥，香港回歸是雪了國恥。其實鴉片戰爭也是英國人的國恥，回歸也雪了英國人的國恥。可是彭定康恐怕不肯承認這一點。

恥字在“恥辱”與“羞恥”中的意思是不大相同的。鴉片戰爭是中國的恥辱，是英國的羞恥。通常“恥”字被翻譯為英文的“shame”。這翻譯不太正確，因為shame表示做了不應該做的事。鴉片戰爭是英國人的shame，不是中國人的shame。

英國著名歷史學家湯因比（Arnold J. Toynbee，1889—1975）在他1947年11月17日的一篇演講中這樣講到英國人在鴉片戰爭中的表現：

> 對於這些犯了國際公法的人，最容忍的說法是以後他們（指英國人）為他們的行為感到羞恥。我很記得小時候問我母親關於“鴉片戰爭”時，她告訴了我實情，給了我贖罪性的羞恥感。（摘自 *Civilization on Trial*，牛津大學出版社，1947 年，第 74 頁。）

他所說的“贖罪性的羞恥感”（我的翻譯），原文是“redeewing sense of shame”。

湯因比的這本小書是 1947 年出版的，距今整整 50 年，那時他五十八歲。他以宏觀的眼光，一方面回顧世界歷史大事，一方面企圖預測將來。書裏面有許多討論今天看了特別有意思。他眼光遠大，從不以為世界只是歐洲人、美洲人的世界。他回憶八歲時候的一個經歷（第 17 頁）：

他回想到 50 年前，1897 年，在倫敦的一個下午，他和他父親坐在 Fleet 街一個窗口看加拿大和澳大利亞騎兵行列參加慶祝維多利亞女皇即位 60 週年的慶典。那時這些騎在馬上極漂亮的隊伍仍被稱為“殖民地軍隊”。對於一個英國小孩，這個場面是極動人的。可是一個哲學家卻可能想到物極必反……至於多數觀衆看到的是他們的正午的太陽普照着全球，當然會相信這一切將是永恆的。

湯因比應算是有眼光的歷史學家。可是他卻沒有正確預料到這本小書出版後 50 年間的世界大事。比如書中有一段討論美國與蘇聯以外會不會有第三個強國？他說（第 142 頁）：

> 我們在什麼地方可以找到第三個強國？不在歐洲；也不在英聯邦；當然也不在中國或印度，因為雖然這兩

國都有悠久文化、衆多人口、廣大土地、豐饒資源，但是這兩個大國極不可能在未來關鍵性的歷史年代裏發展出他們的內在潛力。

今天看來，湯因比的預言有兩大錯誤。第一，他沒有預見蘇聯的解體。第二，他沒有預見強大的中國的崛起。

沒有預見蘇聯的解體是因為他對蘇聯的基本政治結構沒有瞭解。沒有預見中國的崛起是特別值得我們今天深思的。我想他對中國的潛力，對中國共產黨的能力與中國文化的韌性恐怕都沒有正確的認識。

後記（楊振寧）

1971 年夏我初次訪問新中國，去了長城。後來在一次演講中（《讀書教學四十年》封面內頁），我說：“……長城象徵着中國的歷史。它象徵着中國歷史的悠久，它象徵着中國文化的堅韌。”我覺得中國文化的韌性是基督教、猶太教與伊斯蘭教都沒有的。

父親和我

載於《二十一世紀》1997 年 12 月號，總第 44 期。

一

1922 年我在安徽合肥出生的時候，父親是安慶一所中學的教員。安慶當時也叫懷寧。父親給我取名“振寧”，其中的“振”字是楊家的輩名，“寧”字就是懷寧的意思。我不滿周歲的時候父親考取了安徽留美公費生，出國前我們一家三口在合肥老宅院子的一角照了一張相片（圖 97f. 1）。父親穿着長袍馬褂，站得筆挺。我想那以前他恐怕還從來沒有穿過西服。兩年以後他自美國寄給母親的一張照片是在芝加哥大學照的（圖 97f. 2），衣着、神情都已進入了 20 世紀。父親相貌十分英俊，年輕時意氣風發的神態，在這張相片中清楚地顯示出來。

父親 1923 年秋入史坦福大學，1924 年得學士學位後轉入芝加哥大學讀研究院。四十多年以後我在訪問史坦福大學時，參加了該校的中國同學會在一所小洋樓中舉行的晚餐會。小洋樓是 20 世紀初年因為中國同學受到歧視，舊金山的華僑社團捐錢蓋的，樓下供中國學生使用，樓上供少數中國同學居住，60 年代這座小樓仍在，後來被拆掉了。那天晚餐前有一位同學給我看了樓下的一個大木箱，其中有 1924 年史坦福大學年刊，上面的 Chinese Club 團體照極為珍貴，現在複印為圖 97f. 3。其左下角即為該小樓 1923—1924 年的照片。木箱中還有中國同學會 1923 年秋的開會記錄，其簽名頁今複印為圖 97f. 4。

圖 97f. 1　1923 年我與父母親攝於合肥四古巷故居窗外

圖 97f. 2 1925 年父親攝於芝加哥大學

1928 年夏父親得了芝加哥大學的博士學位後乘船回國，母親和我到上海去接他。我這次看見他，事實上等於看見了一個完全陌生的人。幾天以後我們三人和一位自合肥來的傭人王姐乘船去廈門，因為父親將就任為廈門大學數學系教授。

廈門那一年的生活我記得是很幸福的。也是我自父親那裏學到很多東西的一年。那一年以前，在合肥母親曾教我認識了大約三千個漢字，我又曾在私塾裏學過背《龍文鞭影》，可是沒有機會接觸新式教育。在廈門父親用大球、小球講解太陽、地球與月球的運行情形；教了我英文字母"abcde……"；當然也教了我一些算術和鷄兔同籠一類的問題。不過他並沒有忽略中國文化知識，也教我讀了不少首唐詩，恐怕有三四十首；教我中國歷史朝代的順序：“唐虞夏商周，……”；干支順序：“甲乙丙丁……”，“子鼠醜牛寅虎……”；八卦：“干三連，坤六斷，震仰盂，艮覆碗，離中虛，坎中滿，兑上缺，巽下斷”等等。

Back row: How, Tsi, Chew, Huang, Tsui, Wu, H. Wong
Third row: Sah, Bain, Tsao, T'an, Hao, Cheng, K. Shen, Wang
Second row: T'aam, E. Shen, Fang, Yee, Chi, K. Yang, Teng, L. Yang
First row: Chuck, Ping, Hahn, Chang, Chuan

CHINESE CLUB

Founded at Stanford University, 1910

MEMBERS

Nineteen Hundred and Twenty-One

YAO-TUNG HAO
SONG-PING TSAO
SHU KAI WANG
LIANG-KENG YANG

Nineteen Hundred and Twenty-Two

DAVID KIONG CHANG
KUO-LIANG CHI
FAW-YAP CHUCK
YOUNG D. HAHN
HUA-PIAS HUANG
SHULIN LINCOLN T'AN
NELSON Y. YEE

Nineteen Hundred and Twenty-Three

PEN-TUNG SAH
EUGENE SHEN

Nineteen Hundred and Twenty-Four

TUNG HO CHENG
CHING-SZE HUANG
CHIU-HUNG LEE
ER-CHANG PING
KWAN-CHUN SHEN
CHUN-KAO TENG
TSONG-HSUN TSUI
KO-CHUEN YANG

Nineteen Hundred and Twenty-Five

LI HWEI BAIN
HENRY DOO FOO CHEU
CHIH-HO CHI
TSENG KU CHUAN
ROLAND CHUNG FANG
JOHN HOUE HOW
WEN PING HSIEH
WU T'AAM
YU FANG TSI
HUNG-CHAU WONG
CHIN-CHUAN WU

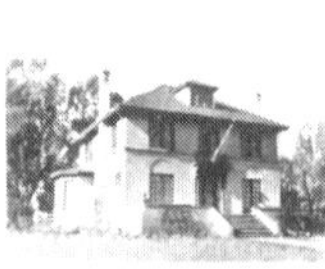

圖 97f. 3　史坦福大學 1924 年年刊上的一頁。父親的名字是楊克純（K. C. Yang）。他是第二排左起第六人

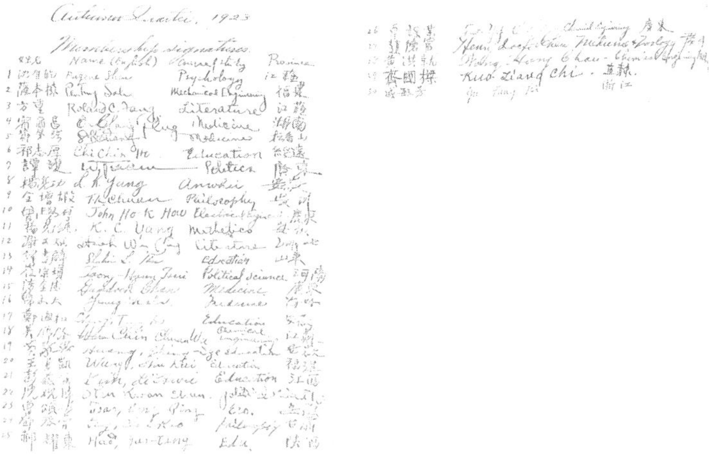
Autumn Quarter, 1923

Membership signatures.

圖 **97f. 4**　史坦福大學 **1923** 年秋“中國會”名單與簽名頁。父親是第 **11** 人

圖 **97f. 5**　**1929** 年我與父母親攝於廈門

父親少年時候喜歡唱京戲。那一年在廈門他還有時唱“我好比籠中鳥，有翅難展……”。不過他沒有教我唱京戲，只教我唱一些民國初年的歌曲如“上下數千年，一脈延……”，“中國男兒，中國男兒……”等。

父親的圍棋下得很好。那一年他教我下圍棋。記得開始時他讓我十六子，多年以後漸漸退為九子，可是我始終沒有從父親那裏得到“真傳”。一直到 1962 年在日內瓦我們重聚時下圍棋，他還是要讓我七子。

圖 97f. 6　1929 年攝於廈門鼓浪嶼日光岩

圖 97f. 5 是 1929 年照的。父親和母親當時都那麼年輕。圖 97f. 6 也是同一年在廈門鼓浪嶼日光岩上照的。那天我很顯然不太高興。三十多年以後，在 1960 年父親與母親自上海

飛到日內瓦跟我團聚以前，三弟翻出這張照片要他們帶去給我看。父親說：“不要帶，不要帶，那天我罵了振寧一頓，他很不高興。”

這是沒有做過父母的人不易完全瞭解的故事。

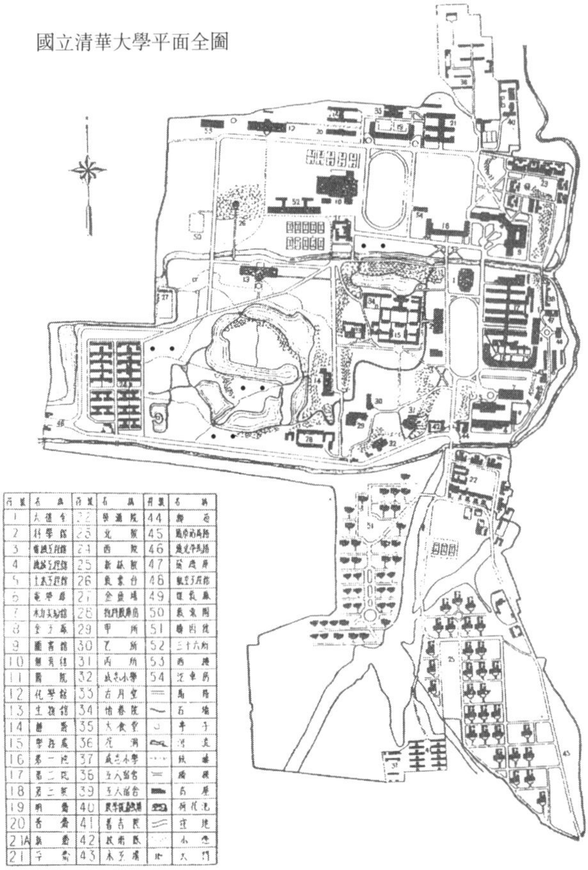

圖 97f. 7　《國立清華大學 **1948** 級年刊》中的《平面全圖》。圖中今天的生物館以南，静齋和供應科以西，西院以東的地區，基本上與 **30** 年代的情形相同，只是南面的校圍牆比 **30** 年代的圍牆向南移了恐怕有一百尺（**30** 年代的校圍牆的這一段在圖中“**B**”的地方，在馬路和河的北面，與它們平行）

在廈大任教了一年以後，父親改任北平清華大學教授。我們一家三口於 1929 年秋搬入清華園西院 19 號，那是西院東北角上的一所四合院（圖 97f. 7 上的“A”）。西院於 20 世紀 30 年代向南方擴建後，我們家的門牌改為 11 號。

> 我們在清華園裏一共住了八年，從 1929 年到抗戰開始那一年。清華園的八年在我回憶中是非常美麗、非常幸福的。那時中國社會十分動盪，內憂外患，困難很多。但我們生活在清華園的圍牆裏頭，不大與外界接觸。我在這樣一個被保護起來的環境裏度過了童年。在我的記憶裏頭，清華園是很漂亮的。我跟我的小學同學們在園裏到處遊玩。幾乎每一棵樹我們都曾經爬過，每一棵草我們都曾經研究過。

這是我在 1985 年出版的一本小書《讀書教學四十年》中第 112 頁寫的。裏面所提到的“在園裏到處遊玩”，主要是指今天的近春園附近。那時西北起今天的校醫院、近春樓、偉倫中心，南至今天的游泳池和供應科，東至今天的靜齋，北到今天的蒙民偉樓旁的河以南的建築，都還沒有興建，整塊都是一大片荒地，只有一些樹叢、土山、荷塘、小農田和幾户農家，變成我們遊玩的好地方。

圖 97f. 7 是《國立清華大學 1948 級年刊》上的《平面全圖》的一部分。圖中“32”就是我讀書的小學：成志學校，現在是工會。自 1929 年起我在這裏讀了四年書。我每天自西院東北角家門口“A”出發，沿着圖 97f. 7 上依稀可辨認的小路向南行，再向東南走，爬過一個小土山便到達當時的清

華園圍牆（“B”），然後沿着圍牆北邊的小路東行到成志學校。這樣走一趟要差不多二十分鐘，假如路上沒有看見蝴蝶或者螞蟻搬家等重要事件的話。

另外一條我常常騎自行車走的路是圖 97f. 7 中自家門口東北行的大路。此路的另一端是當時的校醫院（即今天的蒙民偉樓）旁的橋（“D”）。每逢開運動會，我就騎自行車沿此路此橋去體育館，和成志學校的同學們組織拉拉隊吶喊助威。

父親常常和我自家門口東行，沿着圖 97f. 7 裏面的第三條小路去古月堂或去科學館。這條小路特別幽靜，穿過樹叢以後，有一大段路（在“C”附近）左邊是農田與荷塘，右邊是小土山。路上很少遇見行人，春夏秋冬的景色雖不同，幽靜的氣氛卻一樣。童年的我當時未能體會到，在小徑上父親和我一起走路的時刻是我們單獨相處最親近的時刻。

我九、十歲的時候，父親已經知道我學數學的能力很強。到了十一歲入初中的時候，我在這方面的能力更充分顯示出來。回想起來，他當時如果教我解析幾何和微積分，我一定學得很快，會使他十分高興。可是他沒有這樣做：我初中一二年級之間的暑假，父親請雷海宗教授介紹一位歷史系的學生教我《孟子》。雷先生介紹他的得意學生丁則良來。丁先生學識豐富，不只教我《孟子》，還給我講了許多上古歷史知識，是我在學校的教科書上從來沒有學到的。下一年暑假，他又教我另一半的《孟子》，所以在中學的年代我可以背誦《孟子》全文。

父親書架上有許多英文和德文的數學書籍，我常常翻看。印象最深的是 G. H. Hardy 和 E. M. Wright 的《數論》中的一些定理和 A. Speiser 的《有限群論》中的許多 space groups 的圖。因為當時我的外文基礎不夠，所以不能看得懂細節。我曾多次去問父親，他總是說："慢慢來，不要着急"，只偶爾給我解釋一兩個基本概念。

1937 年抗戰開始，我們一家先搬回合肥老家，後來在日軍進入南京以後，我們經漢口、香港、海防、河內，於 1938 年 3 月到達昆明。我在昆明昆華中學讀了半年高中二年級，沒有念高三，於 1938 年秋以"同等學歷"的資格考入了西南聯合大學。

1938 到 1939 年這一年，父親介紹我接觸了近代數學的精神。他借了 G. H. Hardy 的 *Pure Mathematics* 與 E. T. Bell 的 *Men of Mathematics* 給我看。他和我討論 set theory、不同的無限大、the Continuum Hypothesis 等觀念。這些都給了我不可磨滅的印象。40 年以後在 *Selected Papers（1945—1980）with Commentary*（Freeman & Company，1983）第 74 頁上我這樣寫道[1]：

> 我的物理學界同事們大多對數學採取功利主義的態度。也許因為受我父親的影響，我較為欣賞數學。我欣賞數學家的價值觀，我讚美數學的優美和力量：它有戰術上的機巧與靈活，又有戰略上的雄才遠慮。而且，奇跡的奇跡，它的一些美妙概念竟能支配物理世界的基本結構。

父親雖然給我介紹了數學的精神，卻不贊成我唸數學。他認為數學不夠實用。1938 年我報名考大學時很喜歡化學，就報了化學系。後來為準備入學考試，自修了高三物理，發現物理更合我的口味，這樣我就進了西南聯大物理係。

1941 年秋為了寫學士畢業論文，我去找吳大猷教授。

> 〔他〕給了我一本 *Reviews of Modern Physics*（《現代物理評論》），叫我去研究其中一篇文章，看看有什麼心得。這篇文章討論的是分子光譜學和群論的關係。我把這篇文章拿回家給父親看。他雖不是念物理的，卻很瞭解群論。他給了我狄克遜（Dickson）所寫的一本小書，叫做 *Modern Algebraic Theories*（《近代代數理論》）。狄克遜是我父親在芝加哥大學的老師。這本書寫得非常合我的口味。因為它很精簡，沒有廢話，在 20 頁之間就把群論中"表示理論"非常美妙地完全講清楚了。我學到了群論的美妙，和它在物理中應用的深入，對我後來的工作有決定性的影響。這個領域叫做對稱原理。我對對稱原理發生興趣實起源於那年吳先生的引導。[2]

今年（1997）為了慶祝吳先生的九十壽辰，鄒祖德和我寫了一篇文章[3]，用群論方法計算 C_{60} 的振動頻率。C_{60} 是一個對稱性特高的分子，用群論討論最合適。（有這樣高度對稱的分子不僅在 1941 年吳先生和我沒有預料到，在 1983 年我寫上面的那段話時也還沒有任何人預料到。）

抗戰八年是艱苦困難的日子，也是我一生學習新知識最快的一段日子。最近三弟楊振漢曾這樣描述1945年夏抗戰結束時我家的情形[4]：

> 1945年夏，大哥獲取了留美公費，將離家赴美國讀博士。父親高興地告訴我們，艱苦和漫長的抗日戰爭看來即將過去，反德國法西斯戰爭也將結束。我家經受了戰亂的洗禮，雖有精神和物質損失，但是我們家七口人都身體健康，學業有進，更可喜的是兒女們都孝順父母，兄弟姐妹之間和睦相處，親情常在，我們一家人相互之間的關係，的確非比尋常，這是我們每個人都十分珍視的。
>
> 抗戰勝利至今已51年了，父親、母親和振復（振寧注：振復是我們的五弟，1937年生，1985年卒。）均已長眠於蘇州東山。回憶抗戰八年的難苦歲月我們家真可稱得上美好、和睦和親情永駐的家。

我還記得1945年8月28日那天我離家即將飛往印度轉去美國的細節：清早父親只身陪我自昆明西北角乘黃包車到東南郊拓東路等候去巫家壩飛機場的公共汽車。離家的時候，四個弟妹都依依不舍，母親卻很鎮定，記得她沒有流泪。到了拓東路父親講了些勉勵的話，兩人都很鎮定。話別後我坐進很擁擠的公共汽車，起先還能從車窗往外看見父親向我招手，幾分鐘後他即被擁擠的人群擠到遠處去了。車中同去美國的同學很多，談起話來，我的注意力即轉移到飛行路綫與氣候變化等問題上去。等了一個多鐘頭，車始終沒有發動。突然我旁邊的一位美國人向我做手勢，要我向窗外看：驟然間發現父親原來還在那裏等！他瘦削的身材，穿着長袍，額前頭髮已顯斑白。看見他滿面焦慮的樣子，我忍了一早晨的熱泪，一時迸發，不能自已。

1928 年到 1945 年這 17 年時間，是父親和我常在一起的年代，是我童年到成人的階段。古人說父母對子女有“養育”之恩。現在不講這些了，但其哲理我認為是有永存的價值的。

二

1946 年年初我註冊為芝加哥大學研究生。選擇芝加哥大學倒不是因為它是父親的母校，而是因為我仰慕已久的費米（Fermi）教授去了芝大[5]。當時芝加哥大學物理、化學、數學系都是第一流的。我在校共三年半，頭兩年半是研究生，得博士學位後留校一年任教員，1949 年夏轉去普林斯頓高等學術研究所。父親對我在芝大讀書成績極好，當然十分高興。更高興的是我將去有名的普林斯頓高等學術研究所，可是他當時最關懷的不是這些，而是我的結婚問題。1949 年秋吳大猷先生告訴我胡適先生要我去看他。胡先生我小時候在北平曾見過一兩次，不知道隔了這麼多年他為什麼在紐約會想起我來。見了胡先生面，他十分客氣，說了一些稱讚我的學業的話，然後說他在出國前曾看見我父親，父親托他關照我找女朋友的事。我今天還記得胡先生極風趣地接下去說：“你們這一輩比我們能幹多了，哪裏用得着我來幫忙！”

1950 年 8 月 26 日杜致禮和我在普林斯頓結婚。我們相識倒不是由胡先生或父親的其他朋友所介紹，而是因為她是 1944 年到 1945 年我在昆明聯大附中教書時中五班上的學生。當時我們並不熟識。後來在普林斯頓唯一的中國餐館中偶遇，這恐怕是前生的姻緣吧。20 世紀 50 年代胡先生常來普林斯頓大學葛斯德圖書館，曾多次來我家做客（圖 97f. 8）。第一次來時他說：“果然不出我所料，你自己找到了這樣漂亮能幹的太太。”

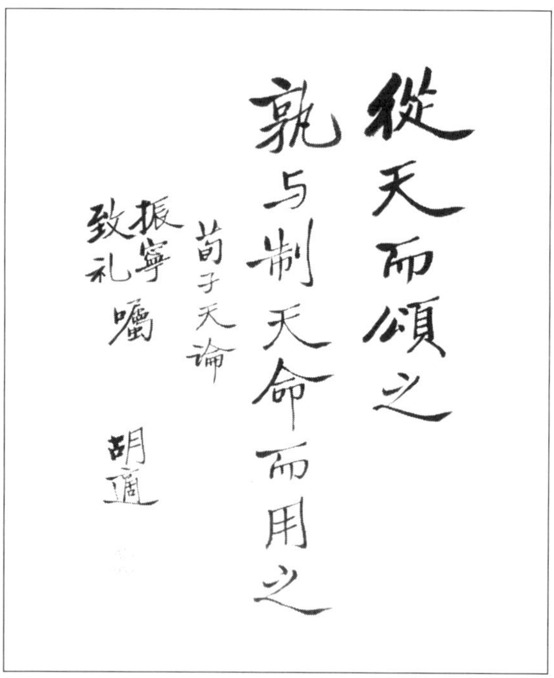

圖 97f. 8　胡適於 20 世紀 50 年代初寫的字

父親對我 1947 年來美國後發表的第一篇文章與翌年我的

博士論文特別發生興趣，因為它們都與群論有密切關係。1957 年 1 月吳健雄的實驗證實了宇稱不守恆的理論以後，我打電話到上海給父親，告訴他此消息。宇稱不守恆與對稱有關，因而也與群論有關，父親當然十分興奮。那時他身體極不好（1955 年因多年糖尿病加某種感染，不能吸收胰島素，醫生曾認為已無希望，後來幸能克服感染，但身體仍十分虛弱），得此消息對他精神安慰極大。

1957 年我和杜致禮及我們當時唯一的孩子光諾（那時六歲）去日內瓦。我寫信請父親也去日內瓦和我們見面。他得到統戰部的允許，以帶病之身，經北京、莫斯科、布拉格，一路住醫院，於 7 月初飛抵日內瓦，到達以後又立刻住入醫院。醫生檢查數日，認為他可以出院，但每日要自己檢查血糖與注射胰島素。我們那年夏天在 Rue de Vermont 租了一公寓，每天清早光諾總是非常有興趣地看着祖父用酒精燈檢查血糖。我醒了以後他會跑來說：“It is not good today, it is brown.”（今天不好，棕色。）或“It is very good today, it is blue.”（今天很好，藍色。）過了幾星期，父親身體漸恢復健康，能和小孫子去公園散步。他們非常高興在公園一邊的樹叢中找到了一個“secret path”（秘密通道）。每次看他們一老一少準備出門：父親對着鏡子梳頭髮，光諾雀躍地開門，我感到無限的滿足。

父親給致禮和我介紹了新中國的許多新事物。他對毛主席萬分敬佩，尤其喜歡毛的詩句如“指點江山/激揚文字/糞土當年萬户侯”，與“秦皇漢武/略輸文採/唐宗宋祖/稍遜風騷/一代天驕/成吉思汗/只識彎弓射大鵰/俱往矣/數風流人物/還看今朝”等。

有一天他給致禮和我寫了兩句話（圖 97f. 9）。今天的年輕人恐怕會覺得這兩句話有一點封建味道，可是我以為封建時代的思想雖然有許多是要不得的，但也有許多是有永久價值的。

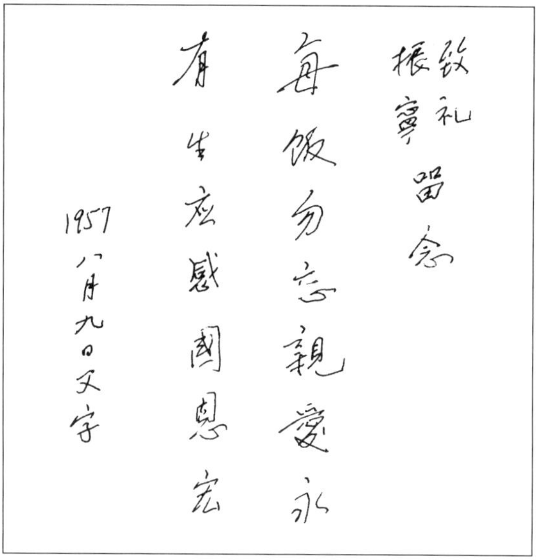

圖 97f. 9　1957 年父親寫給我和致禮的兩句話

1960 年夏及 1962 年夏，父親又和母親兩度與我在日內瓦團聚。致禮、光宇（我們的老二）和二弟振平也都參加了。每次團聚頭兩天總是非常感情衝動（圖 97f. 10），講一些自己的和家人與親友們的遭遇。以後慢慢鎮靜下來，才能欣賞瑞士的一切。

圖 **97f. 10　1962** 年 **5** 月 **21** 日父親和母親到日內瓦，我去機場迎接。見面時父親悲感滿面。圖為黃長風所攝

父親三次來日內瓦，尤其後兩次，都帶有使命感，覺得他應當勸我回國。這當然是統戰部或明或暗的建議，不過一方面也是父親自己靈魂深處的願望。可是他又十分矛盾：一方面他有此願望，另一方面他又覺得我應該留在美國，力求在學術上更上一層樓。

和父親、母親在日內瓦三次見面，對我影響極大。那些年代在美國對中國的實際情形很少知道。三次見面使我體會到了父親和母親對新中國的看法。記得 1962 年我們住在 Route de Florissant，有一個晚上，父親說新中國使中國人真正站起來了：從前不會做一根針，今天可以製造汽車和飛機（那時還沒有制成原子彈，父親也不知道中國已在研製原子彈）。從前常常有水災旱災，動輒死去幾百萬人，今天完全沒有了。從前文盲遍野，今天至少城市裏面所有小孩都能上學。從前……，今天……。正說得高興，母親打斷了他的話說："你不要專講這些。我摸黑起來去買豆腐，站排站了三個鐘頭，還只能買到兩塊不整齊的，有什麼好？"父親很生氣，說她專門扯他的後腿，給兒子錯誤的印象，氣得走進臥室，"砰"的一聲關上了門。

我知道他們二位的話都有道理，而且二者並不矛盾：國家的誕生好比嬰兒的誕生，只是會有更多的困難，會有更大的痛苦。

三

1971 年夏天我回到了闊別 26 年的祖國。那天乘法航自緬甸東飛，進入雲南上空時，駕駛員說："我們已進入中國領空！"當時我的激動的心情是無法描述的。

傍晚時分，到達上海。母親和弟妹們在機場接我。我們一同去華山醫院看望父親。父親住院已有半年。上一次我們見面是 1964 年年底在香港，那時他六十八歲，還很健康。六年半中間，受了一些隔離審查的苦，老了、瘦了許多，已不能自己站立行走。見到我當然十分激動。

1972 年夏天我第二度回國探親訪問。父親仍然住在醫院，身體更衰弱了。次年 5 月 12 日清晨父親長辭人世，享年七十七歲。5 月 15 日在上海為父親開的追悼會上，我的悼詞有這樣兩段[6]：

> 近兩年來父親身體日衰。他自己體會到這一點，也就對我們的一切思想和行為想得很多。1971 年、1972 年我來上海探望他，他和我談了許多話，歸根起來他再三要我把眼光放遠，看清歷史演變的潮流，這個教訓兩年來在我身上產生了很大的影響。
>
> 父親於 1973 年 5 月 12 日長辭人世。在他的一生 77 年的時間裏，歷史有了驚天動地的演變。昨天收到他一位老同學，又是老同事的信，上面說“在青年時代，我們都向往一個繁榮昌盛的新中國。解放以後 20 多年來在毛主席和中國共產黨的英明領導下，當時我們青年夢寐以求的這個新中國實現了。”我想新中國的實現這個偉大的歷史事實以及它對於世界前途的意義正是父親要求我們清楚地掌握的。

六歲以前我生活在老家安徽合肥，在一個大家庭裏面。每年舊曆新年正廳門口都要換上新的春聯。上聯是“忠厚傳家”，下聯是“詩書繼世”。父親一生確實貫徹了“忠”與“厚”兩個字。另外他喜歡他的名字楊克純中的“純”字，也極喜歡朋友間的“信”與“義”。父親去世以後，我的小學同班同學，摯友熊秉明寫信來安慰我，說父親雖已過去，我的身體裏還循環着他的血液。是的，我的身體裏循環着的是父親的血液，是中華文化的血液。

我於 1964 年春天入美國籍。差不多二十年以後我在論文集中這樣寫道[7]：

> 從 1945 至 1964 年，我在美國已經生活了 19 年，包括了我成年的大部分時光。然而，決定申請入美國籍並不容易。我猜想，從大多數國家來的許多移民也都有同類問題。但是對一個在中國傳統文化裏成長的人，作這樣的決定尤其不容易。一方面，傳統的中國文化根本就沒有長期離開中國移居他國的觀念。遷居別國曾一度被認為是徹底的背叛。另一方面，中國有過輝煌燦爛的文化。她近一百多年來所蒙受的屈辱和剝削在每一個中國人的心靈中都留下了極深的烙印。任何一個中國人都難以忘卻這一百多年的歷史。我父親在 1973 年故去之前一直在北京和上海當數學教授。他曾在芝加哥大學獲得博士學位。他遊歷甚廣。但我知道，直到臨終前，對於我的放棄故國，他在心底裏的一角始終沒有寬恕過我。

四

百載魂牽黄土地
三春雨潤紫荆花
（蔡國平撰[8]）

1997 年 7 月 1 日清晨零時，我有幸在香港會議展覽中心參加了回歸盛典。看着中華人民共和國國旗在“起來，不願做奴隸的人們”的音樂聲中冉冉上昇，想到父親如果能目睹這歷史性的，象徵中華民族復興的儀式，一定比我還要激動。他出生於1896年——101年前，《馬關條約》、庚子賠款的年代，在殘破貧窮，被列強欺侮，實質上已被瓜分了的祖國。他們那一輩的中國知識分子，目睹洋人在租界中的專橫，忍受了二十一條款、五卅慘案、九一八事變、南京大屠殺等說不完的外人欺淩，出國後嘗了種族歧視的滋味，他們是多麽盼望有一天能看到站了起來的富強的祖國，能看到大英帝國落旗退兵，能看到中國國旗驕傲地向世界宣稱：這是中國的土地。這一天，1997年7月1日，正是他們一生夢寐以求的一天。

父親對這一天的終會到來始終是樂觀的。可是直到1973年去世的時候，他卻完全沒有想到他的兒子會躬逢這一天的歷史性的盛典。否則，他恐怕會改吟陸放翁的名句吧：

國耻盡雪歡慶日，家祭毋忘告乃翁。

注釋：

［1］譯文見張奠宙：《楊振寧和當代數學》，載於楊振寧：《讀書教學再十年》（臺北：時報出版社，1995），第200頁。

［2］楊振寧：《讀書教學四十年》（香港：三聯書店，1985），第114頁。

［3］T. T. Chou and Chen Ning Yang, to appear in *Phys. Letters A*.

［4］楊振漢：《家·家教·教育》，載於徐勝藍、孟東明：《楊振寧傳》（上海：復旦大學出版社，1997），第261—262頁。

［5］楊振寧：《讀書教學四十年》（香港：三聯書店，1985），第115—116頁。

［6］楊振寧：《讀書教學四十年》（香港：三聯書店，1985），第71頁。此段所提到的老同學、老同事是周培源先生。

［7］楊振寧著，甘幼玶譯：《三十五年心路》（南寧：廣西科學技術出版社，1989），第 123 頁。原文見 Chen Ning Yang, *Selected Papers (1945—1980) with Commentary* (Freeman & Co., 1983), p. 56.

［8］原載香港《大公報》1997 年 7 月 23 日 E2 版。

後記（楊振寧）

圖 97f. 10 是 1962 年黃長風為父親和我在機場攝的，是我們家庭照片中極珍貴的一幅照片。

黃長風長我幾歲，是實驗物理學家。（圖 97f. 11）他一生省吃儉用，前兩年用其雙親黃濟北與陸開群的名字捐了三百五十多萬美元給北京清華大學高研中心，對中心幫助極大。

圖 97f. 11　黃長風（2007 年 1 月）

後後記（楊振寧）

三聯書店為出版本書的簡體字版，於 2008 年 1 月 6 日在北京舉行了一個首發式。周光召在簡短的發言中，提到書中既有一文《父親和我》，似乎也應有一文《母親和我》。

多年來我曾在多處談到與寫到我的母親。因為我寫作速度極慢，今天我不嘗試寫一篇《母親和我》了，只寫下幾個片段。

1923 年秋，我還不到一足歲的時候，父親到美國去讀書。以後五年的時間，母親和我生活在一個大家庭裡面。(圖 97f. 12)。當時楊家經濟情形很差，加上那時候許多留學生回國後就拋棄了他們原有的舊式妻子。母親當然非常害怕父親也會這樣做，所以曾與附近的一間教堂中“吃教”的某姐談過，說如果父親拋棄我們母子，她就帶我也去教堂“吃教”。這是她晚年親口告訴我的。

圖 97f. 12　1927 年前後攝於合肥

在那五年間母親和我確是“相依為命”。她後來多次告訴我，我兩三歲的時候，每晚要她講“二十四孝”的故事，尤其喜歡“王祥臥冰”，“百聽不厭”。我四歲的時候，母親開始教我認方塊字，一年多的時間，我認識了三仟多個字。

1929 年到 1937 年間我們住在清華園。清華園中父親的同事的夫人們多半是受過大學教育，甚至是留過學的，這對母親產生了極大的精神壓力。父親的態度很好，但是這並不能解決母親的問題。1933 年夏天以前，我還是小學生，可是已經能感受到母親所承受的壓力。她應付的辦法很簡單：她儘力把家管好，少去交際，不去打牌。一兩年以後，母親在清華園中已經有了治家整潔有方的聲譽。

抗戰期間母親又承受了另外一種壓力：父親的收入不夠用，而物價卻飛漲。四十多年以後，我在一本英文書中曾這樣描寫那七年：

> “為了一家七口的生活，母親——一個意志堅強，自奉嚴謹的女人，操勞終日，年復一年。全家度過了艱苦的戰時歲月，人人瘦削，但都健康。”

1945 年我 22 歲的時候，一生第一次離開母親遠去美國，以後 15 年我們都沒有見面。1960 年夏，我寫信請父親、母親到瑞士跟我、杜致禮及我們的二兒子光宇（那時一歲半）團聚。父親欣然答應，可是母親卻遲遲未能決定。她心中有一個疙瘩：她的“解放腳”。她小時候曾纏過足，後來雖然解放了，可是腳已變了形。下意識地她覺得她的腳似乎代表了中國一切的落後與醜陋。考慮了好多天，最後想看見她的大兒子和孫子的欲望終於克服了此心理作用，她陪父親去了瑞士幾個星期。（她到瑞士以後，發現瑞士人看見她這位中國老太太都客氣地說“Bon Jour，Madam”，心中的疙瘩很快就消失了。）

圖 97f. 13　1983 年攝於香港中文大學教師宿舍十一苑

1982 年與 1983 年春節前後我接母親到香港小住。圖 97f. 13 是 1983 年在香港中文大學十一苑門口照的。她十分喜歡香港冬天的氣候，也十分欣賞中文大學的優美環境。一天清晨我自室內遠眺吐露港的海景，寫了一首詩：

馬鞍山襯朝陽輝
吐露靜寂漁舟歸
檻外南國冬日暖
檻內花草沐春暉

1984 年母親已達 88 歲的高齡。我們兄弟姐妹商量許久，決定請她到美國探親遊覽。她欣然答應。在美國的四個月，她去了西岸及東岸，一切都十分順利美好，留下了許多珍貴的照片。圖 97f. 14 是在 Brookhaven National Laboratory 裡面攝的，背景是 1954 年及 1956 年我寫我一生最重要的兩篇論文（BNL－1938 與 BNL－2819）時所用的辦公室。（請參閱本書 A87e 一文）。

圖 97f. 14　1984 年春攝於 Brookhaven National Laboratory

1985 年母親患了多發性骨髓癌症，我把她接到香港居住，以方便照顧。每個月她要去養和醫院打一次針。頭兩年病情控制得很好。最後於 1987 年 9 月 12 日逝世，享年 91 歲。

圖 97f. 15 是 1987 年春節在香港仔照的一張照片。五年以後，1992 年6 月9 日南開大學為慶祝我70 歲生日舉辦了一個學術討論會。會上我做了一個演講，用了這張照片做幻燈片。介紹這張幻燈片時我說："這是母親和我最後一次過春節……"，忽然悲從中來，泣不成聲。熊秉明當時在座。他後來寫了一篇文章《楊振寧和他的母親》，描寫當時的情景。

圖 97f. 15　1987 年舊曆新年攝於香港仔

母親出生於1896年的舊中國，沒有受過學校教育，只念過一兩年私塾。小時候她只有小名，和父親結婚以後才取了一個正式的名子：羅孟華。她經歷了二十世紀中國社會的多種動亂，以鎮靜的、堅定不移的做人態度克服了一切困難。她是楊家的精神支柱，受到她的丈夫、她的子女和所有認識她的人的尊敬。

楊振寧

——保守的革命者

Dyson 著

這是 Freeman Dyson 於 1999 年 5 月 22 日在楊振寧於石溪榮休學術討論會晚宴上的講詞。原載 *Mod. Phys. Letters* **A14**, 1455 (1999), 及 *Symmetry and Modern Physics*, ed. A. Goldhaber. et al (World Scientific, 2003). 譯文原載《二十一世紀》1999 年 8 月號, 總第 54 期。譯者: 楊振玉、範世藩。

我很高興有這個機會來稱頌我的老朋友和老同事富蘭克·楊（即楊振寧）。我的題目是《保守的革命者》，它的含義將在講詞末彰顯。

1983 年富蘭克為慶祝他的六十歲生日出版了《文選（1945—1980）附評注》，這是我最喜愛的書之一。書中的評注是他自己寫的，用來解述各篇文章寫作時的情景。書裏只收錄了他的文章的三分之一，都是他自己選的。這比由一個專家委員會來挑選更能揭示他自己的思路和個性。所選的文章中有些是重要的，有些是不重要的；有些是專業的，有些是通俗的。可是每一篇都是瑰寶。他不是試圖在五百頁中塞進盡量多的、艱深的科學，而是試圖揭示一位偉大科學家的精神。他做得十分成功。他選的這些文章既揭示了個人的奮鬥，也揭示了他的科學成就；它們揭示了他的成就的深遠源泉，揭示了他對培育他的中國文化的驕傲，也揭示了他對在中國和在美國的老師的崇敬；它們還揭示了他對數學形式美的熱愛以及同時掌握繽紛的實驗物理世界和抽象的群論與纖維叢世界的能力。他巧妙地將80頁的評注結集一起放在書的開始部分，而不是附在各篇文章的後面。這樣，評注可以連續地讀，成了他的科學自傳，一部極好的自傳。它以清楚而簡練的詞句描述了他的一生，樸實地描述了他工作背後的強烈感情和始終不渝的忠誠。換言之，它描述了楊振寧之所以成為楊振寧。

書中最短卻又是最精彩的瑰寶，是一篇兩頁長，對費米（Fermi）的描述。它是作為費米和他合寫的一篇文章的序言，曾收錄在費米的選集中。1946—1949年，富蘭克師從費米。他從費米學到的物理比從任何他人學到的為多。費米的思考方法在富蘭克思想中留下了無法磨滅的影響，他寫道："我們懂得了，學物理不應該只狹窄地學一個專業。學物理應該從平地開始，一塊磚一塊磚地砌，一層一層地加高。我們懂得了，抽象化應在具體的基礎工作之後，而絕非在它之前。"

費米崇尚實際的精神，可以從1954年發表的楊—米爾斯這篇卓越的文章的題目中看到。今天任何一位談到這篇文章的人，都會將它稱為是引入非阿貝爾規範場的文章。可是，它的題目《同位旋守恆與同位旋規範不變性》並沒有提到非阿貝爾規範場。如何瞭解同位旋守恆這個物理問題出現在先，而抽象數學觀念非阿貝爾規範場出現在後。這是費米處理這類問題會用的方式，也是富蘭克處理這個問題所用的方式。費米的偉大在於他既懂得如何計算，又懂得如何傾聽自然的聲音。在其一生中，富蘭克均衡地處理了他抽象數學的天才和費米對於物理細節的脚踏實地的關注。

請允許我在這裏簡短地講一個和這次講話主題無關的、有關費米的故事，而和富蘭克無關係。我不是費米的學生，但我有幸在學術生涯的關鍵時刻和費米談了 20 分鐘。我從這 20 分鐘中學到的，比我從奧本海默（Robert J. Oppenheimer）20 年中學到的還多。1952 年，當時我以為自己擁有了一個強相互作用的好理論，於是組織了一大批康奈爾大學的學生和博士後，按照這個理論來計算介子—質子之散射。我們運算的結果和費米在芝加哥迴旋加速器上量到的截面很符合，於是我得意地從伊薩卡（Ithaca）去芝加哥給費米看我們的結果。費米很客氣和友好，但我們的結果並沒有引起他的興趣。他說："計算的途徑有兩種。第一種，是我所願意採用的，是先有一幅清晰的物理圖像。第二種是有嚴格的數學架構。你的則兩者都不是。"這既結束了他和我的對話，也終結了我們的理論。以後我們弄清楚了，由於沒有將矢量相互作用考慮在內，我們的理論是不可能正確的，而費米直覺地看出了這個理論必然是錯誤的。在這二十分鐘裏，他脚踏實地的見識省掉了我們幾年的無謂計算。這個教訓是富蘭克無須學習的，因為他在芝加哥當學生時，已經充分汲取了費米的見識。

在選集發表後的 15 年中，富蘭克沒有閑着。1995 年，一本慶祝他七十歲生日的文集出版了，這次不是他自己而是他的朋友們寫的，題目是《楊振寧——20 世紀一位偉大的物理學家》。隱藏在書中的專業文章裏，有一些個人的頌贊和回憶，它們描述了富蘭克如何積極幫助科學在三個中國社會——中國大陸、臺灣和香港——的成長和繁榮。富蘭克很高興能夠償還他欠故土和文化的債。

上述兩本書都沒有收入的，是富蘭克兩年前寫的題為《父親和我》(《二十一世紀》1997 年 12 月號，總第 44 期）的文章。這是獻給他的父親，一位於 1973 年去世的數學教授的文章。它極精彩而微妙地描述了他和父親的關係，以及分離給二人帶來的痛苦。他的父親在艱難的歲月裏留在中國，而富蘭克就在這段時間在美國成為名家。他們都知道還是這樣好：沒有美國，富蘭克不會成為一位世界級的科學家；不住在祖國，他的父親將成為無根之木。然而，分離也深深地傷害了兩人。對富蘭克來說，他和父親的分離同美國和中國在政治上的隔絕，是一場悲劇的兩面。很幸運，尼克鬆總統適時地決定承認中華人民共和國。因此，富蘭克能夠在他父親去世以前重臨中國，能夠在他父親病危時坐在他的床邊。在選集的評注中，富蘭克描述了他在 1964 年如何困難地作出成為美國公民的決定。這決定正式承認了他脱離中國、脱離他的父親，他寫道："我父親……1928 年在芝加哥大學獲得博士學位。他遊歷甚廣。但我知道，直到臨終前，對於我的放棄故國，他在心底裏的一角始終沒有寬恕過我。"

《父親和我》有一個快樂的結尾、一個光輝的重圓。富蘭克描述 1997 年 7 月 1 日清晨零時，他站在香港會議展覽中心，凝視着英國國旗緩緩下降，中國國旗緩緩上昇，樂隊奏着“起來，不願做奴隸的人們”，他寫道：

> 父親如果能目睹這歷史性的，象徵中華民族復興的儀式，一定比我還要激動。……他們那一輩的中國知識分子，目睹洋人在租界中的專橫……說不完的外人欺凌……他們是多麼盼望有一天能看到站了起來的富強的祖國，能看到大英帝國落旗退兵，能看到中國國旗驕傲地向世界宣稱：這是中國的土地。這一天，1997 年 7 月 1 日，正是他們一生夢寐以求的一天。

富蘭克那夜站在那裏，他（也是他父親）對重圓的深層感觸使我們動心。而他表達的驕傲和滿足的心情，特別引起我的共鳴。因為，我也屬於一個偉大而古老的文明。我在英國的故鄉，也是 Alfred 這位學者國王的故鄉。一千一百年前，當唐朝建立了在中國持續千年之久的科舉制度時，國王將拉丁文典籍譯成英文，這和唐朝詩人杜甫差不多同時代。富蘭克在他的選集前面引用了杜甫的詩句：“文章千古事，得失寸心知。”

和富蘭克一樣，我也離開了故土，成為美國公民。我仍記得我在 Trenton 受到的羞辱。那一天我宣誓忠於美國，主持儀式的那位無知的先生祝賀我逃出了奴隸之鄉來到了自由之邦，我好不容易才忍住沒有大叫。我的祖輩們解放我們的奴隸，比他的祖輩們解放他們的奴隸要早得多。我和富蘭克對美國有着同樣的矛盾感情。這個國家對我們兩人是如此慷慨，可是對我們的古老文明的瞭解又是如此之少。我同樣感受了他親睹英國國旗和平地降下，中國國旗冉冉昇起時的驕傲。那時他身處的香港，正是我們這兩個古老的文明短暫地走在一起、催生出嶄新事物的地方。

五年前我很榮幸在費城美國哲學學會授予他富蘭克林獎章的儀式上講話。我們聚集在學會的有歷史意義的會議室中，學會創始人富蘭克林和最活躍的成員傑弗遜的畫像俯視着我們。不消說，富蘭克林和傑弗遜都會贊同富蘭克獲獎。我們知道他將大兒子取名為富蘭克林，是因為他特別崇敬富蘭克林。我願用我在那個愉快場合稱頌富蘭克的話來結束今天的講話。

楊教授是繼愛因斯坦和狄拉克（Dirac）之後，20 世紀物理學的卓越設計師。從當年在中國當學生到以後成為石溪的哲人，引導他的思考的，一直是他對精確分析和數學形式美的熱愛。這熱愛導致了他對物理學最深遠的和最有創見的貢獻——和米爾斯（Robert Mills）發現的非阿貝爾規範場。隨着時間的推移，他所發現的非阿貝爾規範場已漸漸成為比宇稱不守恆更美妙、更重要的貢獻。後者使他獲得了諾貝爾獎。發現宇稱不守恆、發現左手和右手手套並非在各方面都對稱，是一項了不起的破壞行動，它摧毀了在前進道路上的思維結構的基石，這個結構以後經過 30 年才建立起來。今天，當代理論所描述並為當代實驗證實了的物質的本質，是各種非阿貝爾規範場的組合。它們為楊在 45 年前首先猜測的數學對稱性所支配。

和重建城市以及國際政治一樣，在科學中摧毀一個老的結構比建立一個持久的新結構容易。革命領袖可以分為兩類：

像羅伯斯庇爾和列寧，他們摧毀的比創建的多；像富蘭克林和華盛頓，他們建立的比摧毀的多。無疑，楊是屬於後一類的革命者，他是一位保守的革命者。和富蘭克林以及華盛頓一樣，他愛護過去，盡可能少摧毀它。他對西方科學的傑出思維傳統和對中國祖先的傑出文化傳統同樣崇敬。

楊喜歡引用愛因斯坦的話："創造的源泉在於數學，因此，從某個意義上講，我認為，純思維可以掌握現實，像古人所夢想的那樣。"在另一場合，楊講道："乍聽起來，一個人的愛憎和風格竟與他對物理學的貢獻有如此密切的關係，也許會令人感到奇怪，因為一般人認為物理學是一門客觀地研究物質世界的學問。然而，物質世界具有結構，而一個人對這些結構的洞察力，對這些結構的某些特點的喜愛，某些特點的憎厭，正是他形成自己風格的要素。因此，愛憎和風格之於科學研究，就像它們對文學、藝術和音樂一樣至關重要，這其實並不是稀奇的事情。"楊對數學美的感受，照亮了他所有的工作。它使他的相對最不重要的計算成為袖珍的藝術品，使得他的深入的猜測成為傑作。它使他，正如使愛因斯坦和狄拉克一樣，對自然的神秘能夠比別人看得更遠一點。

榮休晚宴後的答詞

這是1999年5月22日楊振寧在榮休晚宴後的答詞。譯者：童元方。

我平時不怎麼怕說話，但前面各位所講的卻使我真的說不出話來了。我一向知道也非常欽慕戴森的滔滔而辯的風採；但是我卻不知道我的同事斯特曼[1]也有一種潛在的侃侃而談的口才。

對在座各位，我與你們幾乎每一個人都有非常愉快的回憶，特別是吉姆·西蒙斯[2]。他既然提到了我對他是怎麼慷慨，我也要告訴大家他對我又是如何慷慨。他不僅最先把“纖維叢上的聯絡”這一專門術語介紹給我，而且他所做的比介紹名詞要多得多了。1970年年初我們在理論物理所的同事都認為應該弄懂“纖維叢上的聯絡”這個數學觀念，所以請了吉姆來給我們上一系列的午餐討論課。他慷慨地答應了，從此犧牲了大概兩個星期的午餐時間給我們。討論會結束時，我們全學會了那個觀念是什麼，它跟A-B效應[3]的關係又是如何。而那也就是後來我與吳大峻[4]合寫的論文的來源。這篇論文包括了這次會議中屢次提到的那個字典。與此有關的另一字典的故事是這樣的：就是在討論會結束時，我們想謝謝吉姆的慨然賜教，可是卻發現不能用大學的資金來酬答，因為他是我們同一學校的教授：這麼做就違反了規定。所以我們就自己投下一些錢，但接下來的問題是：買什麼送給他呢？我們就跟他數學系的朋友商量，聽說他不善拼字，我們就送了他一本字典。我想他那本字典現在還在罷。

去年我的同事告訴我他們想為我辦這個研討會，我告訴他們不要辦。我說辦研討會工作太多，而且也不知道辦不辦得成；但他們不聽我的，徑自去籌劃起來；而且就辦成了。現在看起來，在 5 月這兩個燦爛的日子裏，我們有一個有聲有色的會議。對我來說，它給我機會看見這麼多老朋友，有些我已是多年不見了。對我們大家來說，它給我們機會認識許多重要而又令人感到興奮的新發展；而這些在未來幾年無疑會更顯出其重要性來。

除此之外，這次研討會重新肯定了我們的信念，就是：我們所愛的物理是異彩紛呈而又是整體不可分的；研討會同時也為我們強調了：這世界上研究物理的人所形成的是一變幻不止卻又緊密相連的大家庭。

我自己是在 54 年前來到美國的。那是一個陰鬱的 11 月天，我在紐約沿着赫德遜河的一個碼頭下了船。說準確些，我記得是 1945 年 11 月 24 日。我當時的計劃是在美國拿博士學位，然後回到中國去教書，就像我父親以前做的那樣。而事情發展的結果卻是：我沒有回去；我留下來了。我很感謝美國容我在這一新環境中得以生發與成長，也很感謝三個與我關係密切的學術機構：芝加哥大學、普林斯頓高等學術研究所，以及紐約州立大學石溪分校。我非常幸運：我似乎生逢其時，總是在事業轉折之際，走入了合適的單位。囬想這些，我發覺命運待我真是非常非常仁厚。

我要謝謝你們每一位老遠來參加這個會議，也謝謝各位待我的深厚友情。但是今晚有一位特別的人，我要致以特殊的謝意，就是我的妻子。致禮是我來美前 1944—1945 年我教的班上的學生，但我那時與她還不大熟識。1949 年聖誕節前後，我同魯廷格當時都是單身漢，二人一起到普林斯頓的維特史朗街上新開的"茶園"餐廳去喫飯，就在那裏我與致禮不期而遇了。那天究竟是我先認出她來？還是她先認出我來？自那時起在我們家就成了一個爭論不已的話題。我們結婚已經 49 年了，49 年來她一直給我最大的支持，我願意在此向她公開致謝。

1982 年，我六十歲那一年，我認為自己有一很大的發現，也可以說很深的覺悟，即：生命是有限的。好像這種想法在我六十歲以前從來沒有在我的腦海里出現過。而今，我七十六歲了，在過去一年半中我與致禮經歷了四次手術，所幸每一次手術都很順利。但我知道：一個人逐漸老去時，他的哲學觀點也必然會隨之改變。於此，我想起大約一千一百年以前，唐代大詩人李商隱寫下的不朽的詩句：

夕陽無限好，只是近黄昏。[5]

本世紀初，另一大作家朱自清，他也是我父親的朋友，把那兩句詩改寫成這樣：

但得夕陽無限好，何須惆悵近黃昏。

謝謝大家。

注釋：

[1] 斯特曼（George Sterman）。

[2] 吉姆·西蒙斯（Jim Simons），紐約州立大學石溪分校數學系教授兼系主任。

[3] A-B 效應為阿哈羅諾夫—博姆效應（Aharonov-Bohm effect）的簡稱。

[4] 吳大峻（T. T. Wu）哈佛大學教授。有關“字典”事，參看論文：T. T. Wu and C. N. Yang, “Concept of Nonintegrable Phase Factors and Global Formulation of Gauge Fields,” *Physics Review.* **D12**, 3845—3857（1975）。及 I. M. Singer, “Some Problems in the Quantization of Gauge Theories and String Theories,” *Proc. Symposia in Pure Math.* **48**, 198—216 (1988).

[5] 李商隱原詩為《登樂游原》：

向晚意不適，驅車登古原。
夕陽無限好，只是近黃昏。

驚聞 Mills 逝世

1999 年 10 月 27 日 Robert Mills（1927—1999）逝世。消息傳來，楊振寧寫了下面的短文。此文後來刊載於 *Physics Today*，2003 年 10 月。譯者：楊振寧。

Bob 今年 5 月間來參加我的退休學術會時，他顯得很瘦，但是很精神。在宴會中他來到致禮和我的坐席旁寒暄。他問起致禮的病情，可是完全沒有提到他自己的癌症。今天聽到他過去的消息對我是一大震驚。

1953—1954 年間我訪問了 Brookhaven 一年。那一年 Bob 和我共用一間辦公室。我們討論了許多物理問題，從新的大加速器 Cosmotron 所做出的實驗結果，到理論題目如重整化與 Ward 恆等式。就在那一年中我們發現了 Maxwell 方程式的極優美而獨一的推廣。我們當時十分喜歡此推廣的美，可是他和我都沒有料到 20 年後它在物理學界所產生的影響。

好像是 1955—1956 年，Bob 在普林斯頓高等研究中心工作一年，我們又重新合作討論物理。成果之一是一篇關於 overlapping divergence 的文章，可是此文是 10 年後 1966 年夏天他和他的家屬訪問石溪的時候，我們才寫出來發表的。

Bob 是一位尊重傳統價值的人。在所有我認識的物理學家中，他是一位最守信用，最誠懇的人。他也是最奉信宗教的。

Bob 十分聰明。他能十分快速吸收各種新觀念。我將永遠懷念我們的深入合作與我們關於許多問題的討論，從加速器原理到 computability 中的難題。

圖 A99j. 1　楊振寧與 Robert Mills，1999 年 5 月 22 日攝於石溪

從崔琦榮獲諾貝爾獎談起

原載 *The Joy of the Search for Knowledge*，World Scientific，1999.

崔琦獲得 1998 年諾貝爾獎的消息，雖然不出乎物理學界的意外，仍然給我帶來了極大的歡欣。我相信這是所有華裔人士的共同感受。

1982 年崔琦[1]和兩位合作者發現了 FQHE，這是近年來量子物理學中完全出乎意外的重大發現，將電流在磁場中的量子現象引入了新的領域。因此對物理學界來說，崔琦會得諾貝爾獎久已是意料中事。（讀者如果想知道一些細節，請參閱最近一篇半通俗文章[2]。）

崔琦是香港培正中學畢業的。培正在 20 世紀五六十年代培養了極多人才。為什麼一所中學在那樣困苦的經濟環境中能那樣成功，是值得我們深思的。這裏面原因很多，但是我想一個重要原因是當時英國殖民政策[3]有形無形地壓迫港人，激起家長們的憤恨，紛紛將子女送入中文中學，所以最好的幾所中文中學擁有當時最好的香港中學生。

這兩年朱棣文與崔琦連獲諾貝爾獎，引起報章雜誌上許多討論：為什麼還沒有獲獎的工作在中國人的土地上做出來？這是很值得討論的問題，是一個重要問題，可是討論時不能意氣用事，不能扯進其他問題，要就事論事，要從長遠歷史觀點來討論：

（一）科學研究要有傳統，要有實驗，要有經濟基礎。在中國人的土地上，這些條件在 50 年代以前都沒有。這是近五百年來歷史所遺留下來的史實。

（二）中國的科技發展，一般人常以為是不成功，其實這是十分錯誤[4]的結論。本世紀初，中國可以說完全沒有近代科技知識，真正“從零開始”。到了 20 世紀 60 年代竟造出“兩彈一星”，這個發展速度是個奇跡。歷史上只有日本自 1868 年明治維新開始的高速現代化可以與之媲美。

（三）講到基礎科學，1958 年到 1964 年間中國科學家成功合成胰島素，領先世界，這是一個完全可以得到諾貝爾獎的工作。可是因為當時中國與世界隔絕，所以此成就未獲獎。事實上此成就不只在學術上領先世界，從學術發展歷史上看也是一個真正的奇跡：他們開始時萬分困難，連氨基酸（Amino Acid）都要進口，所以他們的成功確實是“從零開始”，是科學史上罕見的快速突破。

（四）近年來許多人曾討論的另一個問題是：為什麼在生物學與醫學界至今仍然沒有華裔獲獎者？我的看法是：這只是時間問題。相信 10 年內會有華裔科學家獲生物醫學獎。

近代生物學與醫學是十分廣泛的學問，發展方向極多，一時不容易打進去。50 年代在數學、物理學與工程方面，華裔的貢獻已經很多了，很受國際上的注意，而在生物學與醫學的西方雜誌中，華人的名字出現還不太多。可是20世紀七八十年代以來，情形已經完全不同了，華人已經打入世界生物學與醫學界的前沿：簡悅威、徐立之、何大一和好幾位別的生物學與醫學研究者，我想已經被提名到諾貝爾獎金委員會多次了。華裔科學家獲生物醫學諾貝爾獎應該是不久以後會再度引起我們極大歡欣的新聞。

（五）回到上文所提到的一個問題：為什麼還沒有獲獎的工作在中國人的土地上做出來？我的看法是：這也只是時間的問題。基礎科學前沿發展極快，要趕上去，而且要超越世界級的研究中心，不是容易的事。可是縱觀20世紀近代科學在中國人的土地上發展的歷史[4]就會認識到這個發展非常快速（像上文所提到的），以此速度趕超，在中國人的土地上發展出得諾貝爾獎的工作，我想應該是20年之內的事。希望我能看到這一天。

注釋：

[1] D. Tsui, H. Stormer, and A. Gossard, *Phys. Rev. Lett.* **48**, 1559 (1982).

[2] *Physics Today*, December 1998, pp. 17—19.

[3] 英國殖民政府在印度所產生的影響可自 W. A. Blanpied 關於物理學家 S. Bose（1894—1974）的一篇文章中看出："Even more than forty years later one still has the impression that the young Bose was terribly intimidated by most Europeans." "The nature of British rule in India in the early years of the present century had the effect of making the subject people believe that they really were inferior." [*Am. J. Phys.* **40**, 1217 (1972).]

[4] 楊振寧《近代科學進入中國的回顧與前瞻》，香港《明報月刊》1993年10月號。此文收入《楊振寧文集》，華東師範大學出版社，1998年。

中國現代文學館與魯迅頭像

原載《光明日報》2000 年 9 月 21 日。

7 月中的一晚有機會和幾位朋友同去朝陽區文學館路中國現代文學館新館參觀。這是剛剛啟用的中大型博物館，裏面收藏與展覽了 20 世紀許多中國文學家的手稿、書信、筆記、照片等，內容非常豐富。館長舒乙先生告訴我們建立中國現代文學館是巴金先生最早倡議的。舊館於 1985 年開館，近年來為了擴大收藏，又建立了此新館。

因為時間限制，我們只在一樓匆匆看了部分展品。雖然前後不過半小時，卻已能充分瞭解開設此館的深遠意義。

20 世紀是中華民族浴火重生的世紀。一百年來的慘痛與悲壯的經歷，辛酸與激昂的感情都深深注入了現代文學中，都將於此館中永遠保存。

20 世紀的新文學雖然脱胎於舊文學，但是其內容與形式都與舊文學不同。其間包容了多種創新的精神與大膽的嘗試。這些創新與嘗試的社會與個人背景通過此館將成為本世紀給後人的一筆寶貴遺產。

館後面有一個相當大的花園，園中放了 11 個全身塑像。計有趙樹理、丁玲、郭沫若、艾青、老舍、曹禺、葉聖陶、巴金、朱自清、茅盾與冰心。另外還放有沈從文的浮雕頭像。

第 13 個雕塑是魯迅的頭像，放在館前西側。這是最引起我注意的展品，因為是我的老朋友熊秉明所做的。他是住在巴黎的藝術家和文學家，去年在北京、上海、昆明、臺北與高雄五城舉辦過他的個人巡迴展覽“遠行與回歸”，轟動一時。

魯迅頭像是用鐵片焊接成的，高二米多，安放在高約三分之二米的一塊大石頭上面。舒乙館長說從設計到切割鐵片到焊接到最後安裝“都是熊先生親自動手的”。

頭像立體感十分凸顯。許多鐵片造成了許多不同的面，一片一片地，一層一層地，用焊接綫焊在一起，塑造出一個巍然凝聚着力量的金屬立體——魯迅的頭。它給我的總印象是憂鬱沉重的氣質，敏銳深入的觀察力和絕不妥協的精神。

頭像面對東南。我可以想象陽光普照的時候，不同的平面當然各自明暗不同。從正面看應有許多粗的綫條勾畫着頭像的臉。想到這裏我立刻想到法國畫家 Rouault（1871—1958）的富有宗教感的油畫。他用粗綫條勾畫出了悲天憫人的境界。陽光下的魯迅頭像應該也會特別呈現出魯迅的深沉的內心世界吧。

轉到頭像後面，看見秉明刻上去的《野草・墓碣文》中的一段：“於浩歌狂熱之際中寒；於天上看見深淵。於一切眼中看見無所有，於無所希望中得救……待我成塵時，你將見我的微笑！”

這是讀了令人毛骨悚然的幾句話，是濃縮了的真正原味的魯迅。刻在頭像上將讓後世永遠不忘魯迅所經歷的陰闇時代。我以前沒有讀過這幾句話。今天讀了不禁想到假如魯迅復生，有機會觀察他死後六十多年中華民族的天翻地覆的變遷，有機會展望下一世紀的未來世界，他將會寫怎樣的文章呢?

圖 **00c. 1**　中國現代文學館的魯迅頭像

中興業 需人傑

臺灣《中國時報》董事長余紀忠先生和夫人前年捐贈巨款給南京、東南兩大學，成立華英基金會。2000 年 10 月底基金會在南京開會。楊振寧教授在宴會上作了演講。原載《光明日報》2001 年 1 月 11 日。

余夫人、蔣校長、顧校長、各位貴賓：

內人杜致禮和我非常高興有機會參加此盛會。我們剛剛從昆明旅遊回來。昆明是我們少年時代居住過的地方，半個世紀以後，舊地重游，發現一切都有了翻天覆地的變化，感慨良多。

1937 年盧溝橋事變以後，清華、北大、南開三大學搬到長沙成立了“臨時大學”。1937 年底南京失守，三大學又西遷到昆明，成立了“西南聯合大學”。成立之初，馮友蘭教授寫了一首校歌。他一生很得意此校歌歌詞，晚年時候寫《三鬆堂自序》時還將歌詞錄了進去。

校歌是一首詞，詞牌是《滿江紅》。馮先生顯然覺得宋朝的南渡和當時的西遷有相似的地方，所以不但用了岳飛的《滿江紅》詞牌，還做了許多對比。

校歌第一闋開頭幾句是：

“萬里長征，辭卻了，五朝宮闕。暫駐足，衡山湘水，又成離别。”

我於1938年秋考入西南聯大，今天還記得當時唱此校歌時悲憤而又堅決的心情。

岳飛的《滿江紅》的第二闋開頭四句是：

“靖康耻，猶未雪；臣子恨，何時滅。”

馮先生把它改為：

“千秋耻，終當雪；中興業，需人傑。”

幸而言中，聯大前後培養了三千多個學生，為中國建設、中國學術與世界學術都做出了巨大的貢獻。

五十多年以後，中華民族的地位有了巨變。今天如果再討論此四句，似應改為：

“千秋耻，既已雪；中興業，需人傑。”

從“終當雪”到“既已雪”，這是多麼痛苦、多麼困難的經歷；這是20世紀幾代中國人的浴火重生的血泪史。

今天，展望21世紀，“既已雪”得之不易，“需人傑”的要求比“終當雪”時還要孔急。這也恐怕正是余紀忠先生和夫人所以捐巨資給東南大學和南京大學的初衷吧！

注：文中蔣校長係南京大學校長蔣樹聲先生；顧校長係東南大學校長顧冠群先生。

讀吳為山雕塑：真、純、樸

原載《光明日報》2001 年 5 月 9 日。

第一次看見吳為山的雕塑是 2000 年 4 月，在南京大學和南京博物院。我立刻就喜歡上了他的多件作品。青銅的《齊白石》，從瘦削的臉孔，到長髯，到許多皺褶的長袍，捕捉了一個癯然獨立的精神。費孝通是國際知名的社會學教授。我曾多次聽過他的課與他的演講。吳為山的《費孝通》比真人似乎更像費孝通：開朗的面貌，幽默的談吐和樂觀的精神都刻畫了出來（圖 01c. 1）。《荷蘭女王》是另一件我十分欣賞的作品。通常西方藝術家很難畫中國人面或塑中國人像，反之亦然。吳為山的女王頭像完全跨越了此鴻溝。

最能顯示吳為山的天才的是他的許多模糊形象的作品。我猜想他善於在幾分鐘之內就捏造出來一個令人難忘的形象。《春風》是吳為山給他的女兒塑的像（圖 01c. 2），他說："當時我生病在家，女兒從幼兒園囬來，小裙子飄起來，小脚丫翹起來，可愛之極……我認為一個人心中如果沒有詩意，沒有淳樸的情感，作品一定不會感人。"

圖 **01c. 1**　費孝通（作於 **2006** 年）

圖 **01c. 2**　春風（作於 **1994** 年）

另一個作品《無題》是圓球形的陶塑，融合幾何球形與人頭，渾然一體，極好，極美，是真、純、樸的昇華。我一直喜歡這幾個字，很高興吳為山把它們塑了出來。

大江健三郎（1935 年生，1994 年諾貝爾文學獎獲得者）說小說和隨筆是他文學生活的車之兩輪。我想人物塑像和即興隨指恐怕是吳為山雕塑生活的車之兩輪吧。

看了吳為山的作品我為他寫了幾個字：藝術與科學的靈魂同是創新。

他的發自內心的創新力從他的每一件作品都凸顯出來。

2001 年 4 月於香港中文大學

他永遠脚踏實地

——紀念恩芮科・費米誕辰100週年

原文"Enrico Fermi"，載於*Proceedings of the International Conference Enrico Fermi and the Universe of Physics in Rome*, 2001, Acad. Nat. dei Lincei, 2003. 譯文原載《光明日報》2001年9月29日。譯者：範世藩、楊振玉。

力能加害而不屑，
最顯能為而不為；
能動他人己如石，
堅定冷靜不為移；
如彼允宜得天厚，
自然豐賜不浪擲；
如彼誠彼美顔後，
他人糜耗為美役。
(引自莎士比亞十四行詩)

恩芮科・費米是20世紀所有偉大的物理學家中最受尊敬和崇拜者之一。他之所以受尊敬和崇拜，是因為他在理論物理和實驗物理兩方面的貢獻，是因為在他領導下的工作為人類發現了強大的新能源，而更重要的是因為他的個性：他永遠可靠和可信任；他永遠脚踏實地。他的能力極強，卻不濫用影響，也不嘩衆取寵，或巧語貶人。我一直認為他是一個標準的儒家君子。

費米最早在物理學中的興趣似乎在廣義相對論方面。1923 年左右他開始深入探討統計力學中的“吉布斯佯謬”和“絕對熵常數”。然後，正如西格里所寫的：

> 當他讀了泡利關於不相容原理的文章後，立即意識到他已掌握了理想氣體理論的全部要素。這個理論能在絕對溫度零度時滿足能斯脱原則，提供低密度高溫度極限時絕對熵的正確的薩庫爾—特羅德公式。這個理論沒有形形色色的任意假設，而這些假設是以前統計力學中求正確的熵值時必須引入的。

這項研究導出了他的第一項不朽的工作，導出了“費米分佈”、“費米球”、“費米液體”、“費米子”等等概念。

按照費米研究風格的特點，在做出了這個理論方面的貢獻以後，接着他就把此理論用到重原子的結構，導出了現在通稱的托馬斯—費米方法。對於這個方法中的微分方程，費米用一個小而原始的手持計算器求出了其數值解。此項計算也許花了他一個星期。E・馬約拉納是一位計算速度極快而又不輕信人言的人。他决定來驗证費米的結果。他把方程式轉換為里卡蒂方程再求其數值解。所得結果和費米得到的完全符合。

費米喜歡用計算器。不論是小的還是大的計算器他都喜歡用。我們這些在芝加哥的研究生們都看到了他這個特點，而且都很信服。顯然在事業的早期，他就已愛上了計算器。這個愛好一直延續到他的晚年。

費米下一個主要貢獻是在量子電動力學方面，他成功地排除了縱向場，得到了庫侖相互作用。1946—1954 年間在芝加哥的學生們都知道他對這個工作極為自豪（可是在今天，六十五歲以下的理論物理學家似乎已經很少有人知道費米的這一貢獻了）。這一工作又是極有費米風格的：他看穿了複雜的形式場論，看到了其基本內含——諧振子的集合，進而化問題為一個簡單的薛定諤式方程。這項工作 1929 年 4 月他第一次在巴黎提出，1930 年夏在安阿堡有名的夏季研討會中再次提出來。50 年代後期，G·烏倫貝克曾告訴我，在費米的這項工作以前，沒有人真正瞭解量子電動力學。這個工作使得費米成為世界上少數幾個頂尖的場論物理學家之一。

現在我跳過費米 1920 年在超精細結構理論中絕妙的工作來講他的 β - 衰變理論。按照西格里的講法，費米終其一生都認為這個理論是他在理論物理學中最重要的貢獻。我曾讀過西格里在這方面的評論，但是感到迷惑不解。70 年代的一天，我和 E·維格納在洛克菲勒大學咖啡室中曾有過下面一段談話：

楊振寧：你認為費米在理論物理中最重要的貢獻是什麼？

維格納：β - 衰變理論。

楊振寧：怎麼會呢？它已被更基本的概念所取代。

當然，他的β－衰變理論是很重要的貢獻，它支配了整個領域四十多年。它把當時無法瞭解的部分置之一旁，而專注於當時能計算的部分。結果是美妙的，并且和實驗結果相符。可是它不是永恆的。相反，費米分佈才是永恆的。

維格納： 不然，不然，你不瞭解它在當時的影響。馮・諾伊曼和我以及其他人曾經對β－衰變探討過很長時間，我們就是不知道在原子核中怎麼會產生一個電子出來。

楊振寧： 不是費米用了二次量子化的Ψ後大家才知道怎麼做的嗎?

維格納： 是的。

楊振寧： 可是是你和約當首先發明二次量子化的Ψ。

維格納： 對的，對的，可是我們從來沒有想到過它能用在現實的物理理論裏。

我不擬再繼續講費米此後的貢獻，也不擬講他和學生們的關係。後者，我在以前已經寫過。我只講兩個關於費米的故事。

瓊・希頓（寒春）是第二次世界大戰中費米在洛斯阿拉莫斯的助手之一，戰後成為芝加哥大學的研究生。當我 1946 年後期開始為薩姆・阿立緐工作時她也在這個實驗室當研究生。1948 年春她去了中國，和她的男朋友歐文・恩斯特（陽早）結婚，並定居中國，從事農業（她的經歷是一個應該寫下來的很有意思的故事。我希望她能很快做這件事）。1971 年夏我第一次訪問新中國，這是在尼克緐訪問中國之前半年。

我偶然在昔陽縣大寨的招待所中遇到了她。大寨是當時農業公社的一個模範典型。我們當然又驚又喜，共同囬憶了在芝加哥的那些日子：我在實驗室裏是怎樣地笨拙；我是怎樣在無意中幾乎使她受到致命的電擊；我怎樣教了她幾句中文；我怎樣借了一部汽車開車送她去拉薩拉車站，開始她去中國的漫長的旅程等等。她問我還記不記得在她離開前費米夫婦為她舉行的告別會，這我記得。她又問我記不記得那天晚上他們送她的照相機，這我不記得了。然後她說在告別會前幾天，她覺得應該告訴費米她打算去中國共產黨控制區。考慮幾天以後她終於告訴了費米。費米說什麼呢？“他沒有反對，對此我永生感激。”我知道她的這句話的分量，囬到石溪後我立刻給在芝加哥的費米夫人打了電話，告訴她我在大寨遇到瓊的全部過程。幾年以後，瓊自己到了芝加哥，有機會訪問了費米夫人和她的女兒乃拉·費米。

現在引述我的《選集》(1983) 第48頁中的一段話作為結束：

> 不論是作為一位物理學家還是作為一個人，費米深為所有的人所崇敬。我相信，他之所以使人肅然起敬是因為他是一個扎實的人。他的所有表現無不散發出他的這種品格的魅力。50年代早期，美國原子能委員會極重要的顧問委員會的主席J·R·奥本海默告訴我，他曾試圖勸說費米在任期滿後繼續留在顧問委員會中。費米不願意。奥本海默堅持。最後費米說道：“你知道，我不相信我自己在這些政治問題方面的見解總是正確的。”

沃納·海森堡（1901—1976）

譯文原載《二十一世紀》2002 年 4 月號，總第 70 期。譯者：劉兵。

當他作為一個年輕的研究者開始工作時，物理學界正處於一種非常混亂而且令人灰心喪氣的狀態，對此，派斯（Abraham Pais）曾用狄更斯（Charles Dickens）在《雙城記》（*A Tale of Two Cities*）中的話，將其描述為[1]：

圖 01g. 1　沃納·海森堡

這是希望的春天，這是絕望的冬天。

人們在做的是一場猜謎遊戲：純粹是通過直覺，一次又一次地，有人提出一些臨時方案，驚人地解釋了光譜物理學中某些規則，這些了不起的成就會讓人歡欣鼓舞。可是進一步的工作總是揭示出新方案自相矛盾或不完善，於是又帶來了失望。在最後的光明到來之前的那些年月中，這種司空見慣的起伏不定，典型地反映在泡利（Wolfgang Pauli）在四個月間寫給克羅尼希（Ralph Kronig）的兩封信中[2]：

物理再一次走入了死胡同。至少對我來說，物理是太困難了。

——泡利致克羅尼希，1925 年 5 月 21 日

海森堡的力學讓我恢復了對生活的興趣。

——泡利致克羅尼希，1925 年 10 月 9 日

在第二封信中，泡利提到的是海森堡在 1925 年夏天所做的工作。不過這一次與以前那些充滿歡欣與希望但又總是給人帶來失望的經歷不同，這次是物理學中一個新時代的開端。因為就在泡利寫這兩封信之間的那段時間，海森堡獨自在赫裏戈蘭（Heligoland）度假時，得到了一個新的想法，這個新想法將給牛頓在大約 250 年前建立的偉大的力學帶來革命。它帶來了無疑是人類歷史中最偉大的智力成就之一的新科學，即量子力學。

對於這一震驚世界的成就，或是對於這一成就的應用，怎樣講都不能算夸張。可是海森堡當時並未充分理解他的想法的意義，雖然他卻把它寫了下來，並於 1925 年 9 月發表在

《物理學雜誌》(*Zeitschrift für Physik*) 上。許多年以後，在回憶當時是如何尋找新的方向使這一關鍵的想法呈現時，他以登山作為類比[3]：

> 有些時候……你想攀登某座山峰，但到處都是霧氣……你雖然有地圖或其他什麼東西指示你可能要去的地方，但你依然在霧中完全迷失方向。這時，你突然在迷霧中模模糊糊地看到一些細微的東西，你會說，"噢，那正是我要找的石頭"。在這一瞬間，整個情況完全改變了：儘管你並不知道是否會走到那石頭，但你會說，"現在我知道我在哪裏了，我必須再走近一點，那樣我肯定就會找到要走的路……"，就像任何一次爬山那樣，你可以說好了，你要再前行 15 碼，或 100 碼，甚至也許是一公里，雖然你仍不知道是走對了，還是完全偏離了正路。

這是一份極為有趣的自我分析。這個比喻揭示了海森堡如何看待他自己的創造過程：當在迷霧中摸索時，他能夠看到"一些細微的東西"，因此"整個的情況完全改變了"。在下面我們將看到，這確實是對他在物理學中大多數重要工作的恰當的描述。

1925 年 9 月的論文一旦打開了大門，由玻恩（M. Born）、約爾丹（P. Jordan）、狄拉克（P. A. M. Dirac）和海森堡本人所寫的許多重要論文便相繼迅速地隨之而來。接着泡利以雷霆萬鈞之力證明了海森堡的力學確實正確地給出氫的光譜，這對所有追隨海森堡的人來說是一種極大的精神鼓舞。從而，下一個關鍵的問題就是下一個原子，即氦的光譜了。但這裏有一個首先要克服的障礙：人們從實驗中得知，氦的兩個電子或是具有平行的自旋，或是具有反平行的自旋，因而它有兩種不同的形式，即三重態或單態。奇怪的是，為什麼在三重態和單態的基態間有如此巨大的能量差。戈德史密特（Samuel A. Goudsmit）是電子自旋的發現者之一，為了解釋這種巨大的差別，他嘗試考慮在兩個電子之間所有種類的磁相互作用，結果發現這些相互作用在數量級上太小，不足以解釋能量差。

當時戈德史密特正在哥本哈根訪問，在那裏，玻爾（Neils Bohr）讓他解決這個問題，但他沒有成功。許多年以後，在一次訪談中，戈德史密特說[4]：

> 於是他（即玻爾）要海森堡來做，海森堡確實找到了答案——反對稱的波函數等等。這發展可就完全超出我能理解的範圍了。

其實海森堡所發現的還要更重要：他發現神秘的“泡利不相容原理”與兩個電子的波函數的反對稱相關，這一要求反過來導致了單態和三重態被一個由交換積分表示的能量差所分開，而且這個交換積分具有庫侖相互作用的數量級，足以解釋被觀察到的巨大的能量差。

海森堡在1926年4月末到哥本哈根，顯然玻爾馬上就告訴了他戈德史密特的不成功的嘗試。他們意識到戈德史密特被困惑在迷霧中，不知道該走哪條道路。只用了不幾天的時間，海森堡就奇跡般地指出了走出迷霧的道路。他做到這點，既不是通過與實驗相吻合的完整計算，也不是通過對波函數進行完整的理論分析（這項工作是狄拉克後來做的），而是在摸索的過程中覺察到了本質性的綫索：

> 你突然在迷霧中模模糊糊地看到一些細微的東西，你會說，“噢，那正是我要找的石頭”。

值得注意的是，在這些細微的東西中有對不相容原理意義深遠的重要本質性綫索（泡利不同意這種瞭解[5]，表明海森堡的看法是如何不顯而易見）。更值得注意的是，海森堡得出這種瞭解是在他看到薛定諤（Erwin Schrödinger）的波函數觀點[6]之前。事實上，大約在海森堡到達哥本哈根一周後，當他在1926年5月給泡利寫信時[7]，在他的詞彙中還沒有波函數的反對稱這個觀念：

> 我想要寫信告訴給你，我發現了一個相當決定性的論點，即你排除相同軌道的觀點與單態—三重態的分離有聯繫。

這是在他瞭解此想法的數學意義之前。達到一種新的本質性的綫索——還不十分清晰的綫索——的這種能力，是海森堡之天才的標誌。他真正讓人震驚的能力，就是能模糊而不確定地，以直覺而不以邏輯的方式，覺察出控制物理宇宙的基本定律的本質性綫索。

從海森堡在另一個完全不同的領域的工作中，可以找到其天才的另一個範例。這是關於在兩塊平行板之間的湍流突然出現的問題。這是一個著名的問題，在去哥廷根之前，他就在索末菲（Arnold Sommerfeld）的指導下研究這一問題。

令人驚奇的是，他猜出了對這一問題的近似解。若干年後，在 1944 年，加州理工學院的林家翹在他的博士論文[8]中以數學分析證明了海森堡的猜測。後來，IBM 的馮・諾伊曼（J. von Neumann）和托馬斯（L. H. Thomas）以數值計算的方式證實了林的結果。海森堡因為這些後來的發展而感到非常高興，並寫信將這些發展告訴了他舊日的老師索末菲[9]。

1928 年，狄拉克的電子相對論方程讓所有物理學家都感到震驚。這個方程是如此簡單，又是如此意義深刻：它說明了為什麼電子有 1/2 的自旋，說明了為什麼電子有在實驗中觀察到的磁矩，說明了為什麼電子有同樣是從實驗中得知的自旋—軌道耦合。

這是一項天才的卓越工作，它肯定使年輕的海森堡既欽佩又惱火。1928 年 5 月 3 日，他寫信給泡利說[10]：

> 為了不永遠因狄拉克而煩惱，我做了一些別的事情以求改變（心情）。

這一些別的事情成了另一項劃時代的成就：它解釋了在鐵磁體中相鄰自旋之間很大的相互作用的起源，為現代理解一個磁體為什麼是一個磁體奠定了基礎。

在 1925—1932 年間，由於在物理學中有如此衆多的革命性成就，顯然是為主要的貢獻者授予諾貝爾獎的時候了。1932 年底，瑞典皇家科學院宣佈 1932 年的物理學獎延期。一年後，在 1933 年底，它宣佈將 1932 年的獎授予海森堡：

> 因為創立量子力學，特別是它的應用導致了對氫的同素異形的發現。

而 1933 年的獎則同時授予薛定諤和狄拉克，這是：

因為發現了新的富有成效的原子理論形式。

1932 年和 1933 年獎的這種同時而不對稱的頒發，以及在頌詞中的用語，明顯的是諾貝爾獎委員會中複雜的內部討論的結果。

當此海森堡百年誕辰紀念中，我們很自然地注意到，在 1900—1902 年這三年間，有四位 20 世紀偉大的物理學家誕生：

泡利（1900—1958）
費米（1901—1954）
海森堡（1901—1976）
狄拉克（1902—1984）

這四人中，每一位都對物理學做出了偉大的貢獻，每一位都以與衆不同的風格來從事物理學研究。我們可以對他們每個人的風格的主要特徵做總結嗎？幾年前，在一篇中文的題為《美與物理學》的文章中[11]，我曾嘗試將海森堡與狄拉克進行比較。把這樣的討論拓寬，將他們四個人一起進行比較應是有趣的事。在古代中國的藝術與文學批評中有這樣一種傳統，是選用很少幾個詞來印象式地描繪每個畫家或詩人的獨特風格。現在允許我用同樣的方法對這四位偉大的物理學家進行初步的嘗試性比較，不過我用的是英文：

泡利——威力（power）
費米——穩健，有力（solidity，strength）
海森堡——深刻的洞察力（deep insight）

狄拉克——笛卡兒式的純粹（Cartesian purity）

第二次世界大戰之後，海森堡曾多次到美國旅行，我有機會聆聽了他數次在美國和在歐洲的演講。其中有一次，1958年他在歐洲原子核研究所（CERN）召開的羅切斯特（Rochester）高能物理學大會的演講，是最戲劇性并且令人難忘的。他談的是他部分與泡利合作的關於“世界方程”的工作，是對工作的總結，也是在由泡利主持的會議上的主要發言。在大會之前幾個月，泡利決定退出合作，並對海森堡做了一些非常嘲諷的公開評論。這天，聽衆大多數人都是我們這一代的物理學家。我們知道這兩個人之間關係緊張。儘管如此，我們還是沒有料到泡利在海森堡發言結束時為嘲笑這一工作而使用的措辭，諸如“愚蠢”、“廢話”、“垃圾”。海森堡則很冷靜，非常鎮靜地對待泡利的攻擊。他站在自己的立場上寸土不讓，但卻沒有使用任何帶有感情色彩的詞語。這似乎只是給泡利的猛火上澆油。在聽衆中，我們都很驚訝。在這兩個我們都佩服和尊敬的人之間這一令人尷尬爭辯中，我們都覺得相當不自在。

今天，在回憶那次會議上所發生的事情時，與泡利的勃然大怒和諷刺挖苦相比，海森堡拒絕泡利的公開挑釁的能力給我留下了深刻的印象。

20世紀70年代，海森堡出版了他的自傳《物理與物理之外》（*Physics and Beyond*），對他早年參與青年運動、對他研究生涯的開端、對在赫裏戈蘭日出時的突破、對希特勒的興起及其對德國的影響，都作了敏感的低調描述，而且，也敘述了他在戰爭期間和在戰後重建期間的經歷。他追憶了與愛因斯坦（Albert Einstein）、狄拉克、歐拉（Hans Euler）、費米（Enrico Fermi）、玻爾以及其他一些人的重要談話。人們在字裏行間中可以感受到他對祖國的深愛。在第191頁上，他描述了他以及他的家人在戰爭快要結束時遭受的苦難。然後：

> 5月4日，當帕什上校帶領一小股美軍先遣部隊將我俘虜時，我就像是一個完全精疲力竭了的游泳者最後腳踩在了堅實的土地上。
>
> 夜間，雪花飄落，當我離開時，春天的太陽在深藍的天空中照耀着我們，把它耀眼的光芒播撒在雪原上。一位來抓捕我的美國兵，曾在世界上許多地方作過戰，我問他是否喜歡我們的山中湖泊，他告訴我說，這是他所見過的最美麗的景色。

何等痛苦！何等深愛！何等記憶！何等原樸性的感情！在他鎚塑這段文字時曾在他胸中有何等起伏！

在第二次世界大戰之後，海森堡不是一個快樂的人。圍遶着他在戰爭期間做了些什麼和沒做什麼，有衆多的爭論。就此，人們寫出了許多著作，而還有更多的著作將會問世。但塵埃終將落定。最終，將為人們永遠記住的，是他在二十三歲時發動的那場改變了整個世界的偉大革命。

注釋：

［1］［3］Abraham Pais, *Niels Bohr's Times* (Oxford: Clarendon Press, 1991). Title of Section 10; p. 276.

［2］In Wolfgang Pauli, *Scientific Correspondence*, Vol. 1 (New York:

Springer-Verlag, 1979).

[4] [5] [6] [7] Jagdish Mehra and Helmut Rechenberg, *Historical Development of Quantum Theory*, Vol. 3 (New York: Springer-Verlag, 1982), p. 283; p. 300; chap. V. 6; p. 286.

[8] C. C. Lin in *Quarterly of Applied Mathematics* (1945).

[9] Heisenberg's letter to Sommerfeld was dated October 6, 1947. See Mehra and Rechenberg, *Historical Development of Quantum Theory*, Vol. 2 (New York: Springer-Verlag, 1982), p. 65.

[10] Abraham Pais, *Inward Bound* (New York: Oxford University Press, 1986), p. 348.

[11] 楊振寧:《美與物理學》, 載於《二十一世紀》1997 年 4 月號, 第 71—79 頁。

後記（楊振寧）

海森堡誕生於 1901 年 12 月 5 日。2001 年 12 月在 Munich 為慶祝他的百年誕辰舉行了一個國際會議。這篇文章是我應邀在會上的演講。

參加這次會議的美國物理學家極少。日本倒來了一位: Nishijima（西島）。會上的空氣與海森堡對物理學的偉大貢獻極不相稱。反映了海森堡後半生的不快。

海森堡二十四歲即寫了一篇文章:“帶來了人類歷史中最偉大的智力成就之一的新科學——量子力學。”而且此成就引導出了半導體工業、近代計算機工業與信息革命，從而改變了人類的生產力。說他是人類歷史上最偉大的科學家之一絕不是過獎。

他熱愛德國的山川，熱愛德國的文化，埋藏於靈魂深處的感情正是他所以不能於二次歐洲大戰爆發前看清楚納粹政權的本質，沒有離開德國的原因，亦種下了他後半生的不快心情的種子。

追念秉明

這是2002年12月20日在巴黎熊秉明葬禮上的講話。後刊載於《二十一世紀》2003年2月號，總第75期。

秉明是一位極少有的多才藝術家。他的雕塑、繪畫、詩與書法理論都將傳世。

圖02h. 1　2002年7月攝於巴黎郊外梵高（Vincent van Gogh）墓地。左起：熊秉明、楊振寧、熊陸丙安

秉明和我七十多年的友誼也是極少有的。我們有許多共同興趣。中西文化的對比，美在科學裏面與藝術裏面的異同，我們父輩中國知識分子的心情，清華園的童年，等等，都是我們談話的題目。多次我們開始寫下來我們的談話，可惜都沒有完稿。

今年7月底我在倫敦參觀了討論馬蒂斯（Henri Matisse）與畢加索（Pablo Picasso）相互影響的雙人展。展覽最後引用了馬蒂斯晚年畢加索給他寫的幾句話，畢加索說：我們要趕快，已沒有很多時間向彼此傾訴了。我看了抄下來立刻寄給了秉明。這封信恐怕還在他的書桌上。

圖 02h. 2　2002 年 7 月攝於熊秉明在巴黎郊外家中

近年來，秉明日益覺得時間緊迫。在80年代為吳冠中畫展寫的序中他說：

> 我們六十出頭了，好像老了，好像剩下的日子不多了，又好像還很年輕，才從嚴冬的凍結中跳出來，精神

抖擻，對未來有重重計劃。

卷起袖口，臂膀的肌肉猶實，我曾寫信給一個在自貢翻譯西洋哲學史的老同學說：“我們這一代的話還沒有說完。”

確實沒有說完。二十多年來他寫文章，寫書法理論，寫詩，寫詩評，作畫，做雕塑，做鍛鑄。

他的文章、他的詩、他的雕塑，都是千鎚百煉，敲打出來的。

在北京中國現代文學館陳列的大型魯迅頭像就是秉明的傑作。魯迅的深沉、魯迅的倔強都被他鎚打出來。

秉明的《母親》是他母親的頭像，也是世界所有母親的頭像。

秉明在南京大學陳列的大型銅牛《孺子牛》深刻地塑造出了20世紀中國知識分子的自我認識。

秉明和我是同一時代的人，同一個大時代的人。我們都有話要說。我們走了不同的道路，採用了不同的語言，但是我們要說的卻有同一底綫。請看他的一首詩：

靜夜思變調

——序

大詩人的小詩，
從椽筆的毫端落出來，
像一滴偶然，
不能再小的小詩。
而它已岸然存在，

它已是我們少不了的，
　　在我們學母語的開始，
　　在我們學步走向世界的開始，
　　在所有的詩的開始，
　　在童年預言未來成年的遠行，
　　在故鄉預言未來遠行人的歸心，
遊子將通過童年預約的相思。

在月光裏俯仰悵望，
於是聽見自己的聲音伴着土地的召喚，
甘蔗田，棉花地，紅色的大河，
外婆家的小橋石榴……
織成一支魔笛的小麯。

甘蔗田，棉花地，紅色的土壤是雲南省彌勒縣秉明父親和母親的月光下的故鄉，是世界所有遊子的故鄉。

從矢量勢 $\vec{A}$ 到聯絡

——規範場中心觀念的演變史

原文 "Evolution of the Concept of the Vector Potential in the Description of Fundamental Interactions", 載於 *Int. J. Mod. Phys.* **21**, 3235 (2006). 作者：吳期泰、楊振寧。此文甚長，下面是其引言的翻譯。譯者：楊振寧。

20 世紀物理學裏面對時、空、運動、能量與力的觀念都經歷過深入的改變。這些觀念都是早期的人類為了生存所必須瞭解的初級認知，所以在每一個原始文化中都有與它們相關的名詞。它們後來為什麼能演化成今天物理學中極準確而又微妙的數學結構恐怕將永遠是人類智慧史中一個不解之謎。

關於力，或者用今天的名詞——相互作用，其瞭解之演變，有過漫長的歷史。早期的瞭解集中於長程力的觀念。然後在 19 世紀中葉，Faraday 與 Maxwell 引進了場論來描述電磁相互作用。電磁場論在 20 世紀有了輝煌的成功。可是別種力量，20 世紀發現的核力與弱力如何？它們都是怎樣的場？研究結果顯示這些力也可以用極美麗而準確的場論來表示，而這些場論的數學結構都起源於對稱的觀念。所以：對稱支配力量。本文就是要追溯這個發展的歷史。

在此發展過程中佔有重要而特殊地位的是矢量勢 $\vec{A}$。它最早出現於 19 世紀中葉。當時就已發現它的定義裏有一自由度（今天叫做規範自由度），是一個簡單而略微麻煩的特點。就是這個自由度後來演化為一個基本的對稱原則，支配着各種相互作用的數學結構。

很驚奇的是這個基本對稱原則也差不多同時被數學家們發展成為纖維叢理論，與物理學裏的發展本來完全無關。規範場與纖維叢的關係被瞭解以後，數學與物理學才又重新開始了它們之間的中斷了多年的交流。

本文着眼點在於一些重要觀念的發現，及其動機與其發展。這裏面包含極多的文獻，我們當然不能一一列舉，而我們列舉的文獻中也有一些其論點我們並不同意。可是為了讀者的方便，我們也包括了它們。

後記（楊振寧）

這篇文章討論一百五十多年以來矢量勢 $\vec{A}$ 如何演化為今天對稱原理與規範場論裏的中心角色。這段歷史經過十分曲折，文章只能討論一些大綱，列舉一些重要文章，許多重要關鍵問題都還有待仔細研究，例如為什麼 Maxwell 會想到用 $\vec{A}$ 來表示 Faraday 的 Electrotonic Intensity，為什麼 Weyl 於 1930 年在他的 *Gruppen Theorie and Quantenmechanik* 的新版的前言中竟會提到後來的 C，T 與 P 三種對稱觀念，等等。

吳期泰和我於 2003 年寫好此文，因故當時未發表。後來於 2006 年發表前曾略做增刪。

歸根反思

本文為楊振寧在“中國科學與人文論壇”（2004）上的演講。原載《民主與科學》2004 年第 3 期。

1929 年，我父親就任清華大學算學系教授。我們一家搬入了清華園居住。那時我是七歲。在清華園裏我過了八年的童年生活，直到 1937 年抗戰開始。關於那八年的生活，我曾在 1983 年的一篇演講中這樣描述：

> 清華園的八年在我的回憶中是非常美麗、非常幸福的。那時中國社會十分動盪，內憂外患，困難很多。但我們生活在清華園的圍牆裏頭，不大與外界接觸。我在這樣一個被保護起來的環境裏度過了童年。

今年我即將八十二歲了。最近搬回清華園居住。我的一生走了一個大圈，在清華園長大，於六十多年以後，又回到了故園，有感寫了一首五言古詩《歸根》：

> 昔負千尋質，高臨九仞峰。
> 深究對稱意，膽識雲霄冲。
> 神州新天換，故園使命重。

學子凌雲志，我當指路鬆。

千古三旋律，循循談笑中。

耄耋新事業，東籬歸根翁。

（首聯取自駱賓王詩句。"三旋律"指我最近一篇演講的題目：《二十世紀理論物理學的三個主題旋律：量子化、對稱與相位因子》。）

回歸幾個月，感想良多。今天我就和大家談談我的幾點感觸和反思。

首先，最近到過的幾個大城市：北京、上海和廣州，都在急速變化，一派欣欣向榮的氣氛。尤其令我高興的是北京的空氣污染問題，五年來大大的進步了。在清華園中現在幾乎天天看到藍天，不像七八年前那樣經常烟霧迷蒙。當然問題還沒有完全解決，希望2008年奧運會開會時可以宣稱解決污染問題已徹底完工。

清華園中添了許多新樓。學生數目自抗戰前的八百多人增加到今天的兩萬多人。海淀新開的書城裏新版舊版的書美不勝收。大中學生看書的十分擁擠。都是新氣象。

有機會去了北京的現代中國文學館。這是巴金倡議修建的。收藏甚豐，並有十三座塑像。我特別喜歡巴金的雕像（圖04b.1）和魯迅的雕像（圖04b.2）。

李學勤教授帶我去參觀了東二環的保利博物館。小而極精美。展示方法是絕對的第一流。他們近年來收購了許多流失海外的青銅器與雕塑，這是極有遠見，極有長遠意義的措施。他們非常重要的一件收藏是圖04b.3所展示的遂公盨。其中的銘文在圖04b.4中展示。

圖 **04b. 1**　巴金像

圖 **04b. 2**　魯迅頭像。是我的好朋友熊秉明（**1922—2002**）的傑作

圖 **04b. 3**　遂公盨

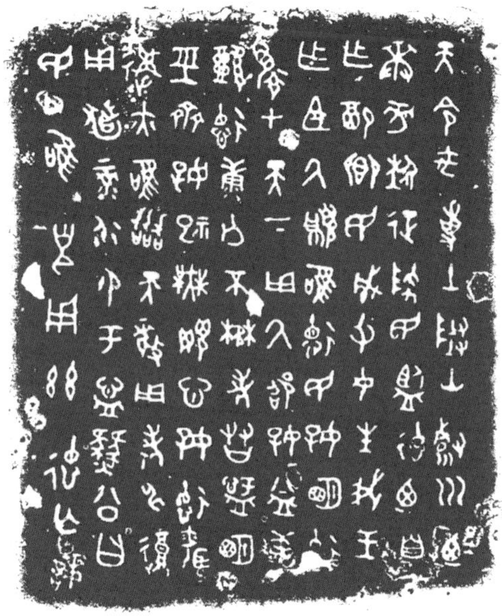

圖 04b. 4 遂公盨銘文拓片

德字出現了六次。右起：

第二行第八字，第四行第六字

第四行第十字，第六行第二字

第七行第九字，第十行第八字

這九十多字的銘文十分重要，因為它是差不多三千年前的銘文，而開頭即說“天命禹敷土，墮山浚川……”，為上古史提供了寶貴的新材料。

我還有機會看了北京人民藝術劇院的話劇《李白》，和中國國家話劇院在北師大演出的《哥本哈根》。後者是前幾年在倫敦和紐約都曾轟動一時的話劇，講的是 1941 年海森堡（1901—1976）去哥本哈根訪問玻爾（1885—1962）的故事。

那是一次歷史性的訪問，涉及能不能和應該不應該造原子彈的歷史性大問題。

圖 04b. 5 《哥本哈根》劇中一個鏡頭。
左起：海森堡、玻爾夫人、玻爾

這樣學術性的話劇有那麼多年輕人與大學生去看，給了我中華民族已邁入文藝復興時代的感受。

一百多年來中華民族經過了戲劇性的轉變。回想 1898 年中國幾乎被列強瓜分了：

德國強佔山東膠州灣，“租借”99 年；

俄國強佔遼寧旅順大連，“租借”25 年；

法國強佔廣東廣州灣，“租借”99 年；

英國強佔山東威海衛與香港新界，前者“租借”25 年，後者“租借”99 年。

1900 年有八國聯軍佔領首都北京的慘劇。1931 年日本佔領東三省，成立了滿洲國。記得那個時候我在清華園裏的成志小學唸書，在五年級。韓老師給了我們一些小冊子，關於日本人在東三省的暴行。1937 年發生了盧溝橋事變。日本兵在北京近郊做“軍事演習”，準備將華北變成另一個滿洲國。那個時候我剛剛讀完高中一年級。

20 世紀初年，中國的知識分子對於國家民族的前途，很多人有十分悲觀的看法。王國維先生是國學大師，1927 年在頤和園投水自殺。他的遺書開頭四句是：

> 五十之年，只欠一死。經此世變，義無再辱。

記得我和我小學的同學們常常去誦讀在清華園中他的紀念碑的碑文，我們不能瞭解他為什麼要自殺。

1938 年秋天清華大學搬到昆明，和北京大學、南開大學合併成立西南聯合大學。因為當時沒有足夠多的校舍，所以文法學院搬到蒙自，陳寅恪先生在蒙自寫了下面一首詩：

> 景物居然似故京，荷花海子憶昇平。
> 南渡自應思往事，北歸端恐待來生。

他當時顯然以為像北宋南遷一樣沒有再回到故京的希望。

今天的中國知識分子的心情是什麼呢？也許 1997 年香港回歸的時候，我所寫的一段話是有代表性的：

> 1997 年 7 月 1 日清晨零時，我有幸在香港會議展覽中心參加了回歸盛典。看着中華人民共和國國旗在“起來，不願做奴隸的人們”的音樂聲中冉冉上昇，想到父親如果能目睹這歷史性的、象徵中華民族復興的儀式，一定比我還要激動。他出生於 1896 年——101 年前，馬

> 關條約、庚子賠款的年代，在殘破貧窮，被列強欺侮，實質上已被瓜分了的祖國。他們那一輩的中國知識分子，目睹洋人在租界中的專橫，忍受了二十一條款、五卅慘案、九一八事變、南京大屠殺等說不完的外人欺凌，出國後嘗了種族歧視的滋味，他們是多麼盼望有一天能看到站了起來的富強的祖國，能看到大英帝國落旗退兵，能看到中國國旗驕傲地向世界宣稱：這是中國的土地。
>
> 這一天，1997 年 7 月 1 日，正是他們一生夢寐以求的一天。[1]

今天在世的中國人必須瞭解我們是多麼幸運，能生活在中華民族"站起來了"的大時代。毛主席的這一句名言的意義，從圖 04b. 6 就可以瞭解。

圖 04b. 6　上海英租界法庭開審。20 世紀初年

我認為再過一百年如果討論 20 世紀最重要的，對人類歷史有最長遠影響的史實的話，將不是兩次世界大戰；將不是希特勒的興起與滅亡；也將不是蘇聯之崛起與解體，而是在此世紀中：

（一）人類利用科技大大增強了生產力；

（二）中華民族真的“站起來了”。

1947 年，英國大歷史學家湯因比（Toynbee，1889—1975）出版了一本書，叫做《審判文化》（*Civilization on Trial*）。其中曾討論美國與蘇聯以外會不會有第三個強國。他說：

> 我們在什麼地方可以找到第三個強國？不在歐洲；也不在英聯邦；當然也不在中國或印度，因為雖然這兩國都有悠久文化、衆多人口、廣大土地、豐饒資源，但是這兩個大國極不可能在未來關鍵性的歷史年代裏發展出它們的內在潛力。

湯因比錯了。因為他在 1947 年沒有看到中華民族的潛力，也沒有看到中國共產黨的潛力。當然，這不能怪他，因為這兩種潛力當時是不容易看出來的。可是今天，知道後來五十多年的歷史以後，我們必須要問，這些巨大的，湯因比沒有看到的潛力的來源是什麼？

我不是研究歷史、政治、經濟或社會學的。可是我曾在中國居住過二十多年，在美國居住過五十多年，今天我以外行的身份來大膽提出我覺得這些巨大潛力的內在來源。

任何一位在中國和在西方都長久住過的人都會感受到二者有極大的本質的不同。住得愈長久，對此不同的深度就愈多瞭解。我認為此不同的根源必已萌生於四五千年以前人類開始聚族而居的時代：從那時代起中國文化就走了人本的道路，而西方文化就走了神本的道路。幾千年來，這兩種不同方向的道路就逐漸制度化而演變出來衆多的語言、觀念、社會、經濟、政治、風俗等等各方面的文化差異，如下表所列：

人本文化	神本文化
基於人與人的關係	基於個人與他的神的關係
社群為重	個人為重
“忠”、“孝”、“恕”、“仁”	“原罪”
禮	祈禱與懺悔
家族關係：親、緊、近	家族關係：疏、鬆、遠
朋友關係：“義”	極少“義”的觀念
融合凝聚的文化	分割競爭的文化
兼容並蓄	宗教戰爭
有教無類	種姓制度
“天人合一”	神→自然
人治	法治
以德治國	以利治國

表中所列各種對比都根源於人本與神本的基本差異。譬如在家族中父母子女及兄弟姊妹間的關係，中西文化有冷暖親疏的顯著的分別，就是因為人本文化是建築在人和人的關係上面，與神本文化迥異。

至於朋友之間的關係，“義”字是西方極少有的觀念。而在《水滸》、《三國演義》、《今古奇觀》等中國小說中“義”字是極重要的、貫穿民間的、中心的觀念。

近年來，許多書籍與文章討論為什麼近代科學沒有在中國萌生。這是非常複雜的問題，沒有簡單的答案。可是我覺得其中一個要素是：“天人合一”是傳統中國人本精神中的一個重要觀念。後來發展成“理在心中”，要用人文規律來“格”自然現象，當然“格”不出近代科學。而在神本文化中，神與自然本是一體。所以神本文化發展出客觀分析自然的活動。這些活動最後引導出了現代科學的萌生。

至於“利”與“德”，孟子見梁惠王時就曾說，“王何必曰利，亦有仁義而已矣”。關於“德”，保利博物館就特別指出遂公盨上的銘文，98 個字中，“德”字就出現了 6 次。(圖 04b. 5) 那是差不多三千年前的歷史文獻，還在西周時代，表示一個民族的深層價值觀有極長久的溯源。

注重“德”與注重“利”的社會有基本的分別，是長期居住中國和居住美國的人都體會到的。要看出二者的不同只須觀察中學生和小學生的處人處事的態度：中國小孩子一般聽話、勤而靜、能忍耐，而美國小孩子一般不聽話、好動、急求滿足 (instant gratification)。

能忍耐的文化才能有韌性，有韌性的民族才能承受巨大的、全民的、政策性的轉變。我們如果比較一下毛澤東於 20 世紀 20 年代的《湖南農民運動考察報告》所描述的當時的社會狀況，和改革開放伊始時的中國現狀，和今天提倡的“與時俱進”的國策，就會瞭解到中華文化有多麼大的韌性，也瞭解到中國共產黨多麼有利用此韌性的組織能力。

別的文化，如印度文化，別的政治體制，如巴西的“民主”，都沒有中國文化的韌性，也沒有中國共產黨的組織能力，所以它們都不能在一窮二白的時代發展出兩彈一星，都不能在 20 年內創造出經濟起飛，都不能使城鎮居民文盲率降到 5% 以下，都不能在 20 年之內遷移兩億農民到城鎮工作而維持穩定的社會秩序：換言之，它們都還沒有找到脫貧的道路。

前面我曾說20世紀人類歷史上最有長遠影響的史實是：（一）科技促進人類生產力之猛增；（二）中華民族的崛起。那麼21世紀的最重要史實將會是什麼？1996年哈佛大學的Samuel Huntington教授曾寫過一本書*The Clash of Civilizations and the Remaking of World Order*（《文化的衝突與世界的新秩序》）。這本書曾引起廣泛的討論。其中有一些精闢的見解，但是我認為他過分注重文化的衝突，而忽視了經濟因素。

到了21世紀下半葉，全世界各種資源都將短缺，以能源為最。我認為那時左右世界格局的最主要因素將是資源的爭奪。這是今天已經可以看得十分清楚的總趨勢。資源的分佈是區域性的。所以資源爭奪為主要因素的世界會產生"地緣政治"（geopolitics）主導的形勢。那時極可能出現全世界分成三大地區對峙的局面：美洲、歐盟與可能產生的北亞盟，如果這種局面產生，在北亞盟中佔主導地位的必將是中國。

即使北亞盟不產生，中國變成世界舉足輕重的大國也是必然的。假如有人問我，中國現在面臨許多問題：有三農問題、貪污問題、外交問題、貧富不均問題、環保問題等等，等等。你怎麼對前途的發展如此樂觀？我的回答很簡單：雖然我的樂觀態度確有感情成分在裏面，可是並不是沒有根據的：這些眾多的問題，比起過去一百年中華民族所已經解決了的問題小得太多了。我們有理由相信，中華文化的特點和中國共產黨的組織能力也能夠幫助中華民族解決目前這些複雜的問題。

圖 04b.7　1971 年 8 月 4 日攝於南口長城

1971 年夏天，我在離開祖國 26 年以後，第一次來新中國參觀訪問。在那次去過的地方中給我印象最深的是長城（圖 04b.7）。長城的連續性，長城的韌性，使得我在回到美國以後，在一次演講中講了下面的一段話：

> 長城象徵着中國的歷史。它象徵着中國歷史的悠久，它象徵着中國文化的堅韌。它表現出了幾千年來無數中國人民的胼手胝足，以及他們的辛勞為人類所做出的優異貢獻。它象徵着歷史上中國一統的觀念：儘管中國歷經盛衰興亡，儘管中國有如此大的地域和多種的方言，儘管中國有過多次內戰和朝代的更換，但是貫穿歷史的只有一個中國。在世界人民心目中只有一個中國，在中國人民心目中只有一個中國：合則盛，分則衰。[2]

注釋：

［1］錄自香港《二十一世紀》1997年12月號，《父親和我》一文。

［2］楊振寧《讀書教學四十年》，香港：三聯書店，1985年。

《易經》對中華文化的影響

這是2004年的一個演講。原載《自然雜誌》第27卷第1期，2005年。

我的題目是《〈易經〉對中華文化的影響》，以下幾十分鐘要討論許多觀念：精簡、比類、天人合一、聯想、取象、漢語漢字之形成、歸納等（見圖04e.1）。這麼多觀念很短時間不能講得清楚，主要討論的集中於三點。

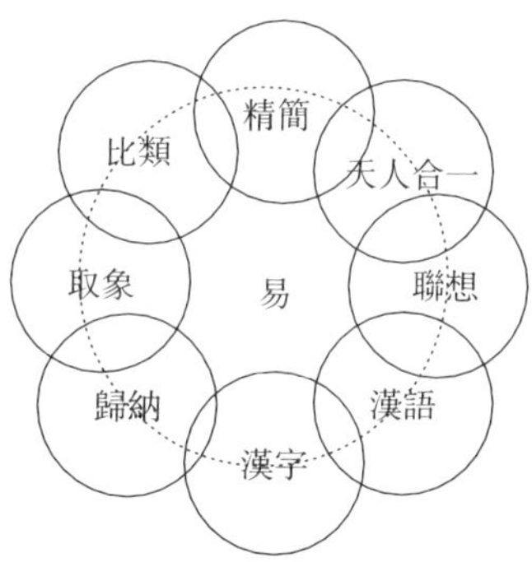

圖 04e. 1

第一，《易經》影響了中華文化的思維方式，而這個影響是近代科學沒有在中國萌芽的重要原因之一。這也是我所以對於《易經》發生了興趣。

第二，《易經》是漢語成為單音語言的原因之一。

第三，《易經》影響了中華文化的審美觀念。

我是研究物理學的，沒有研究過歷史學、考古學、語言學、語音學、美學、哲學等等。可是對於中國文化的成因，我近年來發生了興趣，所以大膽地在今天這個場合跟大家談談我自己的一些想法。

《易經》，大家知道是中國非常古老的一個文獻，據說是夏朝已經有了最早的《易經》叫《連山》，商朝有了比較晚一點的叫《歸藏》，都失傳了。我們現在所看見的《易經》是西周時候的《周易》。所以《易經》的孕育前後至少經過一千多年，這個結論我想是大家可以同意的。

《易經》裏面六十四卦開始是干卦和坤卦。如果問《易經》是怎麼形成的，以下這個說法大家似乎可以接受：最早中國發展了佔卜，因為要對佔卜作系統性發展就產生了卦符，所有六十四卦都有卦符。干就是六個連綫，坤是六個斷綫。有了符以後還得有名與字。卦名有音，有音還不夠，就有一個字。這前後發展的次序我不是研究考古學的，不過我想這個次序很可能多少是對的。

可是我們知道孕育《易經》的年代也正是漢語漢字開始形成的年代，是中華文化孕生的年代。這些卦是“象”，這是《周易》裏面自己講的，是濃縮了的觀念，以卦符卦名將天、地、人的變遷分類為“象”。

上面這幾句話可以說是用今天的語言來描述到底《易經》的精神是什麼。濃縮化、分類化、抽象化、精簡化、符號化是《易經》的精神。這種精神我認為貫穿到了幾千年以來中國文化裏面每一個角落。

譬如分類精簡，例子極多。今天大家知道中醫的理論其中重要的一點就是把疾病與醫藥各分成陰陽、寒暖、表裏等類，用這個分類的觀念做大前提發展中醫理論。這是從《易經》的傳統所遺留下來的。像這樣的例子我們可以舉很多。

一、近代科學沒有在中國萌生的原因

近代科學為什麼沒有在中國萌生。已經有很多人討論過了。歸納起來大概有五種道理：

第一，中國的傳統是入世的，不是出世的。換句話就是比較注重實際的，不注重抽象的理論架構。

第二，科舉制度。

第三，觀念上認為技術不重要，認為是“奇技淫巧”。

第四，中國傳統裏面無推演式的思維方法。

第五，有“天人合一”的觀念。

第四與第五兩點我認為跟《易經》都有密切的關係。

先講第四點，關於推演與歸納兩種思維方法。近代科學的思維方法見圖 04e. 2。

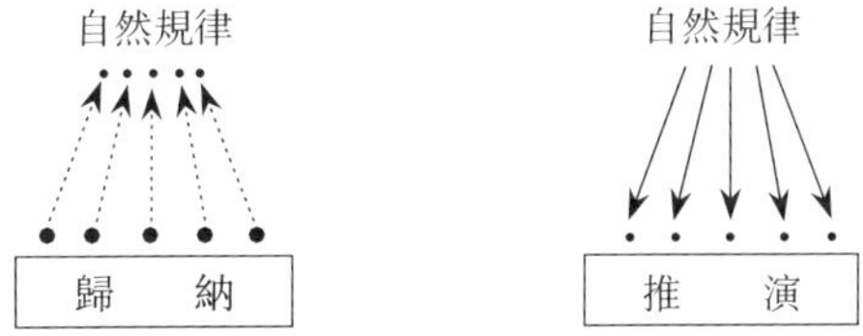

近代科學的兩條尋求自然規律的方法。歸納法用虛綫表示，以示其難。推演法用實綫表示，以示其易

圖 04e. 2

歸納與推演都是近代科學中不可缺少的思維方法。為說明此點讓我們看一下 Maxwell（1831—1879）創建 Maxwell 方程的歷史。

Maxwell 是 19 世紀最偉大的物理學家。他在 19 世紀中葉寫了三篇論文，奠定了電磁波的準確結構，從而改變了人類的歷史。20 世紀所發展出來的無綫電、電視、網絡通訊等等，統統都基於 Maxwell 方程式。他是怎樣得到此劃時代的結果的呢？

他的第一篇文章裏面用的是歸納法，裏面有這樣一段話："我們必須認識到互相類似的物理學分支。就是說物理學中有不同的分支，可是它們的結構可以相互印证。"

他用這個觀念來研究怎樣寫出電磁學方程式，以流體力學的一些方程式為藍本。這種研究方法遵循了歸納法的精神。

幾年以後，在後面的文章中他把用歸納法猜出的電磁方程式，運用推演法而得出新結論：這些方程式顯示電磁可以以波的形式傳播，其波速與當時已知的光速相符，所以"光即是電磁波"，這是劃時代的推測，催生了 20 世紀的科技發展與人類今天的生活方式。

上面的故事清楚地顯示歸納與推演二者同時是近代科學的基本思維方法。

中華傳統文化的一大特色是有歸納法，可是沒有推演法。其中歸納法的來源是什麼？

"易者象也"、"聖人立象以盡意"、"取象比類"、"觀物取象"都是貫穿《易經》的精神，都是歸納法，是向上求整體"象"的方法。

可是，中華文化沒有發展出推演法。我們怎麼可以證明此欠缺呢？請看徐光啟的一些話。徐光啟（1562—1633）是明朝末年一個大臣，而且是一個大學者。大家知道他是最早與利瑪竇合作翻譯歐幾里德的《幾何原本》的人，翻譯了前六章。他們翻譯的原版，現在在國內還有幾本，我曾經在北京圖書館去請他們給我看過一本。

歐幾里德的幾何學是人類歷史上一個大貢獻，第一次把推演法規律化，其影響不可以道裏計。後來牛頓寫了 *Principia Mathematica*。如果你翻一下此書你就會發現他寫的方法完全是照着歐幾里德《幾何原本》的方法，是由公理、定理，然後到證明等等。它是照鈔歐幾里德的推演法的形式。不幸的是徐光啟翻譯《幾何原本》的時候雖早（那時牛頓還沒有出生），可是這翻譯有將近三百多年在中國沒有發生應該有的影響。

徐光啟在翻譯了以後，瞭解到推演法一個特點就是“欲前後更置之不可得。”就是一條一條推論不能次序顛倒。這跟中國傳統不一樣。中國傳統對於邏輯不注意，說理次序不注意，要讀者自己體會出來最後的結論。徐光啟又有這樣幾句很有名的話：“似至晦，實至明，似至繁，實至簡，似至難，實至易。”

這也是推演法的特點。懂了推演法的精神以後就知道推演其實比歸納容易。

下面要講上述第五點，關於“天人合一”的觀念。

“天人一物”、“理一分殊”和“內外一理”起源於《易經》：每一卦都包含天道、地道與人道在內，認為天的規律跟人世的規律是一回事。

我們知道王陽明格竹子，是要用人世間的“理”追求自然界的“理”，這樣當然格不出近代科學。近代科學的一個特點就是要擺脱掉“天人合一”這個觀念，承認人世間有人世間的規律，有人世間複雜的現象，自然界有自然界的規律與自然界的複雜現象，這兩者是兩回事，不能把它們合在一起。

當然我講這句話會使得很多人覺得，尤其是研究中國哲學的人覺得我對於中國的傳統哲學攻擊得太厲害了。我完全沒有攻擊的意思。“天人合一”的內涵絕不止“內外一理”，還有更重要的“天人和諧”。“天人和諧”對於中國的傳統影響極大，而且從今天的世界現狀講起來，我們可以問，摒棄“天人合一”而完全用西方的辦法發展下去是否將要有“天人對立”的現象。這是一個非常重要的題目，不過不在我今天所能夠討論的範圍之內。

二、漢語漢字的成因

世界上原始語言與成熟語言幾乎都是複音的，單音的語言是僅有的。我不曉得是否有任何一個別的成熟的語言是像漢語這樣單音的。近年考古學家發現一萬六千年以前江西的居民已經採集野生稻為主要的糧食。所以在一萬多年以前已經開始形成了中華文化。我們可以相信他們已經有語言，我們也有理由可以假設，這些我們的祖先所用的語言是複音的。那麼後來怎麼變成單音的漢語呢？

從複音的漢語變成單音的漢語這中間一定有一個很長的過程，而且一定有它的道理，因為這是十分獨特的事情。

我的一個大膽的假設是：這變化是受了《易經》的影響。卦名是單音的，干、坤……都是單音的。是統治者用的，是神秘的，有重大影響的，念起來有分量的。久之就形成了一個重視單音符號的價值觀，而影響後來整個漢語的發展。在座有語言學的專家，我這個講法是很大膽的，希望不被語言學家批評得體無完膚。我們看元、亨、利、貞、吉、兇、陰、陽、日、月、天、地，這些有聲有色，有分量的，講出來有影響的單音字對於整個語言文字的發展當然產生重要的影響，所以我剛才說我猜想漢語、漢字所以變成單音的語言文字與《易經》有密切關係。

三、中華文化的審美觀

《易經》的濃縮化、分類化、抽象化、精簡化和符號化的精神對中華文化的影響極深又極廣。下面我簡單討論它對漢語、漢文法、文學、藝術、書法等的影響。

英文“word”，通常翻譯為“字”。這不恰當。應翻譯為“詞”，是一個或好幾個字搆成的。比如“現代”，比如“所以”，都是兩個字的詞。詞可以是一個、兩個或更多字所組成的，可是絕大多數是一個或者兩個字的，不太有三個字以上的詞。多半的三個字或以上的詞都是復詞，或是音譯的詞。前者例如“外祖父”、“洞庭湖”，後者例如“成吉思汗”。

19 世紀開始翻譯元素名字的時候也只用一個字，氧、硫、鐳，這些在英文裏面都是複音的，在中國翻譯都變成一個單音的詞。為什麼這樣吝嗇呢？我認為在中華文化形成時代，在漢語形成時代，受了《易經》的卦名的影響，發展出了"精簡為美，濃縮為美"的深層觀念。此審美觀影響了詞的形成。

世界所有的語言都有共同的深層文法，然後在此深層文法之上，不同的語系各自發展，這是 Chomsky 的一個大發現。比較不同的語言就會發現每一種語言都有名詞、動詞、形容詞、介詞等等。漢語亦然。可是漢語的一大特點就是極少用助詞。例如不說"我的父親"而說"我父親"；不說"慢慢地跑"而說"慢慢跑"，把助詞省略掉了。所以西方人說中文是電報式的文字，尤其是古文。好的古文確實是極美的文學。美的原因之一就是古文不遵循通常文法的發展方式，而力求用最少的詞表達出最多的意思。這種審美觀念應是《易經》的濃縮化精簡化的延伸。

聯想在世界任何文學之中都佔重要的位置，而在漢文文學之中佔有特別重要的位置，因為漢文中的詞既常常建構於數個單音的字，就往往是根據聯想而形成的。譬如風氣、風雲、風流、風景、風光、風雨、風俗都是聯想形成的詞。"風雲"一詞的形成可用圖 04e. 3 來表示。這種詞的結構更進一步促使漢文學演化成聯想的文學，"雲想衣裳花想容"，"秦時明月漢時關"就都是昇華了的聯想。

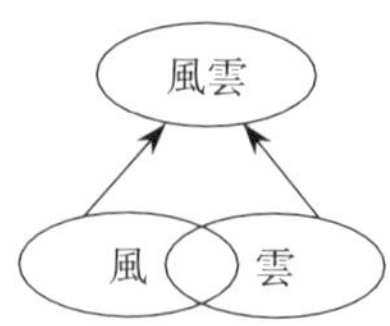

圖 04e. 3

中華傳統繪畫所追求的意境與西方傳統繪畫完全不同，是“觀物取象”的象，不是照像的像；是神似的象，不是形似的像；是“天人合一”的象，不是歌頌自然的像。我認為這種思維精神是從《易經》來的。

至於說《易經》對書法的影響，更是非常清楚了。書法在傳統的中華文化中佔極重要的位置，是其他文化所沒有的。書法顯然跟《易經》的濃縮化、符號化、抽象化的精神有直接關係。我的一個好朋友，書法家、雕塑家、文學家、文學評論家熊秉明在《中國書法理論體系》裏面曾說：“中國文化的核心是哲學，中國文化核心的核心是書法。”我之所以完全同意他這句話，就是因為書法把《易經》的精神具體化了，現實化了。

後記（楊振寧）

這篇文章是2004年我在北京的一場演講的記錄。發表以後，網上有許多批評。下面我寫下幾點補充意見：

(1) 請參閱本書93c《近代科學進入中國的回顧與前瞻》、97a《美與物理學》和00b《中國文化與科學》三篇文章。

(2) 梁漱溟在《東西文化及其哲學》第四章中就曾提到演繹法（即推演法）與歸納法。可是他沒有深究二者對東西文化發展的影響。

(3) 有人說易經中也有推演法。可是那不是我所講的推演法。我講的是希臘幾何學家發展出來的邏輯演繹法。梁漱溟稱它為數理論理。

(4) 邏輯推演法自身發展到20世紀初年，經過德國大數學家 Hilbert（1862—1943）的推動，變為一支很專、很窄、很深的學問。它要窮究推演法的最原始的根基。後來於 1930 年前後 Gödel（1906—1978）做出了革命性的研究，證明了邏輯的 Incompleteness（不完整性）。這些發展不只是人類思想史上的里程碑，還影響了後來的 Turing（1912—1954）與 von Neumann（1903—1957）對計算機結構的工作，引導出來 20 世紀末的信息革命，為人類的歷史開始了新的篇章。

（5）中國學者第一位真正瞭解推演法的真諦的是明末的徐光啟。他的“欲前後更置之不可得”，“似至晦，實至明；似至繁，實至簡；似至難，實至易”，寫的時候比牛頓的 *Principia Mathematica* 還早約八十年

（6）這篇文章中最大膽的假設在第二節：漢語漢字為什麼是單音的？我的假設是：受了《易經》的影響。對這個想法我十分希望聽到專家的意見。

CCTV 的訪問

2005 年 1 月 26 日，CCTV《面對面》欄目的王志先生來清華園訪問楊振寧。下面是那次訪問的記錄。

（旁白：清華大學專家公寓 B 棟是楊振寧先生在北京的居所。從 2003 年 11 月回到國內，楊先生就一直住在這裏，並把這裏取名為“歸根居”。回歸祖國後的一年多時間裏，這位八十多歲的諾貝爾獎獲得者屢屢受到了媒體的廣泛關注。2005 年 1 月 26 日，CCTV《面對面》欄目的記者來到這裏，對處在新聞旋渦中的楊振寧進行了獨家專訪。）

王志：我想從您回國的這件事情開始說。回來定居的決定是怎麼做出的？

楊振寧：我雖然在美國住了五十多年，可是就像我的一個朋友所講的，說楊振寧你血管裏所流的是你父親的血液，是中華文化的血液。

王志：但是您在美國功成名就，美國的生活您捨得下嗎？

楊振寧：假如 15 年以前，有許多在美國的東西在這兒買不着的話，現在已經完全改過來了。事實上，我想多半我在美國的朋友，當然都是學術界的，可以說他們對於我在八十多歲搬了一個地方，要想創建一個新的事業，我想正確的描述是贊賞跟羡慕的。我這一輩子非常幸運，簡直可以說是沒法子比我更幸運了。我人生裏頭每一個轉折點我都選擇了正確的道路，我想很少有人能有我這麼幸運。

王志：我們替楊先生高興。

楊振寧：我還要講，我還有最後一個幸運。就是上帝給了我一個最後的禮物。所以沒法比我這個人更幸運的了。

（旁白：楊振寧所說的上帝給他的最後的禮物，指的是他的新婚的妻子翁帆。2004 年 12 月 24 日，八十二歲的楊振寧和二十八歲的碩士生翁帆在廣東汕頭登記結婚。消息傳出，輿論一片大嘩，楊振寧一下子成為了全球矚目的新聞焦點。）

圖 A05q. 1　翁帆，2005 年 1 月攝於三亞

王志：您介意說一說她嗎？

楊振寧：你今天預備不預備談呢？

王志： 我們想問啊，當然大家非常關心。

楊振寧： 你給我寫的那幾條（提綱）上沒有這一條。

王志： 是，所以我們君子協定，我想現在給您請求。

楊振寧： 我想提一下可以，不過不必深談。

王志： 好。好像您這一次引起大家那麼強烈的關注，就是因為您的婚事。

楊振寧： 是，這個問題是我們預先想到的。我想大家覺得年齡差距這麼大，是比較少有的。所以就發生興趣了。不過我們覺得，這是我們自己的事情，所以雖然有壓力，我們覺得我們可以承受的。確實也是有些人覺得，這個跟一般的情形不一樣，有些人很天然地就有一些反感。

王志： 您不在乎嗎？

楊振寧： 當然翁帆跟我都有一點點在乎。（不過我們覺得）我記得當時跟她說，我說不管現在別人怎麼講，過了 30 年以後、40 年以後，大家一定認為我們這個結合是一個美麗的羅曼史。翁帆跟我這兩天在看一個電視連續劇，叫做《人間四月天》，是講徐志摩的。那上面其實主要講的，就是說一個新思潮之下的人，跟許多舊時的想法之間有許多很大的衝突。在那個情形之下出現的一些，也可以說是悲劇。我相信我們這次結合，最後大家會認為是絕對美好的。

王志： 其實我們大家都很希望，都替楊先生高興，都希望楊先生幸福。能不能幫您妻子說句話呢？她愛您什麼呢？

楊振寧： 我們沒有仔細討論過這個問題，不過我猜想，她覺得我這人是很誠、很真，我想這是她主要欣賞我的地方。

王志： 其實很多的擔心都是出於關心楊先生。您不擔心翁小姐那麼年輕，她把您給騙了嗎？

楊振寧： 是。我想是有人這樣想，但還有更多的人我想不是，（他們）覺得我做了不道德的事情，是我騙了一個年輕的女孩子。事實上呢，我們都是想得很成熟的，我想這個是最主要的條件。

王志： 楊先生說過一句話，給人耳目一新的感覺，說翁小姐是上帝給您的最後一件禮物。

楊振寧： 是的，我寫這幾句話，是考慮了以後寫的，是我真實的感覺。

王志： 能說一說這個話的含義嗎？

楊振寧： 你知道所有的詩句，它的好處就是它的含義是講不清楚的。我想這句話如果需要解釋的話，它的詩意就沒有了。

圖 A05q. 2　杜致禮。攝於 1949 年

（旁白：楊振寧 1922 年出生於安徽合肥。父親楊武之曾在美國留學，是中國第一名唸數論研究獲得博士學位的學者，回國後在清華大學擔任數學系教授和系主任長達 20 年之久。幼年時的楊振寧曾在清華園內度過了八年的美好時光。1945 年，楊振寧獲取了留美公費，赴美國攻讀博士學位。1950 年，二十八歲的楊振寧在普林斯頓結婚，夫人杜致禮是國民黨高級將領杜聿明的長女。兩個人携手度過了 53 年的人生風雨，直到杜致禮在 2003 年因病去世。）

圖 A05q. 3

（這段畫面拍攝於 1957 年。這一年，三十五歲的楊振寧和李政道合作推翻了"宇稱守恆定律"，提出"宇稱不守恆理論"，從而獲得了諾貝爾物理學獎。楊振寧和李政道也成為最早獲得這一榮譽的中國人。）

王志：楊先生，您說過您一生最大的貢獻也許不是得諾貝爾獎，而是幫助中國人改變了一個看法，不如人的看法。很多年前你就開始這麼說。但是我們很想知道，您是面對中國人講的一種客氣話呢，還是覺得真心的就這樣認為。

楊振寧：我當然是真心這樣覺得，不過我想比你剛才所講的還要有更深一層的考慮。你如果看 20 世紀初年、19 世紀末年的文獻，你就會瞭解到，20 世紀初年中國的科學是多麼落後。那個時候中國念過初等微積分的人，恐怕不到十個人。所以你可以想象到 20 世紀初年，在那樣落後的情形之下，一些中國的，尤其是知識分子，有多麼大的自卑感。1957 年李政道跟我得到諾貝爾獎，為什麼當時全世界的華人都非常高興呢？我想了一下這個，所以就講了剛才你所講的那一句話，是我認為我最重要的貢獻，是幫助中國人改變了自己覺得不如外國人這個心理。

（旁白：1964 年，也就是獲得諾貝爾獎七年之後，楊振寧和夫人杜致禮及全家人加入了美國籍。這對在中國長大並接受中國傳統文化教育的楊振寧來說，是一次很重要的改變。）

王志：楊先生的經歷有很多謎，那當初為什麼加入美國籍呢？

楊振寧：在我以前的一些中國的學者去美國、去歐洲、日本留學的，絕大部分的人都回來了，所以我到美國去的時候，當時的目的跟我以前的中國留學生一樣，就是去那兒學成歸國，然後很可能就是在大學教書，再訓練一批下一代的學術工作者。可是我到美國去唸書，得了博士學位以後，還在做一兩年的博士後的時候，就發生了朝鮮戰爭。於是杜魯門總統就下了一個命令，說是中國血統的人在美國得了理工的博士學位，不可以回中國。所以就在這個情形之下，我留在美國了。

王志：科學是沒有國界的，但是科學家是有國界的。

楊振寧：是的，這個話講得很好。拿到了綠卡以後呢，我並不希望立刻就變成美國人。我的文章上曾經講過，我想全世界的人要想換一個國籍都是一個非常觸及靈魂的一個決定，尤其是對於中國人，因為中國人對於離鄉背井，到另外一個國家去居住，這個觀念在中國從來是沒有的，而且我父親、母親對於這件事情，我下意識地就知道是不會贊成的，所以一直到 1964 年，我才入了美國籍。為什麼要入美國籍呢？

王志：什麼誘使你做這個決定？

楊振寧：我想最重要的一個道理，因為學術的工作的關係，要去各個地方旅行，我當時拿的是中華民國的護照，拿中華民國的護照非常麻煩，所以我想很多像我這樣的人，在 60 年代入了美國籍。其中一個最主要的原因，就是這個旅行的方便。

王志：您的書中就好像談到了您父親對這件事情耿耿於懷。

楊振寧：對的，我父親不贊成這件事情是我靈魂深處知道的，所以這個對於我當然有極大的影響，所以我入了美國籍以後，好幾年沒有告訴他這件事情。這個裏頭我想是一個感情上的衝突，很重要的我的人生的經驗裏頭的一部分。

（旁白：加入美國籍的楊振寧始終無法忘記自己的祖國。1971 年，楊振寧回到了闊别 26 年的祖國進行訪問。當時中美關係尚未完全解凍，作為第一個回國的華裔知名學者，楊振寧為中美文化交流和中美人民的相互瞭解起到了極大作用，并且受到了毛澤東主席和周恩來總理的贊譽。）

王志：1971 年你離開中國 26 年了，為什麼突然想到要回國？

楊振寧：為什麼我那麼着急回來呢？我想我是比較知名的中國學者第一個回來的。道理很簡單，因為國際的變化是千變萬化，很容易一個打開的門又關起來了，所以我就趕快回來了。

王志：但是當時您已經離開中國那麼多年了，跟中國沒有親眼見，您不擔心嗎？

楊振寧：1971 年我要想回中國的時候，很多在美國的朋友，中國人、非中國人，都跟我說你這回去非常危險，中國可能把你扣住。我說不會，因為在 1957 年、1960 年、1962 年、1964 年我跟我父親、母親、弟弟、妹妹，在日內瓦、在香港團聚過好幾次。通過這些團聚，我當然對於新中國有一些認識。

王志：順利嗎？

楊振寧：還順利。當然先是我寫信給我父親說我想回來，我父親寫了一個報告給國務院，那麼後來打了一個電報給我，說是中國歡迎你來。那次我想也是我人生，現在八十多年的經歷裏頭，一個非常重要的轉折點。

（旁白：就在這次回國的過程中，楊振寧親自證實了

1964 年中國第一顆原子彈爆炸成功確實是中國人獨立完成，而且，這項偉大工程的帶頭人正是自己的好朋友鄧稼先，得到這一確切消息時，楊振寧竟一時泪流滿面，激動不已。）

圖 A05q. 4 左起：楊振寧，鄧稼先，楊振平。1949 年攝於芝加哥大學

王志：你當時離席了，你去了洗手間。

楊振寧：是。

王志：為什麼那麼在意這個問題？

楊振寧：我想我父親那一代的知識分子，跟我這一代的知識分子，對於當初中國的落後，當初中國被人歧視，有了今天的年輕人所沒有的感受，在這個情形之下，瞭解到中國人也可以自己製造出來最尖端的世界重要的武器，這是靈魂深處的一個震盪。所以確實不錯，當我知道鄧稼先的回答以後，我感情上的衝動不是當時能夠自己控制住的。

王志：但是從楊先生的角度來說，楊先生的哭，也讓人推測，是不是您心裏難過，因為您也是做這一行的，而原子彈您沒有參與。

楊振寧：我後來曾經問過我自己這個問題，那天感情那麼震盪，是因為民族的驕傲的感情，還是因為鄧稼先是我的朋友而我特別震盪。我想這兩個都有，我想非常複雜的真正觸及靈魂的一些感受，很少是單純的，正因為好幾個東西糾纏在一起，所以才有更深的感受。

回到美國去以後，我在美國很多的大學做了一些演講，第一個演講是在 1971 年 9 月，在 Stony Brook（紐約州立大學石溪分校），就是我所在的學校，那一天完全爆滿，因為當時美國對於中國是非常發生興趣而又沒有知識。那個演講也是我一生裏頭感情非常豐富的一個演講。我還記得在演講裏頭，我說我在北京，住在北京飯店，住了一個禮拜，當時北京飯店很舊，是一個很大的房子，可是牆上空空如也，只掛了一副對聯，這一副對聯我天天看，（看了）一個禮拜，有了很深的印象。對聯就是“為有犧牲多壯志，敢教日月換新天”。所以我在石溪的演講，就是以這副對聯為最後的結束。有一些中國同學辦了一個小報紙，叫做《石溪通訊》。他們把這兩句話變成大標題。去年，有一位我不認識的、當時在石溪的中國同學，保存了這個，他把這個裝在一個鏡框裏頭送給我，現在掛在清華我的辦公室的牆上。

（旁白：楊的生命中，李政道一直是一個不可迴避的人物，從 1946 年開始，兩個人的合作長達 16 年之久，並因“宇稱不守恆理論”同獲諾貝爾獎，永被後世學者銘記，合作關係在近代物理科學歷史上相當罕見。然而，從 1962 年以後，兩個人的關係徹底決裂，這也成為國際科學界以及中國科學發展史上的一大憾事。）

王志：奥本海默（普林斯頓高等研究院院長）曾經說過這樣的話，他最希望看到的景象是楊振寧跟李政道並肩走在普林斯頓的草坪上，但是1962年之後，我們看不到這樣的情形了。

楊振寧：這個是一個悲劇，而這個悲劇的根源非常複雜，不是一句話、兩句話所能夠解釋的，更不是我今天應該在攝影機的面前所討論的。我想這個問題我們兩個人身後一定會有人研究的，我想研究以後，大家中國人、外國人會得到一個結論的。

王志：我們中國有句老話"相逢一笑泯恩仇"，我相信所有中國人都希望看到你們倆和好。

楊振寧：對，這也是我現在決定，我公開地在生前不再在這方面討論這個問題的道理，是因為大家很顯然、很自然地都希望我們和好，可是我們沒法再和好，所以在這種情形下，最好的就是不再討論。

王志：是合作出現問題？但是楊先生的經歷不是這樣。

楊振寧：你知道人跟人之間的關係是非常非常複雜的，這個裏頭有戲劇性的、做人方面的差異，有性格方面的差異，不是這麼簡單的。我想我現在的決定是對的，就是這個事情我不要再公開討論。

（旁白：雖然衆說紛紜，但楊振寧和李政道的分手原因始終是迷霧一團。值得回味的是，兩個人在各自的物理學研究中，都有過多次與他人合作的經歷。除了與李政道合作的"宇稱不守恆理論"之外，楊振寧豐碩成就中的另外兩項："楊—米爾斯規範場理論"和"楊—巴克斯特方程"，也都是與人分享。但是，卻沒有重蹈楊李之爭的覆轍。)

王志：我們也注意到，楊先生很多的成果、重要的成果都是跟人合作的。那麼是您喜歡跟人合作呢，還是別人覺得您是一個很好的合作伙伴？

楊振寧：我想一方面我喜歡跟人合作，一方面近代物理很多理論工作都是合作的。合作有很多的好處，因為你知道你在討論一個問題，有時候走不通了，你的想法都走不通了，那個時候假如另外有一個人跟你討論討論，問你幾個問題，或者想出來一個新的方向，於是你就又起勁了，這是很重要的一個研究的途徑。

王志：可能有人看到的就是楊先生您得了諾貝爾獎，但是業界的人士評價楊先生應該得第二次。

楊振寧：通常得諾貝爾獎的重要性，可以說那是10年之間最重要的物理的文章。那如果你問"宇稱不守恆"是不是當時10年之間最重要的文章呢，我想這是當之無愧的。所以它得到諾貝爾獎，是所有的人都認為是理所當然。規範場的研究沒有得到諾貝爾獎，可是我想你要是去問內行的人，現在所有的人都會認為規範場的重要是世紀性的重要，不只是10年的重要。就是它要長期下去到21世紀、到22世紀還是重要的，因為它把一個基本原則給找出來了。那當然你就會問了，說那為什麼還沒得到諾貝爾獎呢。這個很多人都猜測，這個與諾貝爾獎委員會他們認為諾貝爾獎應該不應該給一個已經得過諾貝爾獎的人，恐怕有很密切的關係。

王志：另外一個人沒得。您的合作者沒有得過。

楊振寧：他叫米爾斯。他沒有。他是1999年過去的。他是一個非常誠懇的人。1984 年規範場文章發表 30 年以後，在北京大學有一個討論會。在那個前後有人問他，說是米爾斯教授，你們這個非常重要的工作，當初是怎麼寫出來的。米爾斯的回答是："我在裏頭做了一些貢獻，不過主要的發展都是楊振寧的功勞。"

圖 A05q. 5　米爾斯，攝於 1982 年

王志： 您喜歡這樣的合作者？

楊振寧： 你如果要我講的話，是他不必要的太誠實了。他不應該加最後的一句話，說是所有重要的觀念都是楊振寧的。我想你知道人有很多種，有的人是他如果對一件事情有30%的貢獻，他就跟人講他有70%的貢獻。米爾斯是如果他有70%的貢獻，他要講他只有30%的貢獻；假如他有30%的貢獻，他就會講他只有5%的貢獻。

王志：那他這樣說不是對您很好嗎？

楊振寧（激動十分）：他不必。他到臨死，在物理學界對於他的評價，我認為是不公平的。因為規範場這篇文章，很多人會告訴你，是20世紀最後50年理論物理學中最重要的一篇文章。我想俄亥俄州立大學這50年，我可以講，沒有一篇他們的教授的文章比這個文章重要。把所有的文章都加起來，物理、數學、天文、生物都加起來，這也是最重要的，這不是我在這兒吹。可是因為米爾斯的作風，使得他們沒有瞭解到，他應該得到他們所有能夠給的榮譽。都應該給他的，而他們沒給。

（旁白：回國之後的楊振寧除了參與清華高等研究中心的研究工作之外，還親自擔任大學一年級的本科生的基礎物理課程。2004年9月下旬，在北京舉行的“2004文化高峰論壇”上，楊振寧做了一篇名為《易經對中華文化的影響》的報告，指出《易經》影響了中華文化的思維方式，是近代科學沒有在中國萌芽的重要原因之一。這次報告引起了海內外華人圈，尤其是易學專家們的強烈反響，在一些人眼中，楊振寧甚至成了中華文明的離經叛道者。）

王志：《易經》是作為中國傳統文化的代表作之一？

楊振寧：是。

王志：那麼楊先生對《易經》開砲？

楊振寧：不不，對不起，這句話有點原則性的錯誤，因為我那個文章是叫做《易經對於中國傳統文化的影響》。你如果看我整個那篇文章，80% 是講這個影響非常之大，而且是正面的。只有 20% 是講它有負面的影響。那篇文章變得非常有名，尤其在網上變得非常有名是為什麼呢？因為有些人專看那 20%，不看整個的文章。認為這是大逆不道。

王志：這個演講是你長期研究的一個必然的結果呢，還是說我確實有一個靈感的顯現，我有衝動？

楊振寧：已經有幾十年了。為什麼中國有這麼多聰明的人，有過很大的過去的科技的貢獻，為什麼沒有在中國萌芽出來近代科學？這個是討論很多了。我在這方面去看了一些書，去想了一下子，我看出一個別人從前不大注意的道理，就是說是沒有推演法。從《易經》開始就已經沒有推演法了，還不止沒有推演法，它那個方法是跟推演法相反的。所以這使得中國有個框架，這個框架就是思維的方法，就是歸納法的方法，認為這是唯一的思維的方法。所以你如果要說我有什麼革命性見解呢？就是我指出來，說這是一個致命傷。那麼這是他們不喜歡的。

王志：但是楊先生您自己也說過，您說您就是中西文化衝突結合的一個產物。

楊振寧：西方對於學術的精神，有一點跟中國不一樣的地方：中國太尊師重道。就是前人講過的話，孔子講的話、孟子講的話，這個不能評論的，這個絕對是對的。老師講的話絕對是對的，你不能評論的。這個現在太根深蒂固了。

（旁白：2004 年 11 月初，就在一些人批評他對中華傳統文化大逆不道的時候，楊振寧獲得了在華永久居留证。就像他在1971年是第一個回國訪問的華裔知名學者一樣，他也是首批獲得在華永久居留证的外籍人士之一。)

王志：去年楊先生拿到了第一批綠卡中間的一張。

楊振寧：是。

王志：為什麼拿這張綠卡呢？您跟所有的領導，跟幾任的領導人都是朋友，在我們看來您用不着拿這張卡，但是您有發自內心的喜歡的真情的流露。

楊振寧：因為我本來就已經有五年的多次往返的簽证，所以這個綠卡對於我的作用並不那麼大，不過它有一個很重要的象徵性的意義，我相信以後用這個綠卡的方法，中國可以吸引很多很多的優秀的人才來。我覺得這是一個明智的舉動。

王志：您想用您的行動，來表明您對中國開放的這種支持？

楊振寧：這不是我的目的，不過可能是一個後果。假如我1945年離開的中國是舊中國的話，假如我1971年回來所看見的是新中國的話，那麼到了21世紀，這個中國是一個新的新中國。在這個情形之下，我回來的心情是一個我要加入一個欣欣向榮、正在崛起而有非常好的前途的一個大的事業，我希望能夠在這個大事業裏頭，做一些我自己所能做的小貢獻。

追憶陳省身先生

原載《紀念陳省身先生文集》，浙江大學出版社，2005。

1930 年秋，陳省身先生在清華大學註冊為算學系的研究生。我父親楊武之當時是該系的教授，我們住在清華園內。那年陳先生曾多次來我家。我那時在讀小學四年級，剛剛八歲，曾見過陳先生幾次。沒有想到幾十年以後我們兩人的學術工作雖在不同的領域，卻都走到了同一勝地。今天寫這篇

圖 05a. 1　陳省身（左）與楊振寧的合影

紀念陳先生的短文，回想起我們的生平，覺得我們二人當初似乎是在爬同一座大山，自不同的山麓開始，沿着不同的途徑，卻沒有認識到我們攀登的竟是同一高峰。

陳先生在清華畢業後去了歐洲深造。1937 年回國後在昆明西南聯合大學數學系任教授。我在 1938—1942 年是該校物理系的本科生。陳先生當時是有名的年輕教授，我曾經選過他的微分幾何課。陳先生教課認真而有條理，記得我聽課時對曲綫和曲面的幾何都很感興趣。可是最使我終生難忘的卻是一件小事：我曾經想證明任何二維幾何都和平面有保角（Conformal）關係。我會證明度量張量可以化為 $A^2 \mathrm{d}\mu^2 + B^2 \mathrm{d}\omega^2$，可是不會證明可以把 A 和 B 變成相等。苦思而無結果。有一天陳先生告訴我只要利用復變量，即可立刻解決此問題。當時我的頓悟之感至今不忘。

1943 年，陳先生應邀去普林斯頓高等研究中心做研究。在那裏的兩年時間裏，他將微分幾何領入了新的領域。此新領域以後在他的領導下迅速發展，成為 20 世紀基礎數學一個最重要的分支。

1945 年 11 月我去美國以後，曾於那年 12 月在普林斯頓，又於 1949 年元旦在芝加哥和陳先生兩次小聚。1949 年夏，陳先生就任芝加哥大學教授，60 年代初轉去伯克利。此期間直到 70 年代，我們在芝加哥、普林斯頓、伯克利曾多次見面。我還在伯克利北面的 El Cerrito 鎮他的家中小住過多次。我和陳先生的夫人鄭士寧女士，和他的兩個孩子陳伯龍和陳璞也都很熟悉，所以我們每次見面談到的題目很多：朋友、親戚、國事、家事，可是幾乎完全沒有談到我們二人的研究工作，雖然我十分瞭解他已經是20世紀世界級的數學大師了。

數學和物理學早年本來有密切的關係，可是自19世紀中葉以來，二者的前沿發展漸漸走了不同的方向。芝加哥大學前數學系主任斯同（Marshall Stone，1903—1989）教授就曾在*American Mathematical Monthly*第68卷中發表過一篇有名的文章：《數學的革命》，其中有這樣一段話（我的翻譯）：

> 1900年以來對於數學的看法有了一些重要的改變，其中真正革命性的發現是：數學原來完全與物理世界無關。

斯同的這篇文章發表於1961年。當時由陳先生發展出來的整體微分幾何學已經成為近代數學的一支主流，把幾何、代數、分析和拓撲聯繫到一起。可是就像斯同所說的，當時大家認為整個近代數學都與“物理世界”沒有關係。

但是斯同的說法完全錯了：陳先生的整體微分幾何學中的一些重要的觀念，如外微分形式和纖維叢等，都與近代基礎理論物理中的規範場論有密切的關係。我是在70年代初才瞭解到此中奧妙，當時的感受我於1980年的一篇文章中曾這樣描述：

> 1975年，規範場就是纖維叢上聯絡的事實使我非常激動。我駕車去陳省身在伯克利附近El Cerrito的家。1940年初，當我是國立西南聯大的學生，陳省身是年輕教授的時候，我聽過他的課。那是在陳省身推廣高斯—博內定理（Gauss-Bonnet Theorem）和“陳氏級”的歷史性貢獻之前，纖維叢在微分幾何中還不重要。

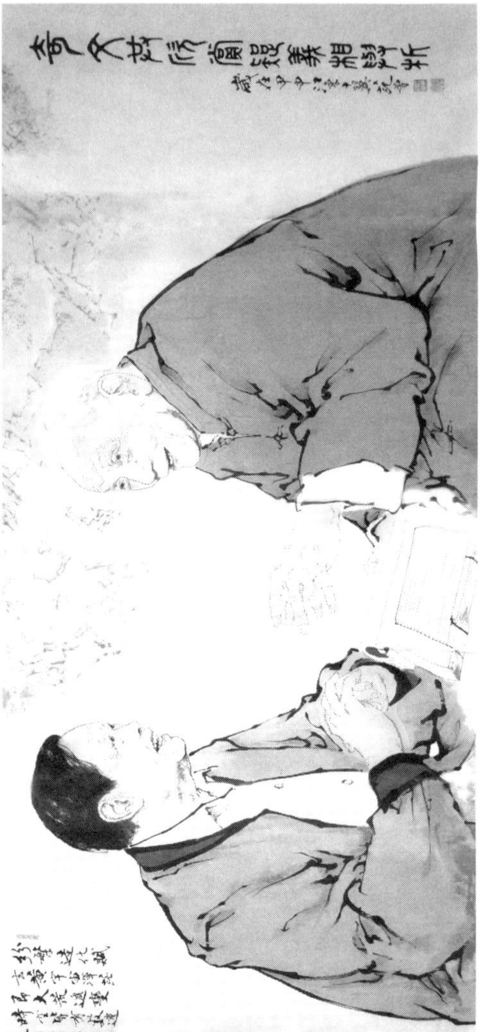

圖 05a.2 畫家範曾筆下的陳省身與楊振寧

我們談到友誼、親朋、中國。當我們談到纖維叢時，我告訴他我從西蒙斯那裏學到了漂亮的纖維叢理論以及深奧的陳省身—韋爾定理。我說，令我驚詫不止的是，規範場正是纖維叢上的聯絡，而數學家是在不涉及物理世界的情況下搞出來的。我又說："這既使我震驚，也令我迷惑不解，因為，你們數學家居然能憑空想象出這些概念。"他立即反對說："不，不，這些概念不是想象出來的。它們是自然而真實的。"

為什麼造物者選用了"自然而真實的"但是極抽象的數學觀念，來創建物質世界，恐怕將是永遠不解之謎。70 年代震驚於此不解之謎之後，我寫了一首小詩：

天衣豈無縫，匠心剪接成。
渾然歸一體，廣邃妙絕倫。
造化愛幾何，四力纖維能。
千古寸心事，歐高黎嘉陳。

造化愛幾何之說，其實愛因斯坦很早就曾預言過。70 年代以來，此說漸漸發展成為今日理論物理學家的共識。

陳先生說他對此小詩的寫作不負任何責任。不錯，寫作的時候我確實沒有和他討論過。可是我不只深信詩中的造化愛幾何之說，更相信與基礎物理最相關的幾何就是整體微分幾何；而且陳先生和我當年所爬的高峰上面，還會有更高的境界，更抽象的，但是"自然而真實的"數學觀念，為造化所鍾愛。

畫家範曾和陳先生與我都很熟悉。2004 年夏，他為南開大學畫了一幅大畫，還寫了一首詩：

紛繁造化賦玄黃，宇宙渾茫即大荒。
遞變時空皆有數，還流物類總成場。
天衣剪掇叢無縫，太極平衡律是綱。
巨擘從來詩作魄，真情妙悟鑄文章。

看了他的詩與畫，我就想起陳先生 1987 年所寫的文章《我與楊家兩代的因緣》中的一句話："先後 50 年，從聯大到南開，造物主待我們厚矣。"

愛因斯坦：機遇與眼光

本文是楊振寧在2005年7月24日在北京召開的第22屆國際科學史大會上的報告。譯文載於《科學文化評論》第2卷第4期，2005年。譯者：翁帆。

一

1905年通常稱為阿爾伯特·愛因斯坦的"奇跡年"（*Annus Mirabilis*）。在那一年，愛因斯坦引發了人類關於物理世界的基本概念（時間、空間、能量、光和物質）的三大革命。一個二十六歲、默默無聞的專利局職員如何能引起如此深遠的觀念變革，因而打開了通往現代科技時代之門？當然沒有人能夠絕對完滿地回答這個問題。可是，我們也許可以分析他成為這一歷史性人物的一些必要因素。

首先，愛因斯坦極其幸運：他生逢其時，當物理學界面臨着重重危機時，他的創造力正處於巔峰。換句話說，他有機會改寫物理學的進程，這也許是自從牛頓時代以來獨一無二的機遇。這種機遇少之又少。貝爾（E. T. Bell）的《數學精英》(*Man of Mathematics*, New York: Dover Publications, 1937)引用了拉格朗日(J. L. Lagrange, 1736—1813)的話:

> 雖然牛頓確實是傑出的天才,但是我們必須承認他也是最幸運的人:人類只有一次機會去建立世界的體系。

這裏,拉格朗日引用的是牛頓的巨著《自然哲學的數學原理》(*Principia Mathematica*)中第三卷即最後一捲前言中的話:

> 現在我要演示世界體系的框架。

拉格朗日顯然非常嫉妒牛頓的機遇。可是愛因斯坦對牛頓的公開評價給我們不一樣的感覺:

> 幸運的牛頓,幸福的科學童年……他既融合實驗者、理論家、機械師為一體,又是闡釋的藝術家。他屹立在我們面前,堅強、自信、獨一無二。

愛因斯坦有機會修正二百多年前牛頓所創建的體系。可是這個機會當然也對同時代的科學家們開放。的確,自從1881年麥克爾遜—莫雷(Michelson-Morley)首次實驗以及1887年第二次實驗以來,運動系統中的電動力學一直是許多人在鑽研的熱門課題。令人驚奇的是,當愛因斯坦仍在蘇黎世唸書時,他已經對這個題目發生了濃厚的興趣。1899年他曾寫信給他後來的太太米列娃(Mileva Marić):

> 我還了赫姆霍茲的書,現正在非常仔細地重讀赫茲的電力傳播工作,因為我以前沒能明白赫姆霍茲關於電動力學中最小作用量原理的論述。我越來越相信今天所

> 瞭解的運動物體的電動力學與實際並不相符，而且可能有更簡單的理解方式。（引自：*Albert Einstein/Mileva Marić*, *The Love Letters*, eds. Renn & Schulmann, translated into English by S. Smith, Princeton University Press, 1992.）

他追尋此更簡單的理解方式，六年以後引導出了狹義相對論。

當時許多科學家對這個科目也極感興趣。龐加萊（L. H. Poincaré, 1854—1912）是當時兩位最偉大的數學家之一，也正在鑽研同一個問題。事實上，相對性（relativity）這一名詞的發明者並不是愛因斯坦，而是龐加萊。龐加萊在1905年的前一年的演講（載於《新世紀的物理學》，*Physics for A New Century*, AIP Publication on History, Vol. 5, 1986）中有這樣一段：

> 根據相對性原則，物理現象的規律應該是同樣的，無論是對於固定不動的觀察者，或是對於作勻速運動的觀察者。這樣我們不能，也不可能，辨別我們是否正處於這樣一個運動狀態。

這一段不僅介紹了相對性這個概念，而且顯示出了異常的哲學洞察力。然而，龐加萊沒有完全理解這段話在物理上的意義：同一演講的後幾段證明他沒有抓住同時性的相對性（relativity of simultaneity）這個關鍵性、革命性的思想。

愛因斯坦也不是首位寫下偉大的轉換公式的人：

$$x' = \gamma(x - vt),\ y' = y,\ z' = z$$

$$t' = \gamma\left(t - \frac{vx}{c^2}\right)$$

$$\gamma = \frac{1}{\sqrt{1 - v^2/c^2}}$$

之前，洛倫兹（H. A. Lorentz，1853—1928）曾寫出這個公式，所以當時這個公式以洛倫兹命名，現在仍然是這樣。可是洛倫兹也沒能抓住同時性的相對性這個革命性思想。1915 年他寫道：

> 我失敗的主要原因是我死守一個觀念：只有變量 t 才能作為真正的時間，而我的當地時間 t' 僅能作為輔助的數學量。（轉引自：Abraham Pais，*Subtle Is the Lord：The Science and the Life of Albert Einstein*，Oxford University Press，1982，p. 167）

這就是說，洛倫兹有**數學**，但沒有**物理學**；龐加萊有**哲學**，但也沒有**物理學**。正是二十六歲的愛因斯坦敢質疑人類關於時間的原始觀念，堅持**同時性是相對的**，才能從而打開了通向微觀世界的新物理之門。

幾乎今天所有的物理學家都同意是愛因斯坦創建了狹義相對論。這對龐加萊和洛倫兹是否公平？要討論這個問題，讓我們先引用懷特海（A. N. Whitehead）的話：

> 科學的歷史告訴我們：非常接近真理和真正懂得它的意義是兩回事。每一個重要的理論都被它的發現者之前的人說過。（見：*The Organization of Thought*，Westport CT：Greenwood Press，1974，p. 127）

洛倫茲和龐加萊都沒有抓住那個時代的機遇。他們致力於當時最重要的問題之一，即運動系統中的電動力學。可是他們都錯失其重點，因為他們死守着舊觀念，正如洛倫茲自己後來所說的一樣。愛因斯坦沒有錯失重點是因為他對於時空有更自由的眼光。

要有自由的眼光（free perception），必須能夠同時近觀和遠看同一課題。遠距離眼光（distant perception）這一常用詞就顯示了保持一定距離在任何研究工作中的必要性。可是只有遠距離眼光還不夠，必須與近距離的探索相結合。正是這種能自由調節、評價與比較遠近觀察的能力，形成了自由的眼光。按照這一比喻，我們可以說洛倫茲失敗了是因為他只有近距離眼光，而龐加萊失敗了是因為他只有遠距離眼光。

中國偉大的美學家朱光潛（1897—1986）強調過“心理距離”在藝術和文學創作上的重要性。我認為他的觀念與上述的遠距離眼光是一致的，只是在不同的學術領域而已。在最權威的愛因斯坦的科學傳記 *Subtle Is the Lord*（即前文所引 A. Pais 的著作）中，作者選擇這樣一個詞來描寫愛因斯坦的性格：孤持（apartness），并且在第三章開始時引述道：

> 與其他人保持距離；單獨地、孤立地、獨自地。（《牛津英文詞典》）

的確，孤持、距離、自由眼光是互相聯繫的特徵，是所有科學、藝術與文學創造活動中一個必要因素。

1905 年愛因斯坦另一個具有歷史意義的成果是他於 3 月間寫的論文《關於光的產生和轉化的一個啟發性觀點》

(“On A Heuristic Point of View Concerning the Generation and Conversion of Light”)。這篇文章首次提出了光是帶分立能量 $h\upsilon$ 的量子。常數 h 由普朗克於 1900 年在其大膽的關於黑體輻射的理論研究中提出。然而，在接下來的幾年裏，普朗克變得膽怯，開始退縮。1905 年愛因斯坦不僅沒有退縮，還勇敢地提出關於光量子的“啟發性觀點”。這一大膽的觀點當時完全沒有受到人們的贊賞，從以下的幾句話就可以看出這一點：八年後，當普朗克、能斯特（W. H. Nernst）、魯本斯（Heinrich Rubens）、瓦爾堡（O. H. Warburg）提名愛因斯坦為普魯士科學院院士時，推薦書上說：

> 總之，我們可以說幾乎沒有一個現代物理學的重要問題是愛因斯坦沒有做過巨大貢獻的。當然他有時在創新思維中會錯過目標，例如，他對光—量子的假設。可是我們不應該過分批評他，因為即使在最準確的科學裏，要提出真正新的觀點而不冒任何風險是不可能的。（參見前引 A. Pais 的著作，p. 382）

這封推薦書寫於 1913 年，其中被嘲笑的光—量子假設（hypothesis of light-quanta）指的就是上述愛因斯坦於 1905 年大膽提出的想法。可是愛因斯坦不理這些嘲笑，繼續把他的想法向前推進，於 1916—1917 年確定了光量子的動量，進而發展為 1924 年對康普頓效應（Compton effect）的劃時代的認識。

光量子這一革命性之觀點產生的歷史可以總結為：

1905 年　　愛因斯坦關於 $E = h\upsilon$ 的論文

1916 年　　愛因斯坦關於 $P = E/c$ 的論文

1924 年　　康普頓效應

在那些年裏，在 1924 年康普頓效應確立之前，愛因斯坦完全孤立，因為他對光量子的深邃眼光不被物理學界所接受。

二

在 1905 年至 1924 年之間，愛因斯坦的研究興趣主要在廣義相對論。作為科學革命，廣義相對論在人類歷史上是獨一無二的。其設想宏偉、美妙、廣邃，催生了令人敬畏的宇宙學，而且它是一個人獨自孕育並完成的，這一切讓我想起《舊約》裏的創世篇（不知愛因斯坦本人是否曾想起這個比較）。

當然，我們很自然也會想起其他的科學革命，例如牛頓的巨著、狹義相對論、量子力學。不同之處：牛頓的工作確實是宏偉、美妙、廣邃的。對。可是在他之前有伽利略（Galileo）、開普勒（Kepler），還有更早的數學家和哲學家們的成果。他也不是當時唯一在尋求萬有引力定律的人。狹義相對論和量子力學也都是影響深遠的革命。可是它們是當時許多人研究的熱門課題，都不是由一個人所創建的。

關於廣義相對論，愛因斯坦沒有抓住什麼機遇，而是創造了這個機遇。他獨自一人通過深邃的眼光，宏偉的設想，經過七八年孤獨的奮鬥，建立起一個難以想象的美妙體系。這是一次純粹的創造。

三

廣義相對論代表引力場的幾何化。自然而然它使愛因斯坦接着提出電磁場的幾何化。從而又產生了將所有自然力幾何化的想法，即統一場論。此發展成為他後半生的研究重點。例如，1949 年至 1950 年在普林斯頓高等研究中心他最後的研討會上，他嘗試着把電磁場 $F_{\mu\nu}$ 合併成不對稱的度量 $g_{\mu\nu}$。他這個嘗試和他先前在同一方向所做出的努力一樣，都沒能成功。

圖 05b. 1 愛因斯坦在柏林 **Haberlandstraβe** 家裏的書房

由於沒有成功，也由於自 20 世紀 20 年代以後，愛因斯坦將其注意力幾乎全部放在這項研究上而忽略了像固體物理和核子物理這些新發展的領域，他經常遭受批評，甚至被嘲笑。他對於統一場論的投入被描述為着魔（obsession）。這種批評的一個例子是拉比（I. I. Rabi，1898—1988）於 1979 年在普林斯頓舉行的愛因斯坦百年紀念上所講的話：

> 當你想起愛因斯坦於 1903 或 1902 年至 1917 年的工作時，那是極其多彩的，非常有創造力，非常接近物理，有非常驚人的洞察力；然而，在他不得不學習數學，特別是各種形式的微分幾何的時期以後，他就改變了。
>
> 他改變了他的想法。他的那種對物理學的偉大創意也隨之改變了。

拉比是否正確呢？愛因斯坦有沒有改變呢？

答案是：愛因斯坦的確改變了。改變的證據可以在他 1933 年的斯賓塞演講（Herbert Spencer Lecture）《關於理論物理的方法》（*On the Method of Theoretical Physics*，New Nork：Oxford University Press，1933）中找到：

> 理論物理的公理基礎不可能夠從經驗中提取，而是必須自由地創造出來……經驗可能提示適當的數學觀念，可是它們絕對不能從經驗中演繹而出……
>
> 但是創造源泉屬於數學。因此，在某種意義上，我認為單純的思考可以抓住現實，正如古人夢想的一樣。

雖然你可以同意或反對這些非常簡要的論點，但是你必須同意它們強有力地描述了愛因斯坦在 1933 年關於如何做基礎理論物理的想法，而且此想法相對於他早年的想法有極大的變化。

愛因斯坦自己對這一變化非常清楚。在他七十歲出版的《自述》（*Autobiographical Notes*）裏，我們看到：

> 我作為一個學生，並不懂得獲取物理學基本原理的深奧知識的方法是與最複雜的數學方法緊密相連的。在許多年獨立的科學工作以後，我才漸漸明白了這一點。

很明顯，在這一段裏，“獨立的科學工作”指的是他於1908年至1915年期間創建廣義相對論的長期奮鬥。長期奮鬥改變了他。是否朝更好的方向改變了呢？拉比說：不是，他的新眼光變成徒勞無益的走火入魔。我們說：他的新眼光改寫了基礎物理日後的發展進程。

愛因斯坦逝世50年來，他的追求已經滲透了理論物理基礎研究的靈魂，這是他的勇敢、獨立、倔強和深邃眼光的永久證明。

中國文化與近代科學

原載《光明日報》2005 年 12 月 21 日，第五版。

1993 年，我在香港大學做過一個演講：《近代科學進入中國的回顧與前瞻》。那篇演講與今天我們要討論的“中國文化與近代科學”有密切的關係。那篇演講的結論是：到了 21 世紀中葉，中國極可能成為一個世界級的科技強國，因為一個國家的科技發展需要有四個條件：人才、傳統、決心和經濟支持，而此四條件中國已基本上或即將具備了。

今天沒有時間把這四個條件都再一一討論，下面只重復對於“傳統”這個條件，當時所講的話：

> 儒家文化注重忠誠，注重家庭人倫關係，注重個人勤奮和忍耐，重視子女教育。這些文化特徵曾經，而且將繼續培養出一代又一代勤奮而有紀律的青年。（與此相反，西方文化，尤其是當代美國文化，不幸太不看重紀律，影響了青年教育，產生了嚴重的社會與經濟問題。）

能培養出勤奮而有紀律的青年是中國文化傳統的一個特徵，同時也是對發展近代科學極有利的一個因素。

2005年8月中，我在新疆參加全國科協年會，在回答一個新聞記者提問的時候加重地再講了這幾句話，又說開國以來新中國大學辦得非常成功。

自新疆回來才發現，不得了，網上很多人狠狠地批評了我。而且說，丘成桐教授對於中國大學的評價與我的意見相反，又說網上82%的人贊成丘的看法，只有2%的人贊成我的看法。

丘成桐是當今世界一流的數學家，也是我的朋友。我們為什麼會有這麼不同的看法?

我想：第一，我們的着眼點不一樣，就像蘇軾的名句“橫看成嶺側成峰，遠近高低各不同”所講的；第二，一個八十多歲的人的着眼點不可能和一個五十多歲的人的着眼點一樣。

下面我較詳細地講一下我對於中國大學教育的幾點看法。

（甲）今天全世界對於大學的評價有一個共識，就是要從三方面來着想：一、對社會的貢獻；二、本科教育；三、研究與研究生教育。

關於一、二兩點，五十多年來中國的大學培養了幾代畢業生，他們對國家的貢獻是無法估價的巨大。沒有五十多年來中國大學畢業生的貢獻，今天的中國不可能是目前所達到的狀況。我更進一步認為，中國最好的大學對中國的貢獻，比哈佛今天對美國的貢獻大；中國二流的大學對中國的貢獻，也比美國二流的大學對美國的貢獻大。這是歷史發展的結果，起源於正在發展中的國家與已發展的國家社會需要的不同，是不爭的事實。雖然對這事實中國辦教育的人不可引以自滿，但是也不應忘記。

2004 年，我在清華大學教了一學期的大一物理。在 80 年代、90 年代我也曾在美國教過兩年的大一物理。對比中美學生，我得到兩個極深的印象：

（一）中國學生在中學習題做得多。遠比美國學生根基扎實。

（二）中國的大一學生比美國大一學生成熟多了。能集中注意力，能努力學習。

所以我認為清華的本科生平均比哈佛的本科生好。聽說復旦前校長楊福家不贊成我的這個說法。楊福家也是我的朋友，關於我們的不同意見，我還沒有工夫和他細談。不過我想他心目中的是哈佛的後來有大成就的學生，而我心目中的是哈佛的平均學生。也就是說，他把着眼點放在研究與研究生教育，放在上面所講的第三點，而我的着眼點放在全部三點。

那麼大學教育應該注重平均學生呢，還是應該注重特殊學生？

兩者當然都要注重，但是在一個急速發展的國家，像中國，對平均學生的訓練比在一個已發達的國家，像美國，更為重要：在中國，最需要的是大多數大學生能夠成才，能夠為社會做出貢獻。在美國，一個已發展的國家，最需要的是十分傑出的年輕人，能夠通過新的途徑創造知識與財富。

美國的教育哲學對於年輕人採取的是放任政策。講得不好，是讓他們隨波逐流。這種教育哲學的好處是給有特殊天資才幹的人以極大的創新空間，可是這個教育哲學有一個陰暗面，是國內很多人不知道或者不注意的。這就是美國的教育哲學浪費了許多人才，造成了許多悲劇。

（乙）關於第三點：研究與研究生教育。中國大學確實比先進國家的大學落後許多。清華、北大、復旦的研究成績比哈佛還差得很遠。這是全國都十分關注的問題，也是丘成桐和我都十分關注的問題。

關於這個問題，我有幾點意見：

（一）丘成桐所提出的許多對現行體制的批評我十分同意，希望大家能注意與討論這些批評。

（二）學術傳統在人文與科技領域對研究工作都十分重要。在任何一個學科裏面建立學術傳統需要時間，不是一朝一夕的事情，不能着急。

（三）國內科技研究成果之所以仍然跟不上先進國家，有多種原因，而我認為其中極重要的是經費仍然不足。近年來，投入於科研的經費的確是大大地提昇了，可是對於年輕教師，對於博士後和研究生的待遇，包括居住條件、薪水、子女教育與醫療條件，所花的錢仍然遠遠不夠。

科研工作者需要長期穩定的生活環境。最好能長期不受干擾，不必整天寫研究項目申請書，不必因為住所擁擠而夫妻經常吵架，不必為孩子的讀書困擾，不必於家人生病時要排隊掛號，等等。可以專心做研究，這樣積累起幾年的思考和探索才容易有成就。

在國家還未能給許多科研工作者安排長期穩定的生活環

境的時候，責備他們工作成果不理想是不公平的，忽視中國大學在本科生教育的成功是不恰當的，對中國科研發展前途抱悲觀的看法是不明智的。

（四）中國的教育哲學與美國的教育哲學有基本的不一樣的地方：中國注重訓導，美國注重啟發。這當然是極重要的分別。

那麼既然美國科研十分成功，是不是應該照搬美國辦小學、中學、大學的辦法？許多人認為應該，理由是中國的教育哲學對創新精神不利。

中國的教育哲學確實不注重創新，可是美國的教育哲學也有極大的毛病。比較二者的優劣必須考慮到二者對不同的學生的影響各有好壞：

一般來講，對於多數學生，90 分以下的學生，中國的教育哲學比較好，能夠訓導他們成才，少走彎路，增加他們的自信心和安全感。而這些成才的大學畢業生正是今天中國社會所亟需的人才。

至於 90 分以上的學生，他們常常不大需要訓導。對於這些學生，美國的教育哲學一般比較好，能夠讓他們有更多空間發展他們的才能。

如何保持中國教育哲學的優點，同時引進美國教育哲學對優秀學生的長處應是全國教育界亟需關注的問題。

“三四十年後，大家一定認為這是羅曼史”

——楊振寧、翁帆接受臺報專訪

原載《參考消息》2006 年 7 月 11 日。

【臺灣《聯合報》7 月 6 日報導】題：楊振寧、翁帆相對論婚姻——接受本報 90 分鐘深度專訪

婚後首次來臺的楊振寧和翁帆於 7 月 5 日接受本報專訪。專訪之後，楊振寧偕翁帆中午參加吳大猷科普著作獎頒獎典禮，並做《21 世紀的科學發展》專題演講。

穿着碎花洋裝的翁帆掩不住的青春氣息，她是楊振寧的伴侶，也是他的“耳朵”。佩戴助聽器 5 年的楊振寧坦然地說，到了這年紀，聽力不行，“你們得大聲點兒”；若是不清楚，他只消望妻子一眼，翁帆會握着他的手，用略帶潮汕腔的普通話把問題重復一次。以下是訪談內容：

“這個婚姻把自己的生命做了延長”

問：兩位結婚快兩年了，結婚對你們各自的人生，最大

改變是什麼?

楊振寧: 我們是不同時代的人，婚後，我們從彼此學習到一些自己以前沒經歷過的事情。我們年紀差很多，媒體有非常多討論，不過有一點大家都沒注意到：一個人到了八十多歲，不可能不想到他的生命是有限的，跟一個年紀很輕的人結婚，很深刻的感受是，這個婚姻把自己的生命在某種方式上做了延長。

假如我沒跟翁帆結婚，我會覺得三四十年後的事跟我沒關係；現在我知道，三四十年後的事，透過翁帆的生命，與我有非常密切的關係。下意識裏，這個想法對我有很重要的影響。

翁帆: 振寧講過：“有些事我看不到了，可是再過三四十年，你幫我看。”我們心底難免有點傷感，但大家都曉得這是一個事實，每個人都會經歷。對我來說，婚後經常要旅行，參加一些會議和活動，這跟我以前的生活不一樣，因為我結婚前還在唸書。

問: 楊振寧的過去，翁帆沒有參與，會造成隔閡嗎？或反而可以分享不重疊的人生?

楊振寧: 我認識很多人，有的認識很多年，像這兩天翁帆和我會看到很多人，我都會預先向翁帆介紹，這個人多少歲、做什麼研究。我想人相處了以後，年齡差別沒什麼重要性，重要的是，每個人都不一樣。

透過跟翁帆的接觸，我也認識很多和她同年紀、在潮州長大的中國年輕人，幫助我對中國今天的各種現象多一些瞭解。

問：會不會在價值觀上因為世代差距有不同看法？

楊振寧：像吃東西，畢竟我在美國住了快60年，而她最近才長期接觸外國生活。

翁帆：我發現他吃中餐和西餐的量不一樣，西餐吃得較多，中餐通常吃一點就說飽了。

楊振寧：又比如說她對中國的補藥，相信的程度比我大了很多很多。

翁帆：中國人普遍覺得人參是好的，廣東人喜歡煲湯，裏頭會放些藥材。這些我相信對身體有好處。他一邊喝，一邊說不相信。不過只要他肯喝，我還是會煲給他。

"我走了，翁帆可再婚"

問：你們談論科學嗎？跟諾貝爾獎得主生活在一起是什麼感受？

翁帆：我想他首先是一個人。當我們生活在一起，我很少去想他是什麼得主或什麼人物，只把他當作丈夫一樣來相處。

楊振寧：我可以解釋得更清楚一點。比如說我看電視或看電影，瞭解的速度不如一般人，一方面是我的耳朵有點問題，不過不只是這個。我跟翁帆看電影，她會覺得：喔，原來楊振寧這人並不怎麼聰明。

問：結婚兩年，院士做過的什麼事讓你最感動？

翁帆：嗯，現在我剛好想起兩件事，心裏覺得是甜的。有一回我們在日本，早上我病了，頭暈、肚子疼，沒法起床，振寧到樓下幫我拿一碗麥片粥上來，餵我吃。（楊：多半時候，都是她照顧我。）

另一件是在三亞的酒店，他通常比我早起看報紙、看書。那天他不想開燈吵醒我，就到洗手間裏去看。我醒來後跟他說，你可以開燈的。

問：你似乎對自己的年齡很坦然？

楊振寧：是，很幸運，我現在身體很好。假如我不能行動了，我們的關係和對前途的看法不可能跟現在一樣。有人認為我們的年紀差這麼多，興趣可能完全在不同方向，過去經驗也不一樣，會影響我們彼此之間的瞭解程度。不過，我覺得這些婚姻不成功的可能性在我們之間都沒有。

問：婚前你們曾討論過如何排解別人的議論或親友的壓力嗎？

楊振寧：親人的看法當然是我們比較重要的考慮（楊有三名子女），不過在我們兩家的情形，他們沒有任何異議。至於朋友，我想絕大多數都覺得這是一樁不尋常的婚姻，不過他們也認為是值得做的事情。

最近我們到美歐去了一趟，因為翁帆是念英文的，所以她和別人交談一點困難也沒有。我曾經想過，如果她不大會說英文，我們會不會結婚？這是沒辦法回答的問題，人的感情很複雜，不過這的確是一個重要因素。

翁帆：我們結婚是先自己決定，再通知家人。當然希望他們支持，不過我想，首先是我們自己做了決定。振寧說過，三四十年後，大家一定會認為這是羅曼史，我也這樣覺得。我這樣想沒什麼特別理由，只因為我們生活得很好。

楊振寧：我想（看了翁一眼），翁帆也許不會反對我給你們講這個故事。討論結婚的時候，我跟翁帆說，將來我不在了，我贊成你再婚。她說："我當然不會，你怎麼可以這樣講！"

但我的話是有哲理的。人生非常複雜，沒有絕對的對與不對。我告訴她，贊成你將來再婚，是年紀大的楊振寧講的；年紀輕的楊振寧，希望你不再結婚。

"一生這麼多幸運很少有的"

問：楊院士曾說自己一輩子非常幸運，人生每個轉折都佔了很大便宜，這話怎麼講？

楊振寧：一個人到了我的年紀，不可能不想到一生的經歷（翁伸手輕輕拿掉楊臉上的一根頭髮）。我在安徽合肥出生，當時的合肥，像還在 19 世紀、甚至 18 世紀的狀態，沒有電，沒有馬路，大的公共汽車因城門太小進不來。直到父親在我六歲時回國，到廈門大學當教授，把我和母親接去，我才從 19 世紀跨進 20 世紀，第一次看見抽水馬桶、罐頭水果，也第一次吃到香蕉和菠蘿。

到美國時我二十二歲，"二戰"剛結束，這以後五六十年來，全世界人類生產力大幅增長。這與我個人一生命運有很密切的關係。我在美國當研究生時，正好物理學有新的一支剛發展，就是高能物理和粒子物理。一個年輕人能和一個開始蓬勃發展的領域結合在一起是最幸運的，那景況像是"遍地黃金"。那也是美國學術研究大發展的時候，各校、各研究所都在擴充，機會非常多。所以我從沒找過工作，都是職業來找我，這當然非常幸運。

在個人生活方面，我跟杜致禮結婚五十多年，現在又跟翁帆結婚，不管別人怎麼想，在我自己看起來，都是很幸運的。

而這麼多幸運結合在一起是很少有的。

翁帆：我想我沒他那麼幸運，這是肯定的。不過我也覺得，我一切都還不壞，對目前的生活很滿意。

問：你對自己的學術成就，總評是什麼？有遺憾之處嗎？

楊振寧：科學前沿的研究工作，我想可以比喻為衝鋒陷陣。年紀大的人衝鋒陷陣的本領不能和年輕人相比，這點和文學完全不一樣。比如我的老朋友何炳棣（歷史學家），比我大三四歲吧，著作和研究還是在前沿做得很好。我現在基本上漸漸從最前沿退下來，改走到物理學發展的歷史，注意的是過去一兩百年學術上發展的總趨勢。我到各地去演講，講題都與這有關。這些年關於這方面，我寫了不少文章，現在翁帆幫我整理文章，翻譯成中文，打算出一本《楊振寧選集》。1985 年我出過一本英文的 *Selected Papers*（《論文精選》），現在等於出續集，但用中文出版。

問：楊院士曾說大陸應多幾個比爾·蓋茨，不必多幾個諾貝爾獎得主，意思是……

楊振寧：這是有媒體斷章取義，我的意思是中國更需要的是比爾·蓋茨那樣的企業家，或能發明任天堂的企業，創新的同時也帶來很多經濟效益。得諾貝爾獎當然好，問題是目前哪個更重要。

問： 你對 21 世紀的中國有很大的期許？

楊振寧： 對，我想這是人類史無前例的發展吧。一個這麼古老的文化、這麼多的人口，從一百多年前瀕於滅亡的狀態走到今天，是人類歷史上一個重大的事情，對 21 世紀的影響是非常巨大的。我常常想，我這點也很幸運，到了八十多歲的年紀，還能看到我所關懷的一個文化傳統處在崛起的狀態。

有位印度裔諾貝爾獎得主（Naipaul）也七八十歲了，他對印度文化前途的關懷就像我對中國文化的前途一樣，可是他沒有我這麼樂觀。另一個幾年前過世的大學者薩義德，關心伊斯蘭文化的發展，但對它的文化前途同樣沒有我樂觀。我想，大家都看得出來，這 20 年來中國的經濟情形、國際影響都提昇得很快，這有長遠的歷史道理，這道理還會繼續下去。

問： 那你對臺灣的未來一樣樂觀嗎？

楊振寧： 我對臺灣的發展也採取樂觀的態度。

我們是天作之合

這是楊振寧與翁帆在2006年2月19日的《亞洲週刊》上發表的一篇短文。

2006年1月22日的《亞洲週刊》上面刊載了平路女士的文章《浪漫不浪漫?》。我們以前沒有聽說過平路女士，也沒有看過她的文章。但是她點了我們的名字，說三道四了一通。我們覺得有必要在《亞洲週刊》上作一回應。平路在短短一千多字的文章中:

嘲笑和罵了老年人身體不好的窘態;

嘲笑和罵了儒家傳統的種種;

用了多種言語描述老夫少妻婚姻有“解決不了的孤獨”。

在我們看起來，整篇文章缺少的是陽光、是希望、是同情、是愛。

文章中說:“或許因為快樂而悲傷，或許因為悲傷而快樂……問題是，誰會告訴我們這樣的真相呢?”

平路女士:我們現在就告訴你我們相處的真相:我們沒有孤獨，只有快樂;與你所描述的、或所期望的，完全不同。

我們兩人都認為我們的婚姻是“天作之合”。(你一定不喜歡這個成語，其實像許多漢語成語一樣，它是極富內涵的四個字。)

不管平路女士怎樣解說，在我們讀來，她的文章中多處是在咒罵我們。我們是罵不倒的。可是她是否應該反省，應該道歉呢?

附：浪漫不浪漫?

平路女士原文，原載《亞洲週刊》2006 年 1 月 22 日。

不久之前，音樂會中見到那位老科學家與他的新婚妻子。

其實，我見到的是他們的後腦袋，唧唧咕咕不時在私語。看起來，年輕妻子頻繁請教，得過諾貝爾獎的老科學家耐心作答。小鳥依人一般，妻子時時把一頭秀發靠了過去。

結束時他們起身，沿着走道往出口走，衆人讓路，眼光裏有朝聖般的景仰艷羡。男士們大概也深受鼓舞，有為者亦當如是；女士們瞪着她光潔的面孔，這一刻優劣立判，是的，年輕就是勝利。

兩人十指緊扣，走道兩邊頻頻輕呼：

“好浪漫!”

“沒見過的，真羅曼蒂克。”

這麼樣目光所聚，背叛了世俗?不，我要說，他們恰恰是切合於世俗。

遠遠看着，白發紅顏，像浪漫的佳偶。

幾乎淹沒了真相。尤其我們的儒家傳統溫柔敦厚，總為賢者諱。不像日本，作家習慣寫作誠實的私小說，譬如川端康成、谷崎潤一郎等人，將老之際，便用文字坦露面對年輕女性蒼涼而異色的心境。

但在儒家傳統的道袍之下，老夫少妻的匹配對照於社會期待，反而相得益彰：他們是常規的遵循者，不是頑勇的叛逆者。

男性家長制的權威操控，其實，正是儒家文化中被一再遵循的家庭模式。儒家的丈夫角色如父如兄，因之，最可以消受白紙白璧般無知無瑕的小女人：幼齒的“幼”、尚青的“青”、乃至雛妓的“雛”，對男人來說，意味着無須拼搏就可以輕鬆操控。

更何況，儒家文化對女性的訓育也注重在妾婦之德：所謂的婦德、婦紅、婦言，都教女人及早放棄自己的自主性，甘願把心智停留在稚嫩的髫齡。

對妻子，畢竟是一種太長久的壓抑，所以儒家文化的家庭結構包含着隱隱的暴力：日後，不滿足的婦人用扭曲的欲望或變態的凌虐，掌理家、支使子媳、或頓挫那只無能的老獸。

真相是……

老夫少妻怎麼過日子？

眼前飛着細小的蚊子，視網膜有破洞，膝蓋頭也颼颼地風濕骨刺，睡到夜晚有欲尿的感覺，站着，憋氣，卻又像滴漏一樣遲遲出不來。

老男人的夜，實情像葉慈的詩篇《航向拜佔庭》嗎？

> An aged man is but a paltry thing.／老年男人無非瑣屑小事。
>
> A tattered coat upon a stick.／竿子上蕩着一件破布衫。

還有彼此體溫也解決不了的孤獨。

見諸艾瑞絲·梅鐸（Iris Murdoch）的丈夫 John Bailey 描述他們晚年相處的書（英文書名是 *Elegy for Iris*，中文譯成《挽歌》），寫道“我們在彼此身上看到了孤獨”，當楊振寧碰到翁帆，老年的孤獨碰上青春的孤獨，加起來，說不定正好是小說家馬奎兹的題目：

一百年的孤獨。

無從跨越的還有……兩人之間兩個甲子的時代，其中難以跨越的時代感。他的生命章節已經寫到最後，而前面那些關鍵的章節，蕭條異代不同時，她甚至尚沒有出生，又怎樣用超前的心智一起去重數、去緬懷、去相濡以沫？

即使兩人偶有温馨的時光，不是昂揚、不是燦爛，像是站在晚霞的囲光裏，隨處帶着淡淡的哀愁，或許因為快樂而悲傷，或許因為悲傷而快樂……

問題是，誰會告訴我們這樣的真相呢？

對隱然合於流俗的事，華人世界總喜歡錦上添花。因此，這“美麗的禮物”，目前看來，將為大師的晚年紅袖添香；為傳統老男人的生命，添加上令人羡慕的尾巴。

我在意於它強化的仍是某種“迷思”（Myth）。教導俗世男女，追求最傳統的標的物。偏偏有人說他們充滿勇氣。這是混淆視聽的說法。

其實，他們依着傳統的模式相遇與相交，像是某種形式的郎才女貌、某種形式的各取所需，其實並非異類的情愛，亦算不上艱辛的苦戀痴戀，過程既不驚世、也不駭俗，後來婚禮果然祝福盈庭，如果要說當事人有勇氣，他與她的勇氣加起來也比不過任何一位毅然出櫃的同志朋友。

明明是在傳統架構裏鑲嵌得宜，卻名之為浪漫、名之為勇氣……

而我擔心的尤其是，這浪漫的“迷思”將影響深遠：它關係着女人繼續把皮相青春當作本身可欲與否的唯一標準。

在浸會大學的一次發言

2006 年 11 月 13 日，香港浸會大學舉行了 Polkinghorne 神父與楊振寧的對話。下面是楊的發言。譯者：翁帆。

我年紀漸漸大了，對宗教的看法也有了一些轉變。我想今天從一些方面跟你們談談這種轉變。當然這是一種個人的體驗，涉及許多方面。下面我只談兩個方面。

圖 06e. 1

圖 06e. 2

（一）我一直是教師和研究員，而你（指 Polkinghorne）最初也是一位物理研究者。一位研究者，當他看到了自然一些秘密時，常常會有非常敬畏的感受。你方才提到保羅・狄拉克（Paul Dirac），狄拉克是 20 世紀一位偉大的物理學家，他因為屏幕上第二個方程式而聞名，現在叫狄拉克方程式。

$$E = mc^2$$

$$[\alpha \cdot \mathrm{pc} + \beta \mathrm{mc}^2]\Psi = E\Psi$$

第一個方程式大家都很熟悉。它極大地影響了人類的命運。1905 年愛因斯坦寫下這個方程式時，狄拉克只有三歲。23 年後狄拉克寫下了第二個方程式。其中的 E 與 mc^2，兩個都在愛因斯坦的方程式裏出現了，狄拉克所做的是加進了 α 和 β。這兩個簡單的數學結構非常神奇，加了它們出現了一個奇跡：（a）預測基礎粒子電子是一個陀螺。我們每一個人的身上都有萬億個電子。狄拉克方程式說它們都在旋轉。（b）狄拉克方程式給出這些陀螺的旋轉速度，以及旋轉過程中產生出多少磁場。這些理論結果都與當時（1928）的實驗結果吻合。而且通過以後數十年的許多物理學家的努力，磁場強度的理論計算變得更精確了，今天已達到小數點後 11 位。要瞭解這個計算多麼準確，讓我們來想象，把這個大禮堂裝滿玻璃彈子，而要你數出彈子的總數。總數大概有數千億個，你要一個個數下去，直至最後一個，才能得出準確的數目。一個 12 位的數字，每一位數都正確無誤，這是狄拉克方程式預測的準度，而神奇地與最新實驗結果完全吻合。

科學工作者發現自然界有美麗、高雅而莊嚴的結構。初次瞭解這種結構是產生敬畏感的經驗。而今天在我年紀大的時候，我更加明白了，這種敬畏感，這種看到似乎不應被凡人看到的秘密時的畏懼，事實上是極深的宗教體驗。

（二）人類文明初期的農業發展距今大概有一萬年，那是 100 個世紀。在這 100 個世紀的前 99 個世紀裏，人類的活動在每一個領域的發展都非常緩慢。然後，在這 100 個世紀的最後一個世紀裏，即 20 世紀，人類的進步卻突飛猛進：

在 1900 年最快的交通方式是騎馬，大概每小時 8 公里；今天我們以每小時 800 公里的速度飛行。

在 1900 年電話是個新玩意兒；今天幾十億個手提電話在全球廣泛使用。

在 1900 年最好的計算器是算盤；今天我們有每秒鐘能做萬億個運算的超級計算器。

在 1900 年糖尿病是一種可怕的不治之疾；今天我們有胰島素、抗生素、磁共振成像、器官移植等等，使得人類的壽命延長兩倍。

在 1900 年人類只能在地球上活動；今天人類已經登上了月球。

在 1900 年人類製造 500 磅重的 TNT 彈；今天一個氫氣彈的爆炸威力是 2 000 000 000 磅 TNT。

所有這些奇跡，無論是好的或是壞的，都是一個世紀（20 世紀）中科技發展的結果。

因此我常常思考：今天人類好像坐上了一列快速的火車，由科技推動着，猛進、加速、加速、繼續加速。

會不會大撞車？

當然，沒有人能回答這個問題。可是它引起了憂慮，引起了不安。今天，我意識到這種不安恐怕是虔誠宗教信仰的原動力。

我十分同意 Polkinghorne 博士所說的科學與宗教急需進行對話。謝謝。

聯合早報的一篇訪問

原載新加坡《聯合早報》2007 年 11 月 11 日。記者：潘星華。下文轉載自《參考消息》2007 年 11 月 20 日。

本月初，華裔科學家楊振寧教授到新加坡出席南洋理工大學高等研究所為慶祝他八十五歲生日而舉行的國際物理學大會，接受本報專訪時，回顧過去 85 年，楊振寧對記者說："我是一個非常幸運的人。"

90 分鐘的專訪中，這位充滿幸福感的科學家，暢談中國的現狀、兩岸統一、中美關係、高等教育、東西方教育方式，文思滔滔，在顯現他的敏銳和睿智。

回顧中國從積弱走上富強

記者： 這次在新加坡，看到這麼多老朋友從世界各地來為你慶生，感覺怎樣？

楊振寧： 我很感謝潘國駒教授（新加坡著名學者——本報注）為我安排了這個國際會議，讓我看見很多在不同時代跟我非常熟的朋友，給了我機會，讓我重新回顧一下我人生的不同章節。最近一兩年，我常有“我是一個非常幸運的人”的感覺。

我出生在1922年，那時候也許是中國幾千年歷史中最困難的時期。正如魯迅回復給為《新青年》邀稿的錢玄同的信中寫道的，意思說假如有一間鐵屋子，裏面的人都昏昏沉沉，不知道自己的命運。你現在去大聲叫醒他們，使他們瞭解到自己痛苦的命運，你覺得這對他們有幫助嗎？由此可見當時中國知識分子是多麼悲觀，對前途多麼沒有信心。我就是在那個時代出生。記得當時軍閥混戰，常常打到合肥來，我們家經常要“跑反”，跑到鄉下或者醫院去避難。

80多年後，到了今天，情況完全不一樣了。一個人能夠在年紀大的時候，對於他所關心的民族的命運感到舒泰，是幸運的。

理性對待中國存在的問題

記者：在中國走上幸福之路的過程中，有您的貢獻嗎？

楊振寧：我不敢說有大貢獻，我只是曾經再三說過，我早年的得獎，“能夠幫助改變中國人自覺不如人的心理”。

今天中國進步很快，這是有目共睹；今天中國的問題多得不得了，也是有目共睹。很多人在網上抨擊我，說我只會“歌功頌德”。“歌功頌德”之所以聽來是一個貶義詞，是因為很多人這樣做，是為了要提高自己在當局的地位。我覺得我沒有必要再提高我的地位，我的地位已經夠高了。很多人攻擊中國，我覺得都說得很有道理，很多建議，也是好的。既然講這些話的人已經多極了，用不着再增加我了。

我只是覺得很多痛罵中國的人，並沒有瞭解到，很多問題的存在不是今天政府製造出來的，而是歷史遺留下來的。中國要想在三五十年內創造一個西方人四五百年才創造出來的社會，時間要縮短十倍，是不可能不出現問題的。所以客觀來說，中國現在的成就已經是很了不起了。

不能抹煞中國高校的貢獻

記者：對中國高等教育，你們就經常交鋒。

楊振寧：是的。現在痛罵中國高等教育的人很多。他們的痛罵，是不是完全沒有道理呢？也不是，是有些道理，只是他們還沒有想清楚。我說，中國最優秀的名校如北大、清華和復旦等等對今天中國的貢獻，比美國最好的大學如哈佛、耶魯對今天美國的貢獻要來得大。我認為美國社會已經發展到穩定期，不像中國是一個走上坡路的艱難期，兩個國家大學畢業生對社會所作出的貢獻，影響力因此就不同了。中國近二十年來的高速發展，很大的功勞來自成千上萬的大學畢業生。

對於高等教育需要什麼樣的改革，中國政府曾找我再三談過，他們也虛心準備接受，有很多事，不是一天兩天就能解決。這些不是只靠每年撥款幾億元，幾年就可以解決的。

還有一個大問題，就是剛才你們（新加坡）教育部長問我，"北京的大學，最大的問題在哪?"我說，我認為他們最大的問題是，老師太多了。一個系動不動就有二百個老師，這都是從前永久聘約造成的，現在大家都同意要改，但是這麼多人，哪裏可以叫他明天不要來上班？這裏面有很多困難，這些困難都是歷史遺留下來的，不是現任政府能夠立刻解決的。

我對你們（新加坡）教育部長說，看北京的大學，一年的進步很少。如果放寬尺度，看五年、十年，進步就很大了。我的意思是說，很多歷史包袱，中國需要時間去解決，新加坡歷史短，沒有太多歷史遺留下來的問題。

中美關係是最關心的課題

記者：您對未來有什麼期盼？

楊振寧：前兩天，你們的同事問我八十五歲了，對世界最關心什麼？我說，中美關係是我最關心的課題。我在中國出生，完成小學、中學、大學、碩士教育，近年來，我回到中國居住，我的父母親是中國人。我在美國60年，三個孩子現在都住在美國，我對中美兩個國家都有相當的認識、有深厚的感情，中美關係很自然是我最關心的課題。

現在看，中美關係在二三十年內，不會出大問題，兩國就算時有摩擦有衝突，卻仍有種種必須合作的地方，我對這二三十年的中美關係是樂觀的。可是四五十年後，就不敢預料了。主要是因為人類正面臨很多複雜的問題，尤其是資源問題、能源問題、污染問題，到那時，因為中美兩國對世界的影響力太大了，衝突會有集中在這兩個國家的傾向。

記者：您游走在中美兩國，受東西方教育，怎樣看中國、美國文化？

楊振寧：上星期我在香港向年輕人講話，我推薦他們讀DNA雙螺旋結構發現者沃森（James Watson）的著作《雙螺旋》。我認為這本書可以告訴讀者，為什麼美國今天的科技這麼成功。整本書的弦外之音是“你不需要絕頂聰明，也不需要有精湛的學問，只要有相當的聰明，肯努力，還要有天不怕地不怕的精神，就可以做出很重要的事情來”。

沃森和克里克發現DNA雙螺旋結構，其實是依據了同一個實驗室的女同事所做的DNA的X射綫晶格衍射圖像，可是沃森在書中，不止沒有把這個功勞歸給這個女同事，還對她極盡嘲諷，塑造她是“老小姐”的惡劣形象。沃森這個人和《雙螺旋》這本書都很有爭議。

我舉沃森的例子，是要說明這樣的人對人類絕對有貢獻，這個貢獻和他的個性很難分開。如果沃森生長在東方儒家社會，肯定不會有他後來的成就。他的成就是美國文化的成就。

我一向認為中國的社會、環境、教育哲學、教育體制，對60分至85分能力的孩子是好的，它可以使這樣的人變得有用、成才，長大後能朝正規的方向發展。中國這幾十年的建設，和這樣的系統有密切關係。但是，美國的社會、環境和教育，整個系統，對95分以上能力的人特別有利，因為它採取放任的態度。放任對多數人不利，可非常聰明的尖端人才，卻需要放任帶給他們自由發揮的空間。

臺當局不顧民生喪失前途

記者：您也一向很關心臺海問題。

楊振寧：是的。五年前，有記者問我八十歲的生日願望。當時我說，我最希望兩岸統一。今天，我已經不再說同樣的話，因為我認為兩岸統一是必然的結果。近年來，中國大陸對臺灣採取“讓你去亂搞”的政策，而且隨着中國國勢急速上昇，使我相信兩岸統一已經是沒有任何人能夠阻擋的事情，不管陳水扁如何翻雲覆雨都沒有用。我可以大膽地說，陳水扁現在的胡搞，只會造成明年選舉，馬英九大勝。

我為什麼會這麼說呢？只要看前兩次選舉，票數非常接近，顯然，1/3 是深藍、1/3 是深綠，隨便怎樣搞法，這些鐵杆票是不動的。只有剩下 1/3 的游離票發揮作用，我不相信陳水扁翻雲覆雨為民進黨贏得的票會比輸的票多。

我對馬英九也有些意見。我覺得他跟陳水扁在一起，被陳水扁左右了活動的空間。馬英九應該把當初要打的經濟牌舉出來，一打出經濟牌，陳水扁就要輸了。可是陳水扁很“厲害”，他翻雲覆雨亂搞，馬英九反而顯得很被動。他為什麼會這麼被動，我不知道，也許是他的策略，不正面衝突，讓人民看清楚陳水扁是亂來。

編後言

《曙光集》已經到了最後審稿的階段了。再次編讀這些文章後，我對於振寧的價值觀、為人處世、物理生涯更加瞭解。我特別喜歡 Dyson 在振寧退休典禮上的演講：《楊振寧——保守的革命者》。這並不是一篇迎合場面、用讚美堆砌出來的講話。Dyson 的語言平實而感人，字句間的真摯之情隨處可見。我知道 Dyson 一定是個讀懂了振寧、知道怎麼去欣賞振寧的人，要不不可能用"保守的革命者"這麼準確、這麼簡潔的詞語來形容他。

這兩三年來，我慢慢地聽振寧講述關於他的朋友的故事，漸漸地在不同場合遇到他的許多朋友。遺憾的是，與振寧一起在清華園長大、幾十年來一直保持着深厚友情的熊秉明於 2002 年逝世，我始終沒能認識他。與振寧在西南聯大一起"高談闊論"的兩位舍友，我只見到了張守廉，卻沒能見到黃昆。我沒能看見振寧的摯友鄧稼先；沒能看見振寧的老師陳省身；也沒能看見振寧的合作者 Mills。至今，每每想起 Mills，振寧仍難掩其真切之情。這些朋友，都重現於《曙光集》裏。

雖然書裏有些文章我多年前曾經讀過，可是因為現在我對於文章裏的人與事更加瞭解，使得我這幾個月來閱讀時的感受與以前不盡相同，一切變得更加鮮明和立體。其中的一些文章又讓我想起我們生活的一些片斷。我記得，在北京振寧第一次帶我去的地方就是中國現代文學館，那時他特別給我介紹了魯迅的銅像。前幾個月，我們為了這本書還專門到中國現代文學館為銅像照了一張相片。而幾年前看《美與物理學》，讓我非常喜歡 W. Blake 的詩句：

> To see a World in a Grain of Sand
> And a Heaven in a Wild Flower.
> Hold Infinity in the palm of your hand
> And Eternity in an hour.

我們還對比了當時兩種不同的翻譯。至今，我對於這首詩還是一樣的着迷。

振寧每天除了上辦公室，主要的時間都在看書和寫作上。有時半夜起床，繼續準備文稿，往往一寫就一兩個小時。他總是說，一有好的想法，就睡不下來。我想很多學者都是這樣的。不過，有時振寧的寫作習慣很有意思：他靜靜坐着或躺着，舉一只手，在空中比劃着。我問他："你在做什麼呢?"他說："我把正在思考的東西寫下來，這樣就不會忘了。"他告訴我這個習慣已經跟隨他幾十年了。近三年的文章與演講中，不少就是他在空中“寫”下的。《曙光集》裏的文章，應該有好些也是這樣記下來的。

翁　帆
2007 年 12 月於北京

範曾的大畫（作于2004年

2004年5月攝于故宫博物院。楊又禮（楊振寧女兒）

2004年10月攝于廣西北海

楊振寧、翁帆夫婦結婚照（2004年12月）

翁帆，2005年1月攝于三亞

2005年4月攝于頤和園。左起：楊光諾（楊振寧長子）、Ann

2005年10月攝于日本奈良

陳賽蒙斯樓揭幕，攝于2005年10月。前排左起：顧秉林、楊振寧、賽蒙斯（Simons）夫婦、聶華桐

2005年12月攝于清華園家中。楊振寧與二孫女：Alexa（左）、Micaela（右）

2005年12月攝于頤和園大門前。翁帆、楊振寧與楊光宇（楊振寧次子）一家

2006年5月攝于美國黃石湖畔

2006年6月攝于奥地利

2006年夏攝于青海湖畔

2007年8月攝于清華園。左起：楊振玉、楊振寧、楊振漢、楊振平

2007年9月22日攝于香港中文大學

2007年12月攝于清華園的辦公室中

特別介紹

閱覽八方 共享文化

香港、台灣、馬來西亞讀者可以該地貨幣購書，
我們的書籍也以美元定價。請參考本公司網上書店。

《人間重晚晴
楊振寧翁帆訪談集》
潘國駒 潘星華 韓川元
胡祖協 編
ISBN 981-4139-67-X

《永恆的懷念：
錢思亮先生百齡冥誕
紀念文集》
錢純 錢煦 錢復敬編
ISBN 978-981 4139-85-4

簡體版
《扭轉生命的方向
——20位成功者的故事》
龍麗嫻著 吳君譯
ISBN 981-4139-56-4

《移民與興起的中國》
王賡武著
ISBN 981-4139-50-5

推薦網站：全球華人專業人士網絡
www.networkchinese.com

歡迎瀏覽本公司網上書店查閱其他書刊及優惠配套
www.globalpublishing.com.sg

曙光集

閱覽八方 共享文化

八方文化創作室

作　者	楊振寧
編　譯	翁　帆
企劃編輯	潘國駒
責任編輯	何　華　馮婉明
封面設計	黃覺泉
出版 / 發行	八方文化創作室 5 Toh Tuck Link, Singapore 596224 www.globalpublishing.com.sg
聯　絡	65-64665775 支綫 258 chpub@wspc.com
印　刷	World Scientific Printers
初　版	2008 年 2 月
國際書號	978-981-4139-89-2 (平裝) 978-981-4139-91-5 (精裝)

八方文化創作室，簡稱八方文化，以世界科技出版公司爲後盾，致力於推動新加坡的中文出版，並且放眼全球華裔的人文舞臺。我们的重心在於介紹世界各地華人學者及作家的言論與著作，同時也積極推動各類藝術與文化活動。八方文化期望以出版良心作信念，以高素質爲訴求，爲各地中文讀者開啓多一扇東西文化的窗戶，共同努力營造一個富有質感和充滿活力的人文空間。